重 构 列 表

Pearson

Refactoring Improving the Design of Existing Code

重构 改善既有代码的设计

[美] Martin Fowler 著

熊节 译

人民邮电出版社

北京

图书在版编目（CIP）数据

重构：改善既有代码的设计 / （美）福勒
(Fowler,M.) 著；熊节译. -- 2版. -- 北京：人民邮
电出版社，2015.8
书名原文：Refactoring: Improving the Design of
Existing Code
ISBN 978-7-115-36909-3

Ⅰ. ①重… Ⅱ. ①福… ②熊… Ⅲ. ①机器代码程序
—程序设计 Ⅳ. ①TP311.11

中国版本图书馆CIP数据核字(2015)第137778号

内 容 提 要

本书清晰揭示了重构的过程，解释了重构的原理和最佳实践方式，并给出了何时以及何地应该开始挖掘代码以求改善。书中给出了 70 多个可行的重构，每个重构都介绍了一种经过验证的代码变换手法的动机和技术。本书提出的重构准则将帮助你一次一小步地修改你的代码，从而减少了开发过程中的风险。

本书适合软件开发人员、项目管理人员等阅读，也可作为高等院校计算机及相关专业师生的参考读物。

♦ 著　　　　[美] Martin Fowler

　　译　　　　熊　节

　　责任编辑　杨海玲

　　责任印制　张佳莹　焦志炜

♦ 人民邮电出版社出版发行　　北京市丰台区成寿寺路 11 号
　　邮编　100164　　电子邮件　315@ptpress.com.cn
　　网址　http://www.ptpress.com.cn
　　固安县铭成印刷有限公司印刷

♦ 开本：800×1000　1/16
　　印张：28.5　　　　　　　　　　2015 年 8 月第 2 版
　　字数：490 千字　　　　　　　　2025 年 2 月河北第 34 次印刷
　　著作权合同登记号　图字：01-2009-5707 号

定价：99.00 元
读者服务热线：(010)81055410　印装质量热线：(010)81055316
反盗版热线：(010)81055315

版 权 声 明

重构的重新认识
（再版序）

光阴荏苒，从当年译完这本《重构》，到如今重新整理译稿，不知不觉已经过去6年了。6年来，在各种大型系统中进行重构和指导别人重构，一直是我的一项工作。对于这本早已烂熟于心的书，也有了一些新的认识。

不得不遗憾地说，尽管"重构"已经成了常用词汇，但重构技术并没有像我当初乐观认为的那样"变得像空气与水一样普通"。一方面，一种甚嚣尘上的观点认为只要掌握重构的思想就足够了，没必要记住那些详细琐碎的重构手法；另一方面，倒是有很多人高擎"重构"大旗，刀劈斧砍进行着令人触目惊心的大胆修改——有些干脆就是在重做整个系统。

这些人常常忘了一个最基本的定义：重构是**在不改变软件可观察行为的前提下改善其内部结构**。当你面对一个最需要重构的遗留系统时，其规模之大、历史之久、代码质量之差，常会使得添加单元测试或者理解其逻辑都成为不可能的任务。此时你唯一能依靠的就是那些已经被证明是行为保持的重构手法：用绝对安全的手法从"焦油坑"中整理出可测试的接口，给它添加测试，以此作为继续重构的立足点。

六年来，在各种语言、各种行业、各种软件形态，包括规模达到上百万行代码的项目中进行重构的经验让我明白，"不改变软件行为"只是重构的最基本要求。要想真正让重构技术发挥威力，就必须做到"不需了解软件行为"——听起来很荒谬，但事实如此。如果一段代码能让你容易了解其行为，说明它还不是那么迫切需要被重构。那些最需要重构的代码，你只能看到其中的"坏味道"，接着选择对应的重构手法来消除这些"坏味道"，然后才有可能理解它的行为。而这整个过程之所以可行，全赖你在脑子里记录着一份"坏味道"与重构手法的对应表。

而且，尽管Java和.NET的自动化重构工具已经相当成熟，但另一些重要的面向对象语言（C++、Ruby、Python……）还远未享受到这样的便利。在重构这些语言编写的程序时，我们仍然必须遵循这些看似琐碎的做法指导（加上语言特有的细节调整），按部就班地进行——如果你还想以安全的方式重构的话。

所以，仅仅掌握思想是没用的。如果把重构比作一门功夫的话，它的威力全都来自日积月累的勤学苦练。记住所有的"坏味道"，记住它们对应的重构手法，记住常见的重构步骤，然后你才可能有信心面对各种复杂情况——学会所有的招式，才可能"无招胜有招"。我知道这听起来很难，但我也知道这并不像你想象的那么难。你所需要的只是耐心、毅力和不断重读这本书。

熊 节

2009年10月21日

重构的生活方式
（译　序）

　　第一次听到"重构"这个词，是在2001年10月。在当时，它的思想足以令我感到震撼。软件自有其美感所在。软件工程希望建立完美的需求与设计，按照既有的规范编写标准划一的代码，这是结构的美；快速迭代和RAD颠覆"全知全能"的神话，用近乎刀劈斧砍（crack）的方式解决问题，在混沌的循环往复中实现需求，这是解构的美；而Kent Beck与Martin Fowler两人站在一起，以XP那敏捷而又严谨的方法论演绎了重构的美——我不知道是谁最初把refactoring一词翻译为"重构"，或许无心插柳，却成了点睛之笔。

　　我一直是设计模式的爱好者。曾经在我的思想中，软件开发应该有一个"理想国"——当然，在这个理想国维持着完美秩序的，不是哲学家，而是模式。设计模式给我们的，不仅仅是一些具体问题的解决方案，更有追求完美"理型"的渴望。但是，Joshua Kerievsky在那篇著名的《模式与XP》（收录于《极限编程研究》一书）中明白地指出：在设计前期使用模式常常导致过度工程（over-engineering）。这是一个残酷的现实，单凭对完美的追求无法写出实用的代码，而"实用"是软件压倒一切的要素。从一篇《停止过度工程》开始，Kerievsky撰写了"Refactoring to Patterns"系列文章。这位犹太人用他民族性的睿智头脑，敏锐地发现了软件的后结构主义道路。而让设计模式在飞速变化的网络时代重新闪现光辉的，又是重构的力量。

　　在一篇流传甚广的帖子里，有人把《重构》与《设计模式》并列为"Java行业的圣经"。在我看来这种并列其实并不准确。实际上，尽管我如此喜爱这本《重构》，但自从完成翻译之后，就再也没有读过它。不，不是因为我已经对它烂熟于心，而是因为重构已经变成了我的另一种生活方式，变成了我每天的"面包与黄油"，变成了我们整个团队的空气与水，以至于无须再到书中寻找任何"神谕"。而《设计模式》，我倒是放在手边时常翻阅，因为总是记得不那么真切。

所以，在你开始阅读本书之前，我要给你两个建议：首先，把你的敬畏扔到太平洋里去，对于即将变得像空气与水一样普通的技术，你无须对它敬畏；其次，找到合适的开发工具（如果你和我一样是Java人，那么这个"合适的工具"就是Eclipse），学会使用其中的自动测试和重构功能，然后再尝试使用本书介绍的任何技术。懒惰是程序员的美德之一，绝不要因为这本书让你变得勤快。

最后，即使你完全掌握了这本书中的所有东西，也千万不要跟别人吹嘘。在我们的团队里，程序员常常会说："如果没有单元测试和重构，我没办法写代码。"

好了，感谢你耗费一点点的时间来倾听我现在对重构、对《重构》这本书的想法。Martin Fowler经常说，花一点时间来重构是值得的，希望你会觉得花一点时间看我的文字也是值得的。

熊　节

2003年6月11日于杭州

序

"重构"这个概念来自Smalltalk圈子，没多久就进入了其他语言阵营之中。由于重构是框架开发中不可缺少的一部分，所以当框架开发人员讨论自己的工作时，这个术语就诞生了。当他们精炼自己的类继承体系时，当他们叫喊自己可以拿掉多少多少行代码时，重构的概念慢慢浮出水面。框架设计者知道，这东西不可能一开始就完全正确，它将随着设计者的经验成长而进化；他们也知道，代码被阅读和被修改的次数远远多于它被编写的次数。保持代码易读、易修改的关键，就是重构——对框架而言如此，对一般软件也如此。

好极了，还有什么问题吗？问题很显然：重构具有风险。它必须修改运作中的程序，这可能引入一些不易察觉的错误。如果重构方式不恰当，可能毁掉你数天甚至数星期的成果。如果重构时不做好准备，不遵守规则，风险就更大。你挖掘自己的代码，很快发现了一些值得修改的地方，于是你挖得更深。挖得越深，找到的重构机会就越多，于是你的修改也越多……最后你给自己挖了个大坑，却爬不出去了。为了避免自掘坟墓，重构必须系统化进行。我在《设计模式》书中和另外三位作者曾经提过：设计模式为重构提供了目标。然而"确定目标"只是问题的一部分而已，改造程序以达到目标，是另一个难题。

Martin Fowler和本书另几位作者清楚揭示了重构过程，他们为面向对象软件开发所做的贡献难以衡量。本书解释了重构的原理和最佳实践，并指出何时何地你应该开始挖掘你的代码以求改善。本书的核心是一系列完整的重构方法，其中每一项都介绍一种经过实践检验的代码变换手法的动机和技术。某些项目如Extract Method和Move Field看起来可能很浅显，但不要掉以轻心，因为理解这类技术正是有条不紊地进行重构的关键。本书所提的这些重构手法将帮助你一次一小步地修改你的代码，这就减少了过程中的风险。很快你就会把这些重构手法和其名称加入自己的开发词典中，并且朗朗上口。

　　我第一次体验有讲究的、一次一小步的重构，是某次与Kent Beck在三万英尺高空的飞行旅途中结对编程。我们运用本书收录的重构手法，保证每次只走一步。最后，我对这种实践方式的效果感到十分惊讶。我不但对最后结果更有信心，而且开发压力也小了很多。所以，我极力推荐你试试这些重构手法，你和你的程序都将因此更美好。

Erich Gamma

《设计模式》第一作者，Eclipse平台主架构师

前　　言

从前，有位咨询顾问造访客户调研其开发项目。系统核心是个类继承体系，顾问看了开发人员所写的一些代码。他发现整个体系相当凌乱，上层超类对于系统的运作做了一些假设，下层子类实现这些假设。但是这些假设并不适合所有子类，导致覆写（override）工作非常繁重。只要在超类做点修改，就可以减少许多覆写工作。在另一些地方，超类的某些意图并未被良好理解，因此其中某些行为在子类内重复出现。还有一些地方，好几个子类做相同的事情，其实可以把它们搬到继承体系的上层去做。

这位顾问于是建议项目经理看看这些代码，把它们整理一下，但是经理并不热衷于此，毕竟程序看上去还可以运行，而且项目面临很大的进度压力。于是经理说，晚些时候再抽时间做这些整理工作。

顾问也把他的想法告诉了在这个继承体系上工作的程序员，告诉他们可能发生的事情。程序员都很敏锐，马上就看出问题的严重性。他们知道这并不全是他们的错，有时候的确需要借助外力才能发现问题。程序员立刻用了一两天的时间整理好这个继承体系，并删掉了其中一半代码，功能毫发无损。他们对此十分满意，而且发现在继承体系中加入新的类或使用系统中的其他类都更快、更容易了。

项目经理并不高兴。进度排得很紧，有许多工作要做。系统必须在几个月之后发布，而这些程序员却白白耗费了两天时间，干的工作与要交付的多数功能毫无关系。原先的代码运行起来还算正常，他们的新设计看来有点过于追求完美。项目要交付给客户的，是可以有效运行的代码，不是用以取悦学究的完美东西。顾问接下来又建议应该在系统的其他核心部分进行这样的整理工作，这会使整个项目停顿一至二个星期。所有这些工作只是为了让代码看起来更漂亮，并不能给系统添加任何新功能。

你对这个故事有什么感想？你认为这个顾问的建议（更进一步整理程序）是对的吗？你会遵循那句古老的工程谚语"如果它还可以运行，就不要动它。"吗？

我必须承认自己有某些偏见，因为我就是那个顾问。六个月之后这个项目宣告失败，很大的原因是代码太复杂，无法调试，也无法获得可被接受的性能。

后来，项目重新启动，几乎从头开始编写整个系统，Kent Beck受邀做了顾问。他做了几件迥异以往的事，其中最重要的一件就是坚持以持续不断的重构行为来整理代码。这个项目的成功，以及重构在这个成功项目中扮演的角色，启发了我写这本书，如此一来我就能够把Kent和其他一些人已经学会的"以重构方式改进软件质量"的知识，传播给所有读者。

什么是重构

所谓重构（refactoring）是这样一个过程：在不改变代码外在行为的前提下，对代码做出修改，以改进程序的内部结构。重构是一种经千锤百炼形成的有条不紊的程序整理方法，可以最大限度地减少整理过程中引入错误的概率。本质上说，重构就是在代码写好之后改进它的设计。

"在代码写好之后改进它的设计"？这种说法有点奇怪。按照目前对软件开发的理解，我们相信应该先设计而后编码：首先得有一个良好的设计，然后才能开始编码。但是，随着时间流逝，人们不断修改代码，于是根据原先设计所得的系统，整体结构逐渐衰弱。代码质量慢慢沉沦，编码工作从严谨的工程堕落为胡砍乱劈的随性行为。

"重构"正好与此相反。哪怕你手上有一个糟糕的设计，甚至是一堆混乱的代码，你也可以借由重构将它加工成设计良好的代码。重构的每个步骤都很简单，甚至显得有些过于简单：你只需要把某个字段从一个类移到另一个类，把某些代码从一个函数拉出来构成另一个函数，或是在继承体系中把某些代码推上推下就行了。但是，聚沙成塔，这些小小的修改累积起来就可以根本改善设计质量。这和一般常见的"软件会慢慢腐烂"的观点恰恰相反。

通过重构，你可以找出改变的平衡点。你会发现所谓设计不再是一切动作的前提，而是在整个开发过程中逐渐浮现出来。在系统构筑过程中，你可以学习如何强化设计，其间带来的互动可以让一个程序在开发过程中持续保有良好的设计。

本书有什么

本书是一本为专业程序员而写的重构指南。我的目的是告诉你如何以一种可控制且高效率的方式进行重构。你将学会如何有条不紊地改进程序结构，而且不会引入错误，这就是正确的重构方式。

按照传统，图书应该以引言开头。尽管我也同意这个原则，但是我发现以概括性的讨论或定义来介绍重构，实在不是件容易的事。所以我决定用一个实例作为开路先锋。第1章展示了一个小程序，其中有些常见的设计缺陷，我把它重构为更合格的面向对象程序。其间我们可以看到重构的过程，以及几个很有用的重构手法。如果你想知道重构到底是怎么回事，这一章不可不读。

第2章讨论重构的一般性原则、定义，以及进行重构的原因，我也大致介绍了重构所存在的一些问题。第3章由Kent Beck介绍如何嗅出代码中的"坏味道"，以及如何运用重构清除这些坏味道。测试在重构中扮演着非常重要的角色，第4章介绍如何运用一个简单而且开源的Java测试框架，在代码中构筑测试环境。

本书的核心部分——重构列表——从第5章延伸至第12章。它不能说是一份全面的列表，只是一个起步，其中包括迄今为止我在工作中整理下来的所有重构手法。每当我想做点什么（例如*Replace Conditional with Polymorphism* (255) ）的时候，这份列表就会提醒我如何一步一步安全前进。我希望这是值得你日后一再回顾的部分。

本书介绍了其他人的许多研究成果，最后几章就是由他们之中的几位所客串写就的。Bill Opdyke在第13章记述他将重构技术应用于商业开发过程中遇到的一些问题。Don Roberts和John Brant在第14章展望重构技术的未来——自动化工具。我把最后一章（第15章）留给重构技术的顶尖大师Kent Beck来压轴。

在 Java 中运用重构

本书范例全部使用Java撰写。重构当然也可以在其他语言中实现，而且我也希望这本书能够给其他语言使用者带来帮助。但我觉得我最好在本书中只使用Java，因为那是我最熟悉的语言。我会不时写下一些提示，告诉读者如何在其他语言中进行重构，不过我真心希望看到其他人在本书基础上针对其他语言写出更多重构方面的书籍。

为了很好地与读者交流我的想法，我没有使用Java语言中特别复杂的部分。所以我避免使用内嵌类、反射机制、线程以及很多强大的Java特性。这是因为我希望尽可能清楚地展现重构的核心。

我应该提醒你，这些重构手法并不针对并发或分布式编程。那些主题会引出更多的考虑，本书并未涉及。

谁该阅读本书

本书的目标读者是专业程序员，也就是那些以编写软件为生的人。书中的示例和讨论，涉及大量需要详细阅读和理解的代码。这些例子都以Java写成。之所以选择Java，因为它是一种应用范围越来越广的语言，而且任何具备C语言背景的人都可以轻易理解它。Java是一种面向对象语言，而面向对象机制对于重构有很大帮助。

尽管关注对象是代码，但重构对于系统设计也有巨大影响。资深设计师和架构师也很有必要了解重构原理，并在自己的项目中运用重构技术。最好是由老资格、经验丰富的开发人员来引入重构技术，因为这样的人最能够透彻理解重构背后的原理，并根据情况加以调整，使之适用于特定工作领域。如果你使用的不是Java，这一点尤其重要，因为你必须把我给出的范例以其他语言改写。

下面我要告诉你，如何能够在不通读全书的情况下充分用好它。

- 如果你想知道重构是什么，请阅读第1章，其中示例会让你清楚重构的过程。

- 如果你想知道为什么应该重构，请阅读前两章。它们告诉你重构是什么以及为什么应该重构。

❑ 如果你想知道该在什么地方重构，请阅读第3章。它会告诉你一些代码特征，这些特征指出"这里需要重构"。

❑ 如果你想着手进行重构，请完整阅读前四章，然后选择性地阅读重构列表。一开始只需概略浏览列表，看看其中有些什么，不必理解所有细节。一旦真正需要实施某个准则，再详细阅读它，从中获取帮助。列表部分是供查阅的参考性内容，你不必一次就把它全部读完。此外你还应该读一读列表之后其他作者的"客串章节"，特别是第15章。

站在前人的肩膀上

就在本书一开始的此时此刻，我必须说：这本书让我欠了一大笔人情债，欠那些在过去十年中做了大量研究工作并开创重构领域的人一大笔债。这本书原本应该由他们之中的某个人来写，但最后却是由我这个有时间有精力的人捡了便宜。

重构技术的两位最早倡导者是Ward Cunningham和Kent Beck。他们很早就把重构作为开发过程的一个核心成分，并且在自己的开发过程中运用它。尤其需要说明的是，正因为和Kent的合作，才让我真正看到了重构的重要性，并直接激励了我写出这本书。

Ralph Johnson在UIUC（伊利诺伊大学厄巴纳–尚佩恩分校）领导了一个小组，这个小组因其在对象技术方面的实际贡献而声名远扬。Ralph很早就是重构技术的拥护者，他的一些学生也一直在研究这个课题。Bill Opdyke的博士论文是重构研究的第一份详细的书面成果。John Brant和Don Roberts则早已不满足于写文章了，他们写了一个工具叫Refactoring Browser（重构浏览器），对Smalltalk程序实施重构工程。

致谢

尽管有这些研究成果可以借鉴，我还是需要很多协助才能写出这本书。首先，并且也是最重要的，Kent Beck给了我巨大的帮助。Kent在底特律的某个酒吧和我谈起他正在为*Smalltalk Report*撰写一篇论文[Beck, hanoi]，从此播下本书的第一颗种子。那次谈话不但让我开始注意到重构技术，而且我还从中"偷"了许多想法放到本书第1章。Kent也在其他很多方面帮助我，想出"代码味道"这个概念的是他，当我遇到各种困难时，鼓励我的人也是他，常常和我一起工作助我完成这本书的，还是他。我常常忍不住这么想：他完全可以自己把这本书写得更好。可惜有时间写书的人是我，所以我也只能希望自己不要做得太差。

写这本书的时候，我希望能把一些专家经验直接与你分享，所以我非常感激那些花时间为本书添砖加瓦的人。Kent Beck、John Brant、William Opdyke和Don Roberts编撰或合写了本书部分章节。此外Rich Garzaniti和Ron Jeffries帮我添加了一些有用的文中注解。

在任何一本此类技术书里，作者都会告诉你，技术审阅者提供了巨大的帮助。一如既往，Addison-Wesley出版社的Carter Shanklin和他的团队组织了强大的审稿人阵容，他们是：

- Ken Auer，Rolemodel软件公司
- Joshua Bloch，Sun公司Java软件部
- John Brant，UIUC
- Scott Corley，High Voltage软件公司
- Ward Cunningham，Cunningham＆Cunningham公司
- Stéphane Ducasse
- Erich Gamma，对象技术国际公司
- Ron Jeffries
- Ralph Johnson，伊利诺伊大学
- Joshua Kerievsky，Industrial Logic公司
- Doug Lea，纽约州立大学Oswego分校
- Sander Tichelaar

他们大大提高了本书的可读性和准确性，并且至少去掉了一些任何手稿都可能会藏有的错误。在此我要特别感谢两个效果显著的建议，它们让我的书看上去耳目一新：Ward和Ron建议我以重构前后效果并列对照的方式写第1章，Joshua Kerievsky建议我在重构列表中画出代码草图。

除了正式审阅小组，还有很多非正式的审阅者。这些人或看过我的手稿，或关注我的网页并留下对我很有帮助的意见。他们是Leif Bennett、Michael Feathers、

Michael Finney、Neil Galarneau、Hisham Ghazouli、Tony Gould、John Isner、Brian Marick、Ralf Reissing、John Salt、Mark Swanson、Dave Thomas和Don Wells。我相信肯定还有一些被我遗忘的人，请容我在此向你们道歉，并致上我的谢意。

有一个特别有趣的审阅小组，就是"恶名昭彰"的UIUC读书小组。本书反映出他们的众多研究成果，我要特别感谢他们用录音记录的意见。这个小组成员包括Fredrico "Fred" Balaguer、John Brant、Ian Chai、Brian Foote、Alejandra Garrido、Zhijiang"John"Han、Peter Hatch、Ralph Johnson、Songyu"Raymond"Lu、Dragos-Anton Manolescu、Hiroaki Nakamura、James Overturf、Don Roberts、Chieko Shirai、Les Tyrell和Joe Yoder。

任何好想法都需要在严酷的生产环境中接受检验。我看到重构对于克莱斯勒综合薪资系统（Chrysler Comprehensive Compensation，C3）发挥了巨大的作用。我要感谢那个团队的所有成员：Ann Anderson、Ed Anderi、Ralph Beattie、Kent Beck、David Bryant、Bob Coe、Marie DeArment、Margaret Fronczak、Rich Garzaniti、Dennis Gore、Brian Hacker、Chet Hendrickson、Ron Jeffries、Doug Joppie、David Kim、Paul Kowalsky、Debbie Mueller、Tom Murasky、Richard Nutter、Adrian Pantea、Matt Saigeon、Don Thomas和Don Wells。和他们一起工作所获得的第一手数据，巩固了我对重构原理和作用的认识。他们使用重构技术所取得的进步极大程度地帮助我看到：重构技术应用于历时多年的大型项目中，可以起到何等的作用！

再提一句，我得到了Addison-Wesley出版社的J. Carter Shanklin及其团队的帮助，包括Krysia Bebick、Susan Cestone、Chuck Dutton、Kristin Erickson、John Fuller、Christopher Guzikowski、Simone Payment和Genevieve Rajewski。与优秀出版商合作是一个令人愉快的经历，他们为我提供了大量的支持和帮助。

谈到支持，为一本书付出最多的，总是距离作者最近的人。那就是现在已成为我妻子的Cindy。感谢她，当我埋首工作的时候，还是一样爱我。即使在我投入写书时，也总会不断想起她。

Martin Fowler
于马萨诸塞州Melrose市
fowler @acm.org
http://www.martinfowler.com
http://www.refactoring.com

目　　录

第 *1* 章

重构，第一个案例

$\mathbf{\text{我}}$ 该从何说起呢？按照传统做法，一开始介绍某个东西时，首先应该大致讲讲它的历史、主要原理等等。可是每当有人在会场上介绍这些东西，总是诱发我的瞌睡虫。我的思绪开始游荡，我的眼神开始迷离，直到主讲人秀出实例，我才能够提起精神。实例之所以可以拯救我于太虚之中，因为它让我看见事情在真正进行。谈原理，很容易流于泛泛，又很难说明如何实际应用。给出一个实例，就可以帮助我把事情认识清楚。

所以我决定从一个实例说起。在此过程中我将告诉你很多重构的道理，并且让你对重构过程有一点感觉。然后我才能向你展开通常的原理介绍。

但是，面对这个介绍性实例，我遇到了一个大问题。如果我选择一个大型程序，那么对程序自身的描述和对整个重构过程的描述就太复杂了，任何读者都不忍卒读（我试了一下，哪怕稍微复杂一点的例子都会超过100页）。如果我选择一个容易理解的小程序，又恐怕看不出重构的价值。

和任何立志要介绍"应用于真实世界中的有用技术"的人一样，我陷入了一个十分典型的两难困境。我只能指引你看看如何在一个我所选择的小程序中进行重构，然而坦白说，那个程序的规模根本不值得我们那么做。但是如果我给你看的代码是大系统的一部分，重构技术很快就变得重要起来。所以请你一边观赏这个小例子，一边想象它身处于一个大得多的系统。

1.1 起点

实例非常简单。这是一个影片出租店用的程序，计算每一位顾客的消费金额并打印详单。操作者告诉程序：顾客租了哪些影片、租期多长，程序便根据租赁时间和影片类型算出费用。影片分为三类：普通片、儿童片和新片。除了计算费用，还要为常客计算积分，积分会根据租片种类是否为新片而有不同。

我用了几个类来表现这个例子中的元素。图1-1是一张UML类图，用以显示这些类。

我会逐一列出这些类的代码。

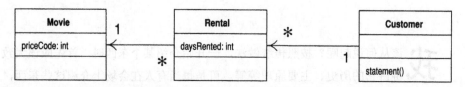

图1-1　本例一开始的各个类。此图只显示最重要的特性。图中所用符号是UML（[Fowler, UML]）

Movie（影片）

Movie只是一个简单的纯数据类。

```java
public class Movie {

    public static final int CHILDRENS = 2;
    public static final int REGULAR = 0;
    public static final int NEW_RELEASE = 1;

    private String _title;
    private int _priceCode;

    public Movie(String title, int priceCode) {
        _title = title;
        _priceCode = priceCode;
    }

    public int getPriceCode() {
        return _priceCode;
    }

    public void setPriceCode(int arg) {
        _priceCode = arg;
    }
```

```
    public String getTitle (){
        return _title;
    };
}
```

Rental（租赁）

Rental表示某个顾客租了一部影片。

```
class Rental {
    private Movie _movie;
    private int _daysRented;

    public Rental(Movie movie, int daysRented) {
      _movie = movie;
      _daysRented = daysRented;
    }
    public int getDaysRented() {
      return _daysRented;
    }
    public Movie getMovie() {
      return _movie;
    }
}
```

Customer（顾客）

Customer类用来表示顾客。就像其他类一样，它也拥有数据和相应的访问函数：

```
class Customer {
  private String _name;
  private Vector _rentals = new Vector();

  public Customer (String name){
    _name = name;
  };

  public void addRental(Rental arg) {
    _rentals.addElement(arg);
  }
  public String getName (){
    return _name;
  };
```

Customer还提供了一个用于生成详单的函数，图1-2显示这个函数带来的交互过程。完整代码显示于下一页。

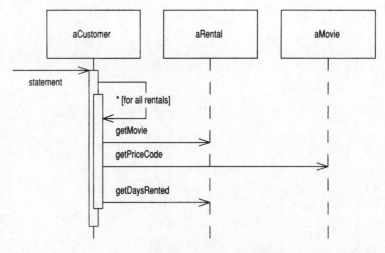

图1-2 statement()的交互过程

```java
public String statement() {
    double totalAmount = 0;
    int frequentRenterPoints = 0;
    Enumeration rentals = _rentals.elements();
    String result = "Rental Record for " + getName() + "\n";
    while (rentals.hasMoreElements()) {
        double thisAmount = 0;
        Rental each = (Rental) rentals.nextElement();

        //determine amounts for each line
        switch (each.getMovie().getPriceCode()) {
            case Movie.REGULAR:
                thisAmount += 2;
                if (each.getDaysRented() > 2)
                    thisAmount += (each.getDaysRented() - 2) * 1.5;
                break;
            case Movie.NEW_RELEASE:
                thisAmount += each.getDaysRented() * 3;
                break;
            case Movie.CHILDRENS:
                thisAmount += 1.5;
                if (each.getDaysRented() > 3)
                    thisAmount += (each.getDaysRented() - 3) * 1.5;
                break;

        }

        // add frequent renter points
        frequentRenterPoints ++;
        // add bonus for a two day new release rental
        if ((each.getMovie().getPriceCode() == Movie.NEW_RELEASE) &&
            each.getDaysRented() > 1) frequentRenterPoints ++;

        //show figures for this rental
        result += "\t" + each.getMovie().getTitle()+ "\t" +
            String.valueOf(thisAmount) + "\n";
        totalAmount += thisAmount;

    }
    //add footer lines
    result += "Amount owed is " + String.valueOf(totalAmount) + "\n";
    result += "You earned " + String.valueOf(frequentRenterPoints)+
        " frequent renter points";
    return result;
}
```

对此起始程序的评价

这个起始程序给你留下什么印象？我会说它设计得不好，而且很明显不符合面向对象精神。对于这样一个小程序，这些缺点其实没有什么大不了的。快速而随性地设计一个简单的程序并没有错。但如果这是复杂系统中具有代表性的一段，那么我就真的要对这个程序信心动摇了。Customer里头那个长长的statement()做的事情实在太多了，它做了很多原本应该由其他类完成的事情。

即便如此，这个程序还是能正常工作。所以这只是美学意义上的判断，只是对丑陋代码的厌恶，是吗？如果不去修改这个系统，那么的确如此，编译器才不会在乎代码好不好看呢。但是当我们打算修改系统的时候，就涉及了人，而人在乎这些。差劲的系统是很难修改的，因为很难找到修改点。如果很难找到修改点，程序员就很有可能犯错，从而引入bug。

在这个例子里，我们的用户希望对系统做一点修改。首先他们希望以HTML格式输出详单，这样就可以直接在网页上显示，这非常符合时下的潮流。现在请你想一想，这个变化会带来什么影响。看看代码你就会发现，根本不可能在打印HTML报表的函数中复用目前statement()的任何行为。你唯一可以做的就是编写一个全新的htmlStatement()，大量重复statement()的行为。当然，现在做这个还不太费力，你可以把statement()复制一份然后按需要修改就是了。

但如果计费标准发生变化，又会如何？你必须同时修改statement()和htmlStatement()，并确保两处修改的一致性。当你后续还要再修改时，复制粘贴带来的问题就浮现出来了。如果你编写的是一个永不需要修改的程序，那么剪剪贴贴就还好，但如果程序要保存很长时间，而且可能需要修改，复制粘贴行为就会造成潜在的威胁。

现在，第二个变化来了：用户希望改变影片分类规则，但是还没有决定怎么改。他们设想了几种方案，这些方案都会影响顾客消费和常客积分点的计算方式。作为一个经验丰富的开发者，你可以肯定：不论用户提出什么方案，你唯一能够获得的保证就是他们一定会在六个月之内再次修改它。

为了应付分类规则和计费规则的变化，程序必须对statement()做出修改。但如果我们把statement()内的代码复制到用以打印HTML详单的函数中，就必须确保将来的任何修改在两个地方保持一致。随着各种规则变得越来越复杂，适当的修改点越来越难找，不犯错的机会也越来越少。

你的态度也许倾向于尽量少修改程序：不管怎么说，它还运行得很好。你心里牢牢记着那句古老的工程谚语："如果它没坏，就不要动它。"这个程序也许还没坏掉，但它造成了伤害。它让你的生活比较难过，因为你发现很难完成客户所需的修改。这时候，重构技术就该粉墨登场了。

> 如果你发现自己需要为程序添加一个特性，而代码结构使你无法很方便地达成目的，那就先重构那个程序，使特性的添加比较容易进行，然后再添加特性。

1.2 重构的第一步

每当我要进行重构的时候，第一个步骤永远相同：我得为即将修改的代码建立一组可靠的测试环境。这些测试是必要的，因为尽管遵循重构手法可以使我避免绝大多数引入bug的情形，但我毕竟是人，毕竟有可能犯错。所以我需要可靠的测试。

由于statement()的运作结果是个字符串，所以我首先假设一些顾客，让他们每个人各租几部不同的影片，然后产生报表字符串。然后我就可以拿新字符串和手上已经检查过的参考字符串做比较。我把所有测试都设置好，只要在命令行输入一条Java命令就把它们统统运行起来。运行这些测试只需几秒钟，所以你会看到我经常运行它们。

测试过程中很重要的一部分，就是测试程序对于结果的报告方式。它们要么说"OK"，表示所有新字符串都和参考字符串一样，要么就列出失败清单，显示问题字符串的出现行号。这些测试都能够自我检验。是的，你必须让测试有能力自我检验，否则就得耗费大把时间来回比对，这会降低你的开发速度。

进行重构的时候，我们需要依赖测试，让它告诉我们是否引入了bug。好的测试是重构的根本。花时间建立一个优良的测试机制是完全值得的，因为当你修改程序时，好测试会给你必要的安全保障。测试机制在重构领域的地位实在太重要了，我将在第4章详细讨论它。

 重构前，先检查自己是否有一套可靠的测试机制。这些测试必须有自我检验能力。

1.3　分解并重组 statement()

第一个明显引起我注意的就是长得离谱的statement()。每当看到这样长长的函数，我就想把它大卸八块。要知道，代码块越小，代码的功能就愈容易管理，代码的处理和移动也就越轻松。

本章重构过程的第一阶段中，我将说明如何把长长的函数切开，并把较小块的代码移至更合适的类。我希望降低代码重复量，从而使新的（打印HTML详单用的）函数更容易撰写。

第一个步骤是找出代码的逻辑泥团并运用*Extract Method* (110)。本例一个明显的逻辑泥团就是switch语句，把它提炼到独立函数中似乎比较好。

和任何重构手法一样，当我提炼一个函数时，我必须知道可能出什么错。如果提炼得不好，就可能给程序引入bug。所以重构之前我需要先想出安全做法。由于先前我已经进行过数次这类重构，所以我已经把安全步骤记录于后面的重构列表中了。

首先我得在这段代码里找出函数内的局部变量和参数。我找到了两个，each和thisAmount，前者并未被修改，后者会被修改。任何不会被修改的变量都可以被我当成参数传入新的函数，至于会被修改的变量就需格外小心。如果只有一个变量会被修改，我可以把它当作返回值。thisAmount是个临时变量，其值在每次循环起始处被设为0，并且在switch语句之前不会改变，所以我可以直接把新函数的返回值赋给它。

下面两页展示了重构前后的代码。重构前的代码在左页，重构后的代码在右页。凡是从函数提炼出来的代码，以及新代码所做的任何修改，只要我觉得不是明显到可以一眼看出，就以粗体字标示出来特别提醒你。本章剩余部分将延续这种左右比对形式。

```
public String statement() {
    double totalAmount = 0;
    int frequentRenterPoints = 0;
    Enumeration rentals = _rentals.elements();
    String result = "Rental Record for " + getName() + "\n";
    while (rentals.hasMoreElements()) {
        double thisAmount = 0;
        Rental each = (Rental) rentals.nextElement();

        //determine amounts for each line
        switch (each.getMovie().getPriceCode()) {
            case Movie.REGULAR:
                thisAmount += 2;
                if (each.getDaysRented() > 2)
                    thisAmount += (each.getDaysRented() - 2) * 1.5;
                break;
            case Movie.NEW_RELEASE:
                thisAmount += each.getDaysRented() * 3;
                break;
            case Movie.CHILDRENS:
                thisAmount += 1.5;
                if (each.getDaysRented() > 3)
                    thisAmount += (each.getDaysRented() - 3) * 1.5;
                break;

        }

        // add frequent renter points
        frequentRenterPoints ++;
        // add bonus for a two day new release rental
        if ((each.getMovie().getPriceCode() == Movie.NEW_RELEASE)
            && each.getDaysRented() > 1) frequentRenterPoints ++;

        //show figures for this rental
        result += "\t" + each.getMovie().getTitle()+ "\t" +
            String.valueOf(thisAmount) + "\n";
        totalAmount += thisAmount;

    }
    //add footer lines
    result += "Amount owed is " + String.valueOf(totalAmount) + "\n";
    result += "You earned " + String.valueOf(frequentRenterPoints)
        + " frequent renter points";
    return result;
}
```

```java
public String statement() {
    double totalAmount = 0;
    int frequentRenterPoints = 0;
    Enumeration rentals = _rentals.elements();
    String result = "Rental Record for " + getName() + "\n";
    while (rentals.hasMoreElements()) {
        double thisAmount = 0;
        Rental each = (Rental) rentals.nextElement();

        thisAmount = amountFor(each);

        // add frequent renter points
        frequentRenterPoints ++;
        // add bonus for a two day new release rental
        if ((each.getMovie().getPriceCode() == Movie.NEW_RELEASE) &&
            each.getDaysRented() > 1) frequentRenterPoints ++;

        //show figures for this rental
        result += "\t" + each.getMovie().getTitle()+ "\t" +
            String.valueOf(thisAmount) + "\n";
        totalAmount += thisAmount;

    }
    //add footer lines
    result += "Amount owed is " + String.valueOf(totalAmount) + "\n";
    result += "You earned " + String.valueOf(frequentRenterPoints) +
        " frequent renter points";
    return result;

}
}
private int amountFor(Rental each) {
    int thisAmount = 0;
    switch (each.getMovie().getPriceCode()) {
        case Movie.REGULAR:
            thisAmount += 2;
            if (each.getDaysRented() > 2)
                thisAmount += (each.getDaysRented() - 2) * 1.5;
            break;
        case Movie.NEW_RELEASE:
            thisAmount += each.getDaysRented() * 3;
            break;
        case Movie.CHILDRENS:
            thisAmount += 1.5;
            if (each.getDaysRented() > 3)
                thisAmount += (each.getDaysRented() - 3) * 1.5;
            break;
    }
    return thisAmount;
}
```

　　每次做完这样的修改，我都要编译并测试。这一次起头不算太好——测试失败了，有两条测试数据告诉我发生了错误。一阵迷惑之后，我明白了自己犯的错误。我愚蠢地将amountFor()的返回值类型声明为int，而不是double。

```
private double amountFor(Rental each) {
    double thisAmount = 0;
    switch (each.getMovie().getPriceCode()) {
        case Movie.REGULAR:
            thisAmount += 2;
            if (each.getDaysRented() > 2)
                thisAmount += (each.getDaysRented() - 2) * 1.5;
            break;
        case Movie.NEW_RELEASE:
            thisAmount += each.getDaysRented() * 3;
            break;
        case Movie.CHILDRENS:
            thisAmount += 1.5;
            if (each.getDaysRented() > 3)
                thisAmount += (each.getDaysRented() - 3) * 1.5;
            break;
    }
    return thisAmount;
}
```

　　我经常犯这种愚蠢可笑的错误，而这种错误往往很难发现。在这里，Java无怨无尤地把double类型转换为int类型，而且还愉快地做了取整动作[Java Spec]。还好此处这个问题很容易发现，因为我做的修改很小，而且我有很好的测试。借着这个意外疏忽，我要阐述重构步骤的本质：由于每次修改的幅度都很小，所以任何错误都很容易发现。你不必耗费大把时间调试，哪怕你和我一样粗心。

重构技术就是以微小的步伐修改程序。如果你犯下错误，很容易便可发现它。

　　由于我用的是Java，所以我需要对代码做一些分析，决定如何处理局部变量。如果拥有相应的工具，这个工作就超级简单了。Smalltalk的确拥有这样的工具：Refactoring Browser。运用这个工具，重构过程非常轻松，我只需标示出需要重构的代码，在菜单中选择Extract Method，输入新的函数名称，一切就自动搞定。而且工具决不会像我那样犯下愚蠢可笑的错误。我非常盼望早日出现Java版本的重构工具！[1]

---

① 本书写作于1999年。十年之后，各种主要的Java IDE都已经提供了良好的重构支持。——译者注

现在，我已经把原来的函数分为两块，可以分别处理它们。我不喜欢amountFor()内的某些变量名称，现在正是修改它们的时候。

下面是原本的代码：

```java
private double amountFor(Rental each) {
    double thisAmount = 0;
    switch (each.getMovie().getPriceCode()) {
        case Movie.REGULAR:
            thisAmount += 2;
            if (each.getDaysRented() > 2)
                thisAmount += (each.getDaysRented() - 2) * 1.5;
            break;
        case Movie.NEW_RELEASE:
            thisAmount += each.getDaysRented() * 3;
            break;
        case Movie.CHILDRENS:
            thisAmount += 1.5;
            if (each.getDaysRented() > 3)
                thisAmount += (each.getDaysRented() - 3) * 1.5;
            break;
    }
    return thisAmount;
}
```

下面是改名后的代码:

```java
private double amountFor(Rental aRental) {
    double result = 0;
    switch (aRental.getMovie().getPriceCode()) {
        case Movie.REGULAR:
            result += 2;
            if (aRental.getDaysRented() > 2)
                result += (aRental.getDaysRented() - 2) * 1.5;
            break;
        case Movie.NEW_RELEASE:
            result += aRental.getDaysRented() * 3;
            break;
        case Movie.CHILDRENS:
            result += 1.5;
            if (aRental.getDaysRented() > 3)
                result += (aRental.getDaysRented() - 3) * 1.5;
            break;
    }
    return result;
}
```

改名之后,我需要重新编译并测试,确保没有破坏任何东西。

更改变量名称是值得的行为吗?绝对值得。好的代码应该清楚表达出自己的功能,变量名称是代码清晰的关键。如果为了提高代码的清晰度,需要修改某些东西的名字,那么就大胆去做吧。只要有良好的查找/替换工具,更改名称并不困难。语言所提供的强类型检查以及你自己的测试机制会指出任何你遗漏的东西。记住:

任何一个傻瓜都能写出计算机可以理解的代码。唯有写出人类容易理解的代码,才是优秀的程序员。

代码应该表现自己的目的,这一点非常重要。阅读代码的时候,我经常进行重构。这样,随着对程序的理解逐渐加深,我也就不断地把这些理解嵌入代码中,这么一来才不会遗忘我曾经理解的东西。

搬移"金额计算"代码

　　观察amountFor()时，我发现这个函数使用了来自Rental类的信息，却没有使用来自Customer类的信息。

```
class Customer...
  private double amountFor(Rental aRental) {
      double result = 0;
      switch (aRental.getMovie().getPriceCode()) {
          case Movie.REGULAR:
              result += 2;
              if (aRental.getDaysRented() > 2)
                  result += (aRental.getDaysRented() - 2) * 1.5;
              break;
          case Movie.NEW_RELEASE:
              result += aRental.getDaysRented() * 3;
              break;
          case Movie.CHILDRENS:
              result += 1.5;
              if (aRental.getDaysRented() > 3)
                  result += (aRental.getDaysRented() - 3) * 1.5;
              break;
      }
      return result;
  }
```

这立刻使我怀疑它是否被放错了位置。绝大多数情况下，函数应该放在它所使用的数据的所属对象内，所以amountFor()应该移到Rental类去。为了这么做，我要运用*Move Method*(142)。首先把代码复制到Rental类，调整代码使之适应新家，然后重新编译。像下面这样：

```
class Rental...
  double getCharge() {
      double result = 0;
      switch (getMovie().getPriceCode()) {
          case Movie.REGULAR:
              result += 2;
              if (getDaysRented() > 2)
                  result += (getDaysRented() - 2) * 1.5;
              break;
          case Movie.NEW_RELEASE:
              result += getDaysRented() * 3;
              break;
          case Movie.CHILDRENS:
              result += 1.5;
              if (getDaysRented() > 3)
                  result += (getDaysRented() - 3) * 1.5;
              break;
      }
      return result;
  }
```

在这个例子里，"适应新家"意味着要去掉参数。此外，我还要在搬移的同时变更函数名称。

现在我可以测试新函数是否正常工作。只要改变Customer.amountFor()函数内容，使它委托调用新函数即可：

```
class Customer...
  private double amountFor(Rental aRental) {
    return aRental.getCharge();
  }
```

现在我可以编译并测试，看看有没有破坏什么东西。

下一个步骤是找出程序中对于旧函数的所有引用点，并修改它们，让它们改用
新函数。下面是原本的程序：

```
class Customer...
    public String statement() {
        double totalAmount = 0;
        int frequentRenterPoints = 0;
        Enumeration rentals = _rentals.elements();
        String result = "Rental Record for " + getName() + "\n";
        while (rentals.hasMoreElements()) {
            double thisAmount = 0;
            Rental each = (Rental) rentals.nextElement();

            thisAmount = amountFor(each);

            // add frequent renter points
            frequentRenterPoints++;
            // add bonus for a two day new release rental
            if ((each.getMovie().getPriceCode() == Movie.NEW_RELEASE) &&
                each.getDaysRented() > 1) frequentRenterPoints++;

            // show figures for this rental
            result += "\t" + each.getMovie().getTitle() + "\t" +
                String.valueOf(thisAmount) + "\n";
            totalAmount += thisAmount;

        }
        // add footer lines
        result += "Amount owed is " + String.valueOf(totalAmount) + "\n";
        result += "You earned " + String.valueOf(frequentRenterPoints) +
            " frequent renter points";
        return result;
    }
```

本例之中，这个步骤很简单，因为我才刚刚产生新函数，只有一个地方使用了它。一般情况下，你得在可能运用该函数的所有类中查找一遍。

```java
class Customer
    public String statement() {
        double totalAmount = 0;
        int frequentRenterPoints = 0;
        Enumeration rentals = _rentals.elements();
        String result = "Rental Record for " + getName() + "\n";
        while (rentals.hasMoreElements()) {
            double thisAmount = 0;
            Rental each = (Rental) rentals.nextElement();

            thisAmount = each.getCharge();

            // add frequent renter points
            frequentRenterPoints++;
            // add bonus for a two day new release rental
            if ((each.getMovie().getPriceCode() == Movie.NEW_RELEASE) &&
                each.getDaysRented() > 1) frequentRenterPoints++;

            // show figures for this rental
            result += "\t" + each.getMovie().getTitle() + "\t" +
                String.valueOf(thisAmount) + "\n";
            totalAmount += thisAmount;

        }
        // add footer lines
        result += "Amount owed is " + String.valueOf(totalAmount) + "\n";
        result += "You earned " + String.valueOf(frequentRenterPoints) +
            " frequent renter points";
        return result;
    }
```

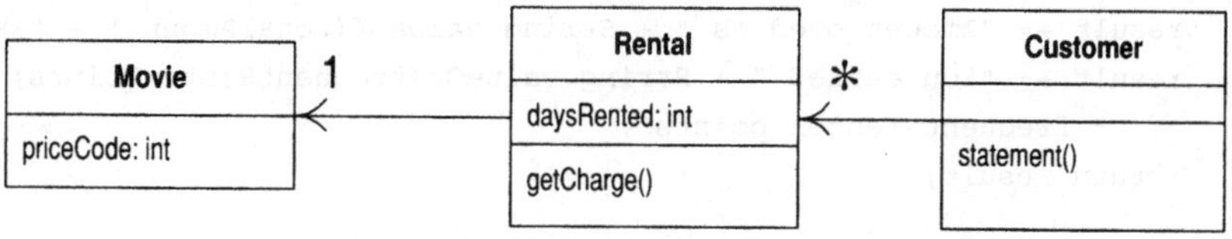

图1-3 搬移"金额计算"函数后，所有类的状态

做完这些修改之后（图1-3），下一件事就是去掉旧函数。编译器会告诉我是否我漏掉了什么。然后我进行测试，看看有没有破坏什么东西。

有时候我会保留旧函数，让它调用新函数。如果旧函数是一个public函数，而我又不想修改其他类的接口，这便是一种有用的手法。

当然我还想对Rental.getCharge()做些修改，不过暂时到此为止，让我们回到Customer.statement()函数。

```java
public String statement() {
    double totalAmount = 0;
    int frequentRenterPoints = 0;
    Enumeration rentals = _rentals.elements();
    String result = "Rental Record for " + getName() + "\n";
    while (rentals.hasMoreElements()) {
        double thisAmount = 0;
        Rental each = (Rental) rentals.nextElement();

        thisAmount = each.getCharge();

        // add frequent renter points
        frequentRenterPoints++;
        // add bonus for a two day new release rental
        if ((each.getMovie().getPriceCode() == Movie.NEW_RELEASE) &&
            each.getDaysRented() > 1) frequentRenterPoints++;

        // show figures for this rental
        result += "\t" + each.getMovie().getTitle() + "\t" +
            String.valueOf(thisAmount) + "\n";
        totalAmount += thisAmount;

    }
    // add footer lines
    result += "Amount owed is " + String.valueOf(totalAmount) + "\n";
    result += "You earned " + String.valueOf(frequentRenterPoints) +
        " frequent renter points";
    return result;
}
```

下一件引我注意的事是：`thisAmount`如今变得多余了。它接受`each.get-Charge()`的执行结果，然后就不再有任何改变。所以我可以运用 *Replace Temp with Query* (120)把`thisAmount`除去：

```
public String statement() {
    double totalAmount = 0;
    int frequentRenterPoints = 0;
    Enumeration rentals = _rentals.elements();
    String result = "Rental Record for " + getName() + "\n";
    while (rentals.hasMoreElements()) {
        Rental each = (Rental) rentals.nextElement();

        // add frequent renter points
        frequentRenterPoints++;
        // add bonus for a two day new release rental
        if ((each.getMovie().getPriceCode() == Movie.NEW_RELEASE) &&
            each.getDaysRented() > 1) frequentRenterPoints++;

        // show figures for this rental
        result += "\t" + each.getMovie().getTitle() + "\t" + String.valueOf
            (each.getCharge()) + "\n";
        totalAmount += each.getCharge();

    }
    // add footer lines
    result += "Amount owed is " + String.valueOf(totalAmount) + "\n";
    result += "You earned " + String.valueOf(frequentRenterPoints)
        + " frequent renter points";
    return result;

    }
}
```

做完这份修改，我立刻编译并测试，保证自己没有破坏任何东西。

我喜欢尽量除去这一类临时变量。临时变量往往引发问题，它们会导致大量参数被传来传去，而其实完全没有这种必要。你很容易跟丢它们，尤其在长长的函数之中更是如此。当然我这么做也需付出性能上的代价，例如本例的费用就被计算了两次。但是这很容易在`Rental`类中被优化。而且如果代码有合理的组织和管理，优化就会有很好的效果。我将在第69页的"重构与性能"一节详谈这个问题。

提炼"常客积分计算"代码

下一步要对"常客积分计算"做类似处理。积分的计算视影片种类而有不同，不过不像收费规则有那么多变化。看来似乎有理由把积分计算责任放在Rental类身上。首先需要针对"常客积分计算"这部分代码（粗体部分）运用Extract Method(110)重构手法：

```java
public String statement() {
    double totalAmount = 0;
    int frequentRenterPoints = 0;
    Enumeration rentals = _rentals.elements();
    String result = "Rental Record for " + getName() + "\n";
    while (rentals.hasMoreElements()) {
        Rental each = (Rental) rentals.nextElement();

        // add frequent renter points
        frequentRenterPoints++;
        // add bonus for a two day new release rental
        if ((each.getMovie().getPriceCode() == Movie.NEW_RELEASE)
            && each.getDaysRented() > 1) frequentRenterPoints++;

        // show figures for this rental
        result += "\t" + each.getMovie().getTitle() + "\t"
            + String.valueOf(each.getCharge()) + "\n";
        totalAmount += each.getCharge();
    }
    // add footer lines
    result += "Amount owed is " + String.valueOf(totalAmount) + "\n";
    result += "You earned " + String.valueOf(frequentRenterPoints)
        + " frequent renter points";
    return result;
}
```

我们再来看局部变量。这里再一次用到了each，而它可以被当作参数传入新函数中。另一个临时变量是frequentRenterPoints。本例中，它在被使用之前已经先有初值，但提炼出来的函数并没有读取该值，所以我们不需要将它当作参数传进去，只需把新函数的返回值累加上去就行了。

我完成了函数的提炼，重新编译并测试，然后做一次搬移，再编译、再测试。重构时最好小步前进，如此一来犯错的概率最小。

```java
class Customer...
    public String statement() {
        double totalAmount = 0;
        int frequentRenterPoints = 0;
        Enumeration rentals = _rentals.elements();
        String result = "Rental Record for " + getName() + "\n";
        while (rentals.hasMoreElements()) {
            Rental each = (Rental) rentals.nextElement();
            frequentRenterPoints += each.getFrequentRenterPoints();

            // show figures for this rental
            result += "\t" + each.getMovie().getTitle() + "\t" +
                String.valueOf(each.getCharge()) + "\n";
            totalAmount += each.getCharge();
        }

        // add footer lines
        result += "Amount owed is " + String.valueOf(totalAmount) + "\n";
        result += "You earned " + String.valueOf(frequentRenterPoints) +
            " frequent renter points";
        return result;
    }

class Rental...
    int getFrequentRenterPoints() {
        if ((getMovie().getPriceCode() == Movie.NEW_RELEASE)
            && getDaysRented() > 1) return 2;
        else
            return 1;
    }
```

我利用重构前后的UML图（图1-4～图1-7）来总结刚才所做的修改。和先前一样，左页是修改前的图，右页是修改后的图。

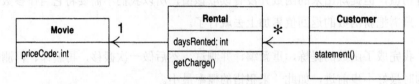

图1-4   "常客积分计算"函数被提炼及搬移之前的类图

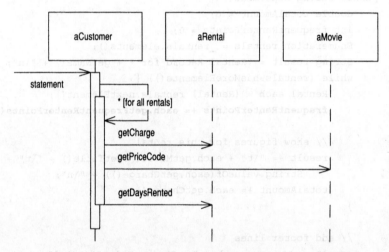

图1-5   "常客积分计算"函数被提炼及搬移之前的序列图

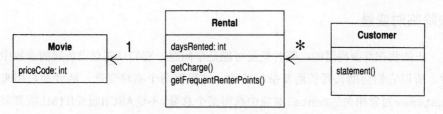

图1-6 "常客积分计算"函数被提炼及搬移之后的类图

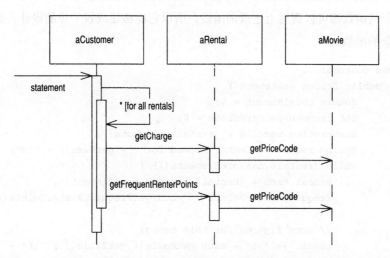

图1-7 "常客积分计算"函数被提炼及搬移之后的序列图

去除临时变量

正如我在前面提过的，临时变量可能是个问题。它们只在自己所属的函数中有效，所以它们会助长冗长而复杂的函数。这里有两个临时变量，两者都是用来从 Customer 对象相关的 Rental 对象中获得某个总量。不论 ASCII 版或 HTML 版都需要这些总量。我打算运用 *Replace Temp with Query* (120)，并利用查询函数（query method）来取代 totalAmount 和 frequentRentalPoints 这两个临时变量。由于类中的任何函数都可以调用上述查询函数，所以它能够促成较干净的设计，而减少冗长复杂的函数：

```
class Customer...
    public String statement() {
        double totalAmount = 0;
        int frequentRenterPoints = 0;
        Enumeration rentals = _rentals.elements();
        String result = "Rental Record for " + getName() + "\n";
        while (rentals.hasMoreElements()) {
            Rental each = (Rental) rentals.nextElement();
            frequentRenterPoints += each.getFrequentRenterPoints();

            // show figures for this rental
            result += "\t" + each.getMovie().getTitle() + "\t" +
                String.valueOf(each.getCharge()) + "\n";
            totalAmount += each.getCharge();
        }

        // add footer lines
        result += "Amount owed is " + String.valueOf(totalAmount) + "\n";
        result += "You earned " + String.valueOf(frequentRenterPoints) +
            " frequent renter points";
        return result;
    }
```

首先我用Customer 类的getTotalCharge()取代totalAmount：

```
class Customer...

public String statement() {
    int frequentRenterPoints = 0;
    Enumeration rentals = _rentals.elements();
    String result = "Rental Record for " + getName() + "\n";
    while (rentals.hasMoreElements()) {
        Rental each = (Rental) rentals.nextElement();
        frequentRenterPoints += each.getFrequentRenterPoints();

        // show figures for this rental
        result += "\t" + each.getMovie().getTitle() + "\t" +
            String.valueOf(each.getCharge()) + "\n";
    }

    // add footer lines
    result += "Amount owed is " + String.valueOf(getTotalCharge()) + "\n";
    result += "You earned " + String.valueOf(frequentRenterPoints)
        + " frequent renter points";
    return result;
}

private double getTotalCharge() {
    double result = 0;
    Enumeration rentals = _rentals.elements();
while (rentals.hasMoreElements()) {
    Rental each = (Rental) rentals.nextElement();
    result += each.getCharge();
}
return result;
}
```

这并不是*Replace Temp with Query* (120)的最简单情况。由于totalAmount在循环内部被赋值，我不得不把循环复制到查询函数中。

重构之后，重新编译并测试，然后以同样手法处理frequentRenterPoints：

```
class Customer...
    public String statement() {
        int frequentRenterPoints = 0;
        Enumeration rentals = _rentals.elements();
        String result = "Rental Record for " + getName() + "\n"';
        while (rentals.hasMoreElements()) {
            Rental each = (Rental) rentals.nextElement();
            frequentRenterPoints += each.getFrequentRenterPoints();

            //show figures for this rental
            result += "\t" + each.getMovie().getTitle()+ "\t" +
                String.valueOf(each.getCharge()) + "\n";
        }

        //add footer lines
        result += "Amount owed is "+ String.valueOf(getTotalCharge()) + "\n";
        result += "You earned " + String.valueOf(frequentRenterPoints) +
            " frequent renter points";
        return result;
    }
```

```
public String statement() {
    Enumeration rentals = _rentals.elements();
    String result = "Rental Record for " + getName() + "\n";
    while (rentals.hasMoreElements()) {
        Rental each = (Rental) rentals.nextElement();

        //show figures for this rental
        result += "\t" + each.getMovie().getTitle()+ "\t" +
            String.valueOf(each.getCharge()) + "\n";
    }

    //add footer lines
    result += "Amount owed is " + String.valueOf(getTotalCharge()) + "\n";
    result += "You earned "+ String.valueOf(getTotalFrequentRenterPoints()) +
        " frequent renter points";
    return result;
}

private int getTotalFrequentRenterPoints(){
    int result = 0;
    Enumeration rentals = _rentals.elements();
    while (rentals.hasMoreElements()) {
        Rental each = (Rental) rentals.nextElement();
        result += each.getFrequentRenterPoints();
    }
    return result;
}
```

图1-8～图1-11分别以UML 类图和交互图展示statement()重构前后的变化。

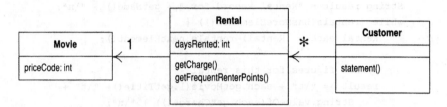

图1-8　"总量计算"函数被提炼前的类图

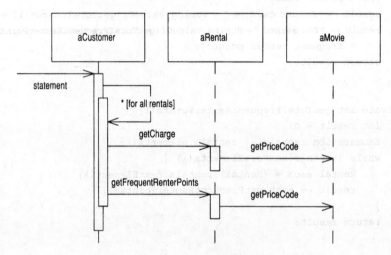

图1-9　"总量计算"函数被提炼前的序列图

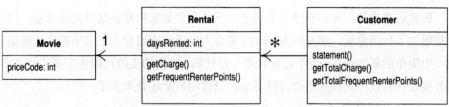

图1-10 "总量计算"函数被提炼后的类图

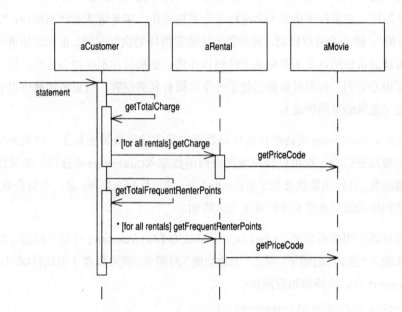

图1-11 "总量计算"函数被提炼后的序列图

做完这次重构，有必要停下来思考一下。大多数重构都会减少代码总量，但这次却增加了代码总量，那是因为Java1.1需要大量语句来设置一个累加循环。哪怕只是一个简单的累加循环，每个元素只需一行代码，外围的支持代码也需要六行之多。这其实是任何程序员都熟悉的习惯写法，但代码数量还是太多了。[①]

这次重构存在另一个问题，那就是性能。原本代码只执行while循环一次，新版本要执行三次。如果while循环耗时很多，就可能大大降低程序的性能。单单为了这个原因，许多程序员就不愿进行这个重构动作。但是请注意我的用词："如果"和"可能"。除非我进行评测，否则我无法确定循环的执行时间，也无法知道这个循环是否被经常使用以至于影响系统的整体性能。重构时你不必担心这些，优化时你才需要担心它们，但那时候你已处于一个比较有利的位置，有更多选择可以完成有效优化（见第69页的讨论）。

现在，Customer类内的任何代码都可以调用这些查询函数了。如果系统其他部分需要这些信息，也可以轻松地将查询函数加入Customer类接口。如果没有这些查询函数，其他函数就必须了解Rental类，并自行建立循环。在一个复杂系统中，这将使程序的编写难度和维护难度大大增加。

你可以很明显看出来，htmlStatement()和statement()是不同的。现在，我应该脱下"重构"的帽子，戴上"添加功能"的帽子。我可以像下面这样编写html-Statement()，并添加相应测试：

```java
public String htmlStatement() {
    Enumeration rentals = _rentals.elements();
    String result = "<H1>Rentals for <EM>" + getName() + "</EM></H1><P>\n";
    while (rentals.hasMoreElements()) {
        Rental each = (Rental) rentals.nextElement();
        // show figures for each rental
        result += each.getMovie().getTitle() + ": "+
                    String.valueOf(each.getCharge()) + "<BR>\n";
    }
    // add footer lines
    result += "<P>You owe <EM>" + String.valueOf(getTotalCharge())+
        "</EM><P>\n";
    result += "On this rental you earned <EM>"+
        String.valueOf(getTotalFrequentRenterPoints())
            + "</EM> frequent renter points<P>";
        return result;
    }
```

---

① 十年之后的今天，Java在这方面已经有所改进。——译者注

通过计算逻辑的提炼，我可以完成一个 `htmlStatement()`，并复用原本 `state-ment()` 内的所有计算。我不必剪剪贴贴，所以如果计算规则发生改变，我只需在程序中做一处修改。完成其他任何类型的详单也都很快而且很容易。这次重构并没有花很多时间，其中大半时间我用来弄清楚代码所做的事，而这是我无论如何都得做的。

前面有些代码是从ASCII版本中复制过来的——主要是循环设置部分。更深入的重构动作可以清除这些重复代码。我可以把处理表头（header）、表尾（footer）和详单细目的代码都分别提炼出来。在*Form Template Method* (345)实例中，你可以看到如何做这些动作。但是，现在用户又开始嘀咕了，他们准备修改影片分类规则。我们尚未清楚他们想怎么做，但似乎新分类法很快就要引入，现有的分类法马上就要变更。与之相应的费用计算方式和常客积分计算方式都还有待决定，现在就对程序做修改，肯定是愚蠢的。我必须进入费用计算和常客积分计算中，把因条件而异的代码[1]替换掉，这样才能为将来的改变镀上一层保护膜。现在，请重新戴回"重构"这顶帽子。

---

① 指的是 `switch` 语句内的 `case` 子句。——译者注

1.4 运用多态取代与价格相关的条件逻辑

这个问题的第一部分是switch语句。最好不要在另一个对象的属性基础上运用 switch语句。如果不得不使用，也应该在对象自己的数据上使用，而不是在别人的 数据上使用。

```
class Rental...
  double getCharge() {
      double result = 0;
      switch (getMovie().getPriceCode()) {
         case Movie.REGULAR:
             result += 2;
             if (getDaysRented() > 2)
                 result += (getDaysRented() - 2) * 1.5;
             break;
         case Movie.NEW_RELEASE:
            result += getDaysRented() * 3;
            break;
         case Movie.CHILDRENS:
            result += 1.5;
            if (getDaysRented() > 3)
               result += (getDaysRented() - 3) * 1.5;
            break;
      }
      return result;
  }
```

这暗示getCharge()应该移到Movie类里去:

```
class Movie...
    double getCharge(int daysRented) {
        double result = 0;
        switch (getPriceCode()) {
            case Movie.REGULAR:
                result += 2;
                if (daysRented > 2)
                    result += (daysRented - 2) * 1.5;
                break;
            case Movie.NEW_RELEASE:
                result += daysRented * 3;
                break;
            case Movie.CHILDRENS:
                result += 1.5;
                if (daysRented > 3)
                    result += (daysRented - 3) * 1.5;
                break;
        }
        return result;
    }
```

为了让它得以运作,我必须把租期长度作为参数传递进去。当然,租期长度来自Rental对象。计算费用时需要两项数据:租期长度和影片类型。为什么我选择将租期长度传给Movie对象,而不是将影片类型传给Rental对象呢?因为本系统可能发生的变化是加入新影片类型,这种变化带有不稳定倾向。如果影片类型有所变化,我希望尽量控制它造成的影响,所以选择在Movie对象内计算费用。

我把上述计费方法放进Movie类,然后修改Rental的getCharge(),让它使用这个新函数(图1-12和图1-13):

```
class Rental...
  double getCharge() {
      return _movie.getCharge(_daysRented);
  }
```

搬移 getCharge() 之后，我以相同手法处理常客积分计算。这样我就把根据影片类型而变化的所有东西，都放到了影片类型所属的类中。以下是重构前的代码：

```
class Rental...
  int getFrequentRenterPoints() {
      if ((getMovie().getPriceCode() == Movie.NEW_RELEASE) && getDaysRented() > 1)
          return 2;
      else
          return 1;
  }
```

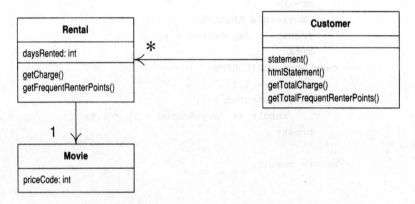

图1-12　本节所讨论的两个函数被移到Movie类内之前系统的类图

重构后的代码如下：

```
class Rental...
  int getFrequentRenterPoints() {
    return _movie.getFrequentRenterPoints(_daysRented);
  }



class Movie...
  int getFrequentRenterPoints(int daysRented) {
    if ((getPriceCode() == Movie.NEW_RELEASE) && daysRented > 1)
        return 2;
    else
        return 1;
  }
```

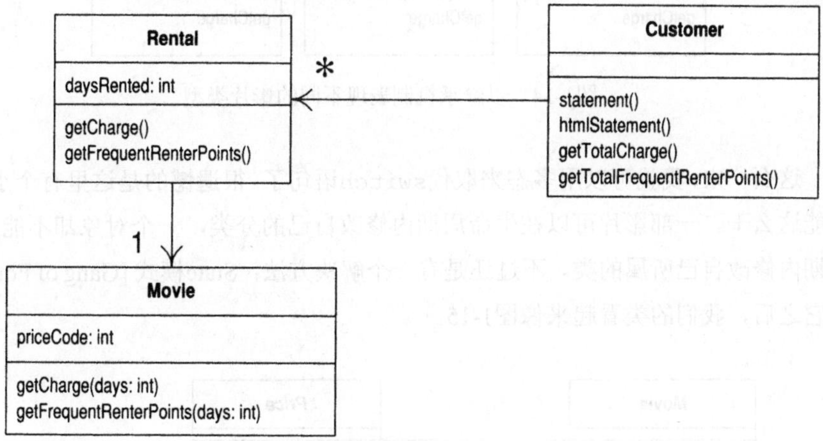

```
┌─────────────────────────────┐              *     ┌─────────────────────────────────────┐
│          Rental             │                    │             Customer                │
├─────────────────────────────┤◄───────────────────├─────────────────────────────────────┤
│ daysRented: int             │                    │ statement()                         │
├─────────────────────────────┤                    │ htmlStatement()                     │
│ getCharge()                 │                    │ getTotalCharge()                    │
│ getFrequentRenterPoints()   │                    │ getTotalFrequentRenterPoints()      │
└─────────────────────────────┘                    └─────────────────────────────────────┘
         │
       1 │
         ▼
┌─────────────────────────────┐
│           Movie             │
├─────────────────────────────┤
│ priceCode: int              │
├─────────────────────────────┤
│ getCharge(days: int)        │
│ getFrequentRenterPoints(days: int) │
└─────────────────────────────┘
```

图1-13　本节所讨论的两个函数被移到Movie类内之后系统的类图

终于……我们来到继承

我们有数种影片类型，它们以不同的方式回答相同的问题。这听起来很像子类的工作。我们可以建立Movie的三个子类，每个都有自己的计费法（图1-14）。

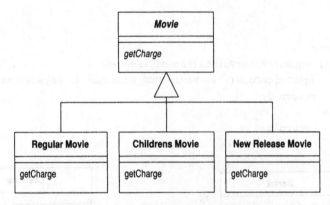

图1-14　以继承机制表现不同的影片类型

这么一来，我就可以用多态来取代switch语句了。很遗憾的是这里有个小问题，不能这么干。一部影片可以在生命周期内修改自己的分类，一个对象却不能在生命周期内修改自己所属的类。不过还是有一个解决方法：State模式 [Gang of Four]。运用它之后，我们的类看起来像图1-15。

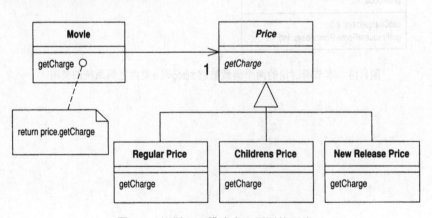

图1-15　运用State模式表现不同的影片

加入这一层间接性，我们就可以在Price对象内进行子类化动作[1]，于是便可在任何必要时刻修改价格。

如果你很熟悉GoF（Gang of Four，四巨头）[2]所列的各种模式，可能会问："这是一个State，还是一个Strategy？"答案取决于Price类究竟代表计费方式（此时我喜欢把它叫作Pricer还PricingStrategy），还是代表影片的某个状态（例如"*Star Trek X* 是一部新片"）。在这个阶段，对于模式（和其名称）的选择反映出你对结构的想法。此刻我把它视为影片的某种状态。如果未来我觉得Strategy能更好地说明我的意图，我会再重构它，修改名字，以形成Strategy。

为了引入State模式，我使用三个重构手法。首先运用*Replace Type Code with State/Strategy* (227)，将与类型相关的行为搬移至State模式内。然后运用*Move Method* (142)将switch语句移到Price类。最后运用*Replace Conditional with Polymorphism* (255)去掉switch语句。

---

① 如图1-15。——译者注
② Ralph Johnson和另外三位先生Erich Gamma、Richard Helm、John Vlissides合写了软件开发界驰名的《设计模式》，人称四巨头（Gang of Four）。——译者注

首先我要使用*Replace Type Code with State/Strategy* (227)。第一步骤是针对类型代码使用*Self Encapsulate Field* (171),确保任何时候都通过取值函数和设值函数来访问类型代码。多数访问操作来自其他类,它们已经在使用取值函数。但构造函数仍然直接访问价格代码[①]:

```
class Movie...
    public Movie(String title, int priceCode) {
        _title= title;
        _priceCode = priceCode;
    }
```

---

① 程序中的_priceCode。——译者注

我可以用一个设值函数来代替:

```
class Movie
   public Movie(String title, int priceCode) {
      _title = title;
      setPriceCode(priceCode);
   }
```

然后编译并测试,确保没有破坏任何东西。现在我新建一个Price类,并在其中提供类型相关的行为。为了实现这一点,我在Price类内加入一个抽象函数,并在所有子类中加上对应的具体函数:

```
abstract class Price {
  abstract int getPriceCode();
}
class ChildrensPrice extends Price {
  int getPriceCode() {
      return Movie.CHILDRENS;
  }
}
class NewReleasePrice extends Price {
  int getPriceCode() {
      return Movie.NEW_RELEASE;
  }
}

class RegularPrice extends Price {
    int getPriceCode() {
        return Movie.REGULAR;
    }
}
```

然后就可以编译这些新建的类了。

现在，我需要修改Movie类内的"价格代号"访问函数（取值函数/设值函数，如下），让它们使用新类。下面是重构前的样子：

```
public int getPriceCode() {
    return _priceCode;
}
public setPriceCode(int arg) {
    _priceCode = arg;
}
private int _priceCode;
```

这意味着我必须在Movie类内保存一个Price对象，而不再是保存一个_price-Code变量。此外我还需要修改访问函数：

```
class Movie...
  public int getPriceCode() {
        return _price.getPriceCode();
    }
    public void setPriceCode(int arg) {
        switch (arg) {
        case REGULAR:
            _price = new RegularPrice();
            break;
        case CHILDRENS:
            _price = new ChildrensPrice();
            break;
        case NEW_RELEASE:
            _price = new NewReleasePrice();
            break;
        default:
            throw new IllegalArgumentException("Incorrect Price Code");
        }
    }

    private Price _price;
```

现在我可以重新编译并测试，那些比较复杂的函数根本不知道世界已经变了个样儿。

现在我要对get Charge()实施 *Move Method* (142)。下面是重构前的代码：

```
class Movie...
  double getCharge(int daysRented) {
      double result = 0;
      switch (getPriceCode()) {
          case Movie.REGULAR:
              result += 2;
              if (daysRented > 2)
                  result += (daysRented - 2) * 1.5;
              break;
          case Movie.NEW_RELEASE:
              result += daysRented * 3;
              break;
          case Movie.CHILDRENS:
              result += 1.5;
              if (daysRented > 3)
                  result += (daysRented - 3) * 1.5;
              break;
      }
      return result;
  }
```

搬移动作很简单。下面是重构后的代码：

```
class Movie...
  double getCharge(int daysRented) {
     return _price.getCharge(daysRented);
  }


class Price...
  double getCharge(int daysRented) {
     double result = 0;
     switch (getPriceCode()) {
        case Movie.REGULAR:
           result += 2;
           if (daysRented > 2)
              result += (daysRented - 2) * 1.5;
           break;
        case Movie.NEW_RELEASE:
           result += daysRented * 3;
           break;
        case Movie.CHILDRENS:
           result += 1.5;
           if (daysRented > 3)
              result += (daysRented - 3) * 1.5;
           break;
     }
     return result;
}
```

搬移之后，我就可以开始运用*Replace Conditional with Polymorphism* (255)了。

下面是重构前的代码：

```
class Price...
  double getCharge(int daysRented) {
      double result = 0;
      switch (getPriceCode()) {
          case Movie.REGULAR:
              result += 2;
              if (daysRented > 2)
                  result += (daysRented - 2) * 1.5;
              break;
          case Movie.NEW_RELEASE:
              result += daysRented * 3;
              break;
          case Movie.CHILDRENS:
              result += 1.5;
              if (daysRented > 3)
                  result += (daysRented - 3) * 1.5;
              break;
      }
      return result;
}
```

　　我的做法是一次取出一个case分支，在相应的类建立一个覆盖函数。先从RegularPrice开始：

```
class RegularPrice...
    double getCharge(int daysRented) {
        double result = 2;
        if (daysRented > 2)
            result += (daysRented - 2) * 1.5;
        return result;
    }
```

　　这个函数覆盖了父类中的case语句，而我暂时还把后者留在原处不动。现在编译并测试，然后取出下一个case分支，再编译并测试。（为了保证被执行的确实是子类中的代码，我喜欢故意丢一个错误进去，然后让它运行，让测试失败。噢，我是不是有点太偏执了？）

```
class ChildrensPrice
    double getCharge(int daysRented) {
        double result = 1.5;
        if (daysRented > 3)
            result += (daysRented - 3) * 1.5;
        return result;
    }

class NewReleasePrice...
    double getCharge(int daysRented) {
        return daysRented * 3;
    }
```

　　处理完所有case分支之后，我就把Price.getCharge()声明为abstract：

```
class Price...
    abstract double getCharge(int daysRented);
```

现在我可以运用同样手法处理getFrequentRenterPoints()。重构前的样子
如下[①]：

```
class Movie...
  int getFrequentRenterPoints(int daysRented) {
      if ((getPriceCode() == Movie.NEW_RELEASE) && daysRented > 1)
          return 2;
      else
          return 1;
  }
```

① 其中有类型相关的行为，也就是"判断是否为新片"那个动作。——译者注

首先我把这个函数移到Price类:

```
class Movie...
  int getFrequentRenterPoints(int daysRented) {
      return _price.getFrequentRenterPoints(daysRented);
  }
class Price...
  int getFrequentRenterPoints(int daysRented) {
      if ((getPriceCode() == Movie.NEW_RELEASE) && daysRented > 1)
          return 2;
      else
          return 1;
  }
```

但是这一次我不把超类函数声明为abstract。我只是为新片类型增加一个覆写函数,并在超类内留下一个已定义的函数,使它成为一种默认行为。

```
class NewReleasePrice
  int getFrequentRenterPoints(int daysRented) {
      return (daysRented > 1) ? 2 : 1;
  }

class Price...
  int getFrequentRenterPoints(int daysRented) {
      return 1;
  }
```

　　引入State模式花了我不少力气，值得吗？这么做的收获是：如果我要修改任何与价格有关的行为，或是添加新的定价标准，或是加入其他取决于价格的行为，程序的修改会容易得多。这个程序的其余部分并不知道我运用了State模式。对于我目前拥有的这么几个小量行为来说，任何功能或特性上的修改也许都不合算，但如果在一个更复杂的系统中，有十多个与价格相关的函数，程序的修改难易度就会有很大的区别。以上所有修改都是小步骤进行，进度似乎太过缓慢，但是我一次都没有打开过调试器，所以整个过程实际上很快就过去了。我写本章文字所用的时间，远比修改那些代码的时间多得多。

　　现在我已经完成了第二个重要的重构行为。从此，修改影片分类结构，或是改变费用计算规则、改变常客积分计算规则，都容易多了。图1-16和图1-17描述State模式对于价格信息所起的作用。

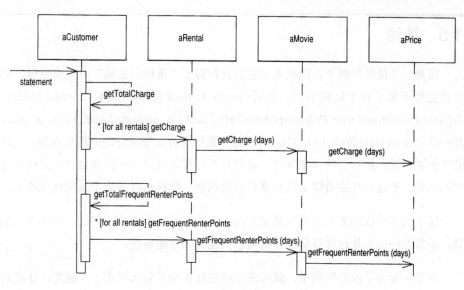

图1-16 加入State模式后的交互图

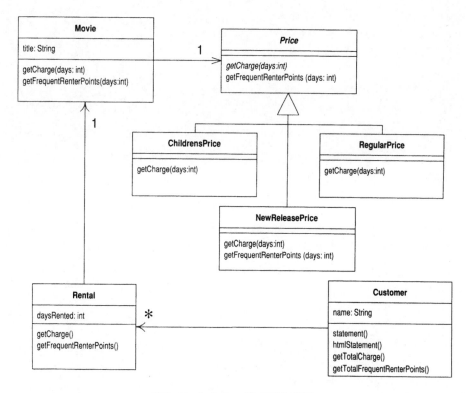

图1-17 加入State模式后的类图

1.5　结语

这是一个简单的例子，但我希望它能让你对于"重构怎么做"有一点感觉。例中我已经示范了数个重构手法，包括 *Extract Method* (110)、*Move Method* (142)、*Replace Conditional with Polymorphism* (255)、*Self Encapsulate Field* (171)、*Replace Type Code with State/Strategy* (227)。所有这些重构行为都使责任的分配更合理，代码的维护更轻松。重构后的程序风格，将迥异于过程化风格——后者也许是某些人习惯的风格。不过一旦你习惯了这种重构后的风格，就很难再满足于结构化风格了。

这个例子给我们最大的启发是重构的节奏：测试、小修改、测试、小修改、测试、小修改……正是这种节奏让重构得以快速而安全地前进。

如果你看懂了前面的例子，就应该已经理解重构是怎么回事了。现在，让我们了解一些背景、原理和理论（好在不太多）。

第 2 章

重 构 原 则

前面所举的例子应该已经让你对重构有了一个良好的感受。现在，我们应该回头看看重构的关键原则，以及重构时需要考虑的某些问题。

2.1　何谓重构

我总是不太喜欢下定义，因为每个人对每样东西都有自己的定义。但是既然在写书，总得选择自己满意的定义。在重构这个概念上，我的定义以Ralph Johnson团队和其他相关研究成果为基础。

首先要说明的是：视上下文不同，"重构"这个词有两种不同的定义。你可能会觉得这挺烦人的（我就是这么想的），不过处理自然语言本来就是件烦人的事，这只不过是又一个实例而已。

第一个定义是名词形式。

 重构（名词）：对软件内部结构的一种调整，目的是在不改变软件可观察行为的前提下，提高其可理解性，降低其修改成本。

你可以在后续章节中找到许多重构范例，诸如*Extract Method* (110)和*Pull Up Field* (320)，等等。一般而言，重构都是对软件的小改动，但重构之中还可以包含另一个重构。例如*Extract Class* (149)通常包含*Move Method* (142)和*Move Field* (146)。

"重构"的另一个用法是动词形式。

> 重构（动词）：使用一系列重构手法，在不改变软件可观察行为的前提下，调整其结构。

所以，在软件开发过程中，你可能会花上数小时进行重构，其间可能用上数十种重构手法。

曾经有人这样问我："重构就只是整理代码吗?"从某种角度来说，是的。但我认为重构不止于此，因为它提供了一种更高效且受控的代码整理技术。自从运用重构技术后，我发现自己对代码的整理比以前更有效率。这是因为我知道该使用哪些重构手法，也知道以怎样的方式使用它们才能够将错误减到最少，而且在每一个可能出错的地方我都加以测试。

我的定义还需要往两方面扩展。首先，重构的目的是使软件更容易被理解和修改。你可以在软件内部做很多修改，但必须对软件可观察的外部行为只造成很小变化，或甚至不造成变化。与之形成对比的是性能优化。和重构一样，性能优化通常不会改变组件的行为（除了执行速度），只会改变其内部结构。但是两者出发点不同：性能优化往往使代码较难理解，但为了得到所需的性能你不得不那么做。

我要强调的第二点是：重构不会改变软件可观察的行为——重构之后软件功能一如以往。任何用户，不论最终用户或其他程序员，都不知道已经有东西发生了变化。

两顶帽子

上述第二点引出了Kent Beck的"两顶帽子"比喻。使用重构技术开发软件时，你把自己的时间分配给两种截然不同的行为：添加新功能，以及重构。添加新功能时，你不应该修改既有代码，只管添加新功能。通过测试（并让测试正常运行），你可以衡量自己的工作进度。重构时你就不能再添加功能，只管改进程序结构。此时你不应该添加任何测试（除非发现有先前遗漏的东西），只在绝对必要（用以处理接口变化）时才修改测试。

软件开发过程中，你可能会发现自己经常变换帽子。首先你会尝试添加新功能，然后会意识到：如果把程序结构改一下，功能的添加会容易得多。于是你换一项帽子，做一会儿重构工作。程序结构调整好后，你又换上原先的帽子，继续添加新功能。新功能正常工作后，你又发现自己的编码造成程序难以理解，于是又换上重构帽子……整个过程或许只花十分钟，但无论何时你都应该清楚自己戴的是哪一项帽子。

2.2 为何重构

我不想把重构说成是包治百病的万灵丹，它绝对不是所谓的"银弹"。不过它的确很有价值，虽不是一颗银子弹却是一把"银钳子"，可以帮助你始终良好地控制自己的代码。重构是个工具，它可以（并且应该）用于以下几个目的。

重构改进软件设计

如果没有重构，程序的设计会逐渐腐败变质。当人们只为短期目的，或是在完全理解整体设计之前，就贸然修改代码，程序将逐渐失去自己的结构，程序员越来越难通过阅读源码而理解原来的设计。重构很像是在整理代码，你所做的就是让所有东西回到应处的位置上。代码结构的流失是累积性的。越难看出代码所代表的设计意图，就越难保护其中设计，于是该设计就腐败得越快。经常性的重构可以帮助代码维持自己该有的形态。

完成同样一件事，设计不良的程序往往需要更多代码，这常常是因为代码在不同的地方使用完全相同的语句做同样的事。因此改进设计的一个重要方向就是消除重复代码。这个动作的重要性在于方便未来的修改。代码量减少并不会使系统运行更快，因为这对程序的运行轨迹几乎没有任何明显影响。然而代码量减少将使未来可能的程序修改动作容易得多。代码越多，正确的修改就越困难，因为有更多代码需要理解。你在这儿做了点修改，系统却不如预期那样工作，是因为你没有修改另一处——那儿的代码做着几乎完全一样的事情，只是所处环境略有不同。如果消除重复代码，你就可以确定所有事物和行为在代码中只表述一次，这正是优秀设计的根本。

重构使软件更容易理解

所谓程序设计，很大程度上就是与计算机交谈：你编写代码告诉计算机做什么事，它的响应则是精确按照你的指示行动。你得及时填补"想要它做什么"和"告诉它做什么"之间的缝隙。这种编程模式的核心就是"准确说出我所要的"。除了计算机外，你的源码还有其他读者：几个月之后可能会有另一位程序员尝试读懂你的代码并做一些修改。我们很容易忘记这第二位读者，但他才是最重要的。计算机是否多花了几个小时来编译，又有什么关系呢？如果一个程序员花费一周时间来修改某段代码，那才要命呢——如果他理解了你的代码，这个修改原本只需一小时。

问题在于，当你努力让程序运转的时候，不会想到未来出现的那个开发者。是的，我们应该改变一下开发节奏，对代码做适当修改，让代码变得更易理解。重构可以帮助我们让代码更易读。一开始进行重构时，你的代码可以正常运行，但结构不够理想。在重构上花一点点时间，就可以让代码更好地表达自己的用途。这种编程模式的核心就是"准确说出我所要的"。

关于这一点，我没必要表现得如此无私。很多时候那个未来的开发者就是我自己。此时重构就显得尤其重要了。我是个很懒惰的程序员，我的懒惰表现形式之一就是：总是记不住自己写过的代码。事实上，对于任何能够立刻查阅的东西，我都故意不去记它，因为我怕把自己的脑袋塞爆。我总是尽量把该记住的东西写进程序里，这样我就不必记住它了。这么一来我就不必太担心Old Peculier[1]［Jackson］杀光我的脑细胞。

这种可理解性还有另一方面的作用。我利用重构来协助我理解不熟悉的代码。每当看到不熟悉的代码，我必须试着理解其用途。我先看两行代码，然后对自己说："噢，是的，它做了这些那些……"有了重构这个强大武器在手，我不会满足于这么一点体会。我会真正动手修改代码，让它更好地反映出我的理解，然后重新执行，看它是否仍然正常运作，以此检验我的理解是否正确。

一开始我所做的重构都像这样停留在细枝末节上。随着代码渐趋简洁，我发现自己可以看到一些以前看不到的设计层面的东西。如果不对代码做这些修改，也许我永远看不见它们，因为我的聪明才智不足以在脑子里把这一切都想象出来。Ralph

---

① 一种有名的麦芽酒。——译者注

Johnson把这种"早期重构"描述为"擦掉窗户上的污垢,使你看得更远"。研究代码时我发现,重构把我带到更高的理解层次上。如果没有重构,我达不到这种层次。

重构帮助找到 bug

对代码的理解,可以帮助我找到bug。我承认我不太擅长调试。有些人只要盯着一大段代码就可以找出里面的bug,我可不行。但我发现,如果对代码进行重构,我就可以深入理解代码的作为,并恰到好处地把新的理解反馈回去。搞清楚程序结构的同时,我也清楚了自己所做的一些假设,于是想不把bug揪出来都难。

这让我想起了Kent Beck经常形容自己的一句话:"我不是个伟大的程序员,我只是个有着一些优秀习惯的好程序员。"重构能够帮助我更有效地写出强健的代码。

重构提高编程速度

终于,前面的一切都归结到了这最后一点:重构帮助你更快速地开发程序。

听起来有点违反直觉。当我谈到重构,人们很容易看出它能够提高质量。改善设计、提升可读性、减少错误,这些都是提高质量。但这难道不会降低开发速度吗?

我绝对相信:良好的设计是快速开发的根本——事实上,拥有良好设计才可能做到快速开发。如果没有良好设计,或许某一段时间内你的进展迅速,但恶劣的设计很快就让你的速度慢下来。你会把时间花在调试上面,无法添加新功能。修改时间越来越长,因为你必须花越来越多的时间去理解系统、寻找重复代码。随着你给最初程序打上一个又一个的补丁,新特性需要更多代码才能实现。真是个恶性循环。

良好设计是维持软件开发速度的根本。重构可以帮助你更快速地开发软件,因为它阻止系统腐败变质,它甚至还可以提高设计质量。

2.3 何时重构

当我谈论重构,常常有人问我应该怎样安排重构时间表。我们是不是应该每两个月就专门安排两个星期来进行重构呢?

几乎任何情况下我都反对专门拨出时间进行重构。在我看来，重构本来就不是一件应该特别拨出时间做的事情，重构应该随时随地进行。你不应该为重构而重构，你之所以重构，是因为你想做别的什么事，而重构可以帮助你把那些事做好。

三次法则

Don Roberts给了我一条准则：第一次做某件事时只管去做；第二次做类似的事会产生反感，但无论如何还是可以去做；第三次再做类似的事，你就应该重构。

> 事不过三，三则重构。

添加功能时重构

最常见的重构时机就是我想给软件添加新特性的时候。此时，重构的直接原因往往是为了帮助我理解需要修改的代码——这些代码可能是别人写的，也可能是我自己写的。无论何时，只要我想理解代码所做的事，我就会问自己：是否能对这段代码进行重构，使我能更快地理解它。然后我就会重构。之所以这么做，部分原因是为了让我下次再看这段代码时容易理解，但最主要的原因是：如果在前进过程中把代码结构理清，我就可以从中理解更多东西。

在这里，重构的另一个原动力是：代码的设计无法帮助我轻松添加我所需要的特性。我看着设计，然后对自己说："如果用某种方式来设计，添加特性会简单得多。"这种情况下我不会因为自己过去的错误而懊恼——我用重构来弥补它。之所以这么做，部分原因是为了让未来增加新特性时能够更轻松一些，但最主要的原因还是：我发现这是最快捷的途径。重构是一个快速流畅的过程，一旦完成重构，新特性的添加就会更快速、更流畅。

修补错误时重构

调试过程中运用重构，多半是为了让代码更具可读性。当我看着代码并努力理解它的时候，我用重构帮助加深自己的理解。我发现以这种程序来处理代码，常常能够帮助我找出bug。你可以这么想：如果收到一份错误报告，这就是需要重构的信号，因为显然代码还不够清晰——没有清晰到让你能一眼看出bug。

复审代码时重构

很多公司都会做常规的代码复审，因为这种活动可以改善开发状况。这种活动有助于在开发团队中传播知识，也有助于让较有经验的开发者把知识传递给比较欠缺经验的人，并帮助更多人理解大型软件系统中的更多部分。代码复审对于编写清晰代码也很重要。我的代码也许对我自己来说很清晰，对他人则不然。这是无法避免的，因为要让开发者设身处地为那些不熟悉自己所作所为的人着想，实在太困难了。代码复审也让更多人有机会提出有用的建议，毕竟我在一个星期之内能够想出的好点子很有限。如果能得到别人的帮助，我的生活会滋润得多，所以我总是期待更多复审。

我发现，重构可以帮助我复审别人的代码。开始重构前我可以先阅读代码，得到一定程度的理解，并提出一些建议。一旦想到一些点子，我就会考虑是否可以通过重构立即轻松地实现它们。如果可以，我就会动手。这样做了几次以后，我可以把代码看得更清楚，提出更多恰当的建议。我不必想象代码应该是什么样，我可以"看见"它是什么样。于是我可以获得更高层次的认识。如果不进行重构，我永远无法得到这样的认识。

重构还可以帮助代码复审工作得到更具体的结果。不仅获得建议，而且其中许多建议能够立刻实现。最终你将从实践中得到比以往多得多的成就感。

为了让过程正常运转，你的复审团队必须保持精练。就我的经验，最好是一个复审者搭配一个原作者，共同处理这些代码。复审者提出修改建议，然后两人共同判断这些修改是否能够通过重构轻松实现。果真能够如此，就一起着手修改。

如果是比较大的设计复审工作，那么在一个较大团队内保留多种观点通常会更好一些。此时直接展示代码往往不是最佳办法。我喜欢运用UML示意图展现设计，并以CRC卡展示软件情节。换句话说，我会和某个团队进行设计复审，而和单个复审者进行代码复审。

极限编程［Beck，XP］中的"结对编程"形式，把代码复审的积极性发挥到了极致。一旦采用这种形式，所有正式开发任务都由两名开发者在同一台机器上进行。这样便在开发过程中形成随时进行的代码复审工作，而重构也就被包含在开发过程内了。

> ## 为什么重构有用
>
> ——Kent Beck
>
> 　　程序有两面价值："今天可以为你做什么"和"明天可以为你做什么"。大多数时候，我们都只关注自己今天想要程序做什么。不论是修复错误或是添加特性，我们都是为了让程序能力更强，让它在今天更有价值。
>
> 　　但是系统当下的行为，只是整个故事的一部分，如果没有认清这一点，你无法长期从事编程工作。如果你为求完成今天的任务而不择手段，导致不可能在明天完成明天的任务，那么最终还是会失败。但是，你知道自己今天需要什么，却不一定知道自己明天需要什么。也许你可以猜到明天的需求，也许吧，但肯定还有些事情出乎你的意料。
>
> 　　对于今天的工作，我了解得很充分；对于明天的工作，我了解得不够充分。但如果我纯粹只是为今天工作，明天我将完全无法工作。
>
> 　　重构是一条摆脱困境的道路。如果你发现昨天的决定已经不适合今天的情况，放心改变这个决定就是，然后你就可以完成今天的工作了。明天，喔，明天回头看今天的理解也许觉得很幼稚，那时你还可以改变你的理解。
>
> 　　是什么让程序如此难以相与？眼下我能想起下述四个原因，它们是：
>
> - ❑ 难以阅读的程序，难以修改；
> - ❑ 逻辑重复的程序，难以修改；
> - ❑ 添加新行为时需要修改已有代码的程序，难以修改；
> - ❑ 带复杂条件逻辑的程序，难以修改。
>
> 　　因此，我们希望程序：(1) 容易阅读；(2) 所有逻辑都只在唯一地点指定；(3) 新的改动不会危及现有行为；(4) 尽可能简单表达条件逻辑。
>
> 　　重构是这样一个过程：它在一个目前可运行的程序上进行，在不改变程序行为的前提下使其具备上述美好性质，使我们能够继续保持高速开发，从而增加程序的价值。

2.4　怎么对经理说

　　"该怎么跟经理说重构的事？"这是我最常被问到的一个问题。如果这位经理懂技术，那么向他介绍重构应该不会很困难。如果这位经理只对质量感兴趣，那么问题就集中到了"质量"上面。此时，在复审过程中使用重构就是一个不错的办法。

大量研究结果显示，技术复审是减少错误、提高开发速度的一条重要途径。随便找一本关于复审、审查或软件开发程序的书看看，从中找些最新引证，应该可以让大多数经理认识复审的价值。然后你就可以把重构当作"将复审意见引入代码内"的方法来使用，这很容易。

当然，很多经理嘴巴上说自己"质量驱动"，其实更多是"进度驱动"。这种情况下我会给他们一个较有争议的建议：不要告诉经理！

这是在搞破坏吗?我不这样想。软件开发者都是专业人士。我们的工作就是尽可能快速创造出高效软件。我的经验告诉我，对于快速创造软件，重构可带来巨大帮助。如果需要添加新功能，而原本设计却又使我无法方便地修改，我发现先重构再添加新功能会更快些。如果要修补错误，就得先理解软件的工作方式，而我发现重构是理解软件的最快方式。受进度驱动的经理要我尽可能快速完事，至于怎么完成，那就是我的事了。我认为最快的方式就是重构，所以我就重构。

间接层和重构

——Kent Beck

"计算机科学是这样一门科学：它相信所有问题都可以通过增加一个间接层来解决。"

——Dennis DeBruler

由于软件工程师对间接层如此醉心，你应该不会惊讶大多数重构都为程序引入了更多间接层。重构往往把大型对象拆成多个小型对象，把大型函数拆成多个小型函数。

但是，间接层是一柄双刃剑。每次把一个东西分成两份，你就需要多管理一个东西。如果某个对象委托另一对象，后者又委托另一对象，程序会愈加难以阅读。

基于这个观点，你会希望尽量减少间接层。

别急，伙计！间接层有它的价值。下面就是间接层的某些价值。

- ❑ **允许逻辑共享**。比如说一个子函数在两个不同的地点被调用，或超类中的某个函数被所有子类共享。
- ❑ **分开解释意图和实现**。你可以选择每个类和函数的名字，这给了你一个解释自己意图的机会。类或函数内部则解释实现这个意图的做法。如果类和函数内部又以更小单元的意图来编写，你所写的代码就可以描述其结构中的大部分重要信息。

❑ **隔离变化**。很可能我在两个不同地点使用同一对象,其中一个地点我想改变对象行为,但如果修改了它,我就要冒同时影响两处的风险。为此我做出一个子类,并在需要修改处引用这个子类。现在,我可以修改这个子类而不必承担无意中影响另一处的风险。

❑ **封装条件逻辑**。对象有一种奇妙的机制:多态消息,可以灵活而清晰地表达条件逻辑。将条件逻辑转化为消息形式,往往能降低代码的重复、增加清晰度并提高弹性。

这就是重构游戏:在保持系统现有行为的前提下,如何才能提高系统的质量或降低其成本,从而使它更有价值?

这个游戏中最常见的变量就是:你如何看待你自己的程序。找出一个缺乏"间接层利益"之处,在不修改现有行为的前提下,为它加入一个间接层。现在你获得了一个更有价值的程序,因为它有较高的质量,让我们在明天(未来)受益。

请将这种方法与"小心翼翼地事前设计"做个比较。推测性设计总是试图在任何一行代码诞生之前就先让系统拥有所有优秀质量,然后程序员将代码塞进这个强健的骨架中就行了。这个过程的问题在于:太容易猜错。如果运用重构,你就永远不会面临全盘错误的危险。程序自始至终都能保持一致的行为,而你又有机会为程序添加更多价值不菲的质量。

还有一种比较少见的重构游戏:找出不值得的间接层,并将它拿掉。这种间接层常以中介函数形式出现,它也许曾经有过贡献,但芳华已逝。它也可能是个组件,你本来期望在不同地点共享它,或让它表现出多态性,最终却只在一处用到。如果你找到这种"寄生式间接层",请把它扔掉。如此一来你会获得一个更有价值的程序,不是因为它取得了更多的优秀质量,而是因为它以更少的间接层获得一样多的优秀质量。

2.5 重构的难题

学习一种可以大幅提高生产力的新技术时,你总是难以察觉其不适用的场合。通常你在一个特定场景中学习它,这个场景往往是个项目。这种情况下你很难看出什么会造成这种新技术成效不彰甚或形成危害。十年前,对象技术的情况也是如此。那时如果有人问我何时不要使用对象,我很难回答。并非我认为对象十全十美、没有局限性——我最反对这种盲目态度,而是尽管我知道它的好处,但确实不知道其局限性在哪儿。

现在，重构的处境也是如此。我们知道重构的好处，我们知道重构可以给我们的工作带来立竿见影的改变。但是我们还没有获得足够的经验，我们还看不到它的局限性。

这一节比我希望的要短。暂且如此吧。随着更多人学会重构技巧，我们也将对它有更多了解。对你而言这意味着：虽然我坚决认为你应该尝试一下重构，获得它所提供的利益，但与此同时，你也应该时时监控其过程，注意寻找重构可能引入的问题。请让我们知道你所遭遇的问题。随着对重构的了解日益增多，我们将找出更多解决办法，并清楚知道哪些问题是真正难以解决的。

数据库

重构经常出问题的一个领域就是数据库。绝大多数商用程序都与它们背后的数据库结构紧密耦合在一起，这也是数据库结构如此难以修改的原因之一。另一个原因是数据迁移（migration）。就算你非常小心地将系统分层，将数据库结构和对象模型间的依赖降至最低，但数据库结构的改变还是让你不得不迁移所有数据，这可能是一件漫长而烦琐的工作。

在非对象数据库中，解决这个问题的办法之一就是：在对象模型和数据库模型之间插入一个分隔层，这就可以隔离两个模型各自的变化。升级某一模型时无须同时升级另一模型，只需升级上述的分隔层即可。这样的分隔层会增加系统复杂度，但可以给你带来很大的灵活度。如果你同时拥有多个数据库，或如果数据库模型较为复杂使你难以控制，那么即使不进行重构，这分隔层也是很重要的。

你无须一开始就插入分隔层，可以在发现对象模型变得不稳定时再产生它，这样你就可以为你的改变找到最好的平衡点。

对开发者而言，对象数据库既有帮助也有妨碍。某些面向对象数据库提供不同版本的对象之间的自动迁移功能，这减少了数据迁移时的工作量，但还是会损失一定时间。如果各数据库之间的数据迁移并非自动进行，你就必须自行完成迁移工作，这个工作量可是很大的。这种情况下你必须更加留神类中的数据结构变化。你仍然可以放心将类的行为转移过去，但转移字段时就必须格外小心。数据尚未被转移前你就得先运用访问函数造成"数据已经转移"的假象。一旦你确定知道数据应该放在何处，就可以一次性地将数据迁移过去。这时唯一需要修改的只有访问函数，这也降低了错误风险①。

修改接口

关于对象，另一件重要事情是：它们允许你分开修改软件模块的实现和接口。你可以安全地修改对象内部实现而不影响他人，但对于接口要特别谨慎——如果接口被修改了，任何事情都有可能发生。

一直对重构带来困扰的一件事就是：许多重构手法的确会修改接口。像*Rename Method*(273)这么简单的重构手法所做的一切就是修改接口。这对极为珍贵的封装概念会带来什么影响呢？

如果某个函数的所有调用者都在你的控制之下，那么即使修改函数名称也不会有任何问题。哪怕面对一个public函数，只要能取得并修改其所有调用者，你也可以安心地将这个函数改名。只有当需要修改的接口被那些"找不到，即使找到也不能修改"的代码使用时，接口的修改才会成为问题。如果情况真是如此，我就会说：这个接口是个已发布接口（published interface）——比公开接口（public interface）更进一步。接口一旦发布，你就再也无法仅仅修改调用者而能够安全地修改接口了。你需要一个更复杂的流程。

这个想法改变了我们的问题。如今的问题是：该如何面对那些必须修改"已发布接口"的重构手法？

简言之，如果重构手法改变了已发布接口，你必须同时维护新旧两个接口，直到所有用户都有时间对这个变化做出反应。幸运的是，这不太困难。你通常都有办法把事情组织好，让旧接口继续工作。请尽量这么做：让旧接口调用新接口。当你要修改某个函数名称时，请留下旧函数，让它调用新函数。千万不要复制函数实现，那会让你陷入重复代码的泥淖中难以自拔。你还应该使用Java提供的deprecation（不建议使用）设施，将旧接口标记为deprecated。这么一来你的调用者就会注意到它了。

这个过程的一个好例子就是Java容器类（集合类，collection classes）。Java 2的新容器取代了原先一些容器。当Java 2容器发布时，JavaSoft花了很大力气来为开发者提供一条顺利迁徙之路。

---

① 数据库重构的经验也已经由Soctt Ambler等人总结成书，相关内容请参考《数据库重构》（http://www.douban.com/subject/1954438/）。——译者注

　　"保留旧接口"的办法通常可行，但很烦人。起码在一段时间里你必须构造并维护一些额外的函数。它们会使接口变得复杂，使接口难以使用。还好我们有另一个选择：不要发布接口。当然我不是说要完全禁止，因为很明显你总得发布一些接口。如果你正在建造供外部使用的API（就像Sun公司所做的那样），就必须发布接口。之所以说尽量不要发布，是因为我常常看到一些开发团队公开了太多接口。我曾经看到一支三人团队这么工作：每个人都向另外两人公开发布接口。这使他们不得不经常来回维护接口，而其实他们原本可以直接进入程序库，径行修改自己管理的那一部分，那会轻松许多。过度强调代码所有权的团队常常会犯这种错误。发布接口很有用，但也有代价。所以除非真有必要，不要发布接口。这可能意味需要改变你的代码所有权观念，让每个人都可以修改别人的代码，以适应接口的改动。以结对编程的方式完成这一切通常是个好主意。

> 不要过早发布接口。请修改你的代码所有权政策，使重构更顺畅。

　　Java还有一种特别的接口修改：在`throws`子句中增加一个异常。这并不是对函数签名的修改，所以你无法以委托的办法隐藏它；但如果用户代码不做出相应修改，编译器不会让它通过。这个问题很难解决。你可以为这个函数选择一个新名字，让旧函数调用它，并将这个新增的受控异常转换成一个非受控异常。你也可以抛出一个非受控异常，不过这样你就会失去检验能力。如果你那么做，你可以警告调用者：这个非受控异常日后会变成一个受控异常。这样他们就有时间在自己的代码中加上对此异常的处理。出于这个原因，我总是喜欢为整个包（package）定义一个异常基类（就像java.sql的SQLException），并确保所有public函数只在自己的`throws`子句中声明这个异常。这样我就可以随心所欲地定义异常子类，不会影响调用者，因为调用者永远只知道那个更具一般性的异常基类。

难以通过重构手法完成的设计改动

　　通过重构，可以排除所有设计错误吗？是否存在某些核心设计决策，无法以重构手法修改？在这个领域里，我们的统计数据尚不完整。当然某些情况下我们可以很有效地重构，这常常令我们倍感惊讶，但的确也有难以重构的地方。比如说在一个项目中，我们很难（但还是有可能）将不考虑安全性需求时构造起来的系统重构为具备良好安全性系统。

这种情况下我的办法就是：先想象重构的情况。考虑候选设计方案时，我会问自己：将某个设计重构为另一个设计的难度有多大？如果看上去很简单，我就不必太担心选择是否得当，于是我就会选最简单的设计，哪怕它不能覆盖所有潜在需求也没关系。但如果预先看不到简单的重构办法，我就会在设计上投入更多力气。不过我发现，后一种情况很少出现。

何时不该重构

有时候你根本不应该重构，例如当你应该重新编写所有代码的时候。有时候既有代码实在太混乱，重构它还不如重新写一个来得简单。作出这种决定很困难，我承认我也没有什么好准则可以判断何时应该放弃重构。

重写（而非重构）的一个清楚信号就是：现有代码根本不能正常运作。你可能只是试着做点测试，然后就发现代码中满是错误，根本无法稳定运作。记住，重构之前，代码必须起码能够在大部分情况下正常运作。

一个折中办法就是：将"大块头软件"重构为封装良好的小型组件。然后你就可以逐一对组件做出"重构或重建"的决定。这是一个颇有希望的办法，但我还没有足够数据，所以也无法写出好的指导原则。对于一个重要的遗留系统，这肯定会是一个很好的方向。

另外，如果项目已近最后期限，你也应该避免重构。在此时机，从重构过程赢得的生产力只有在最后期限过后才能体现出来，而那个时候已经为时晚矣。Ward Cunningham对此有一个很好的看法。他把未完成的重构工作形容为"债务"。很多公司都需要借债来使自己更有效地运转。但是借债就得付利息，过于复杂的代码所造成的维护和扩展的额外成本就是利息。你可以承受一定程度的利息，但如果利息太高你就会被压垮。把债务管理好是很重要的，你应该随时通过重构来偿还一部分债务。

如果项目已经非常接近最后期限，你不应该再分心于重构，因为已经没有时间了。不过多个项目经验显示：重构的确能够提高生产力。如果最后你没有足够时间，通常就表示你其实早该进行重构。

2.6 重构与设计

重构肩负一项特殊使命：它和设计彼此互补。初学编程的时候，我埋头就写程序，浑浑噩噩地进行开发。然而很快我便发现，事先做好设计可以让我节省返工的高昂成本。于是我很快加强这种"预先设计"风格。许多人都把设计看作软件开发的关键环节，而把编程看作只是机械式的低级劳动。他们认为设计就像画工程图而编码就像施工。但是你要知道，软件和机器有着很大的差异：软件的可塑性更强，而且完全是思想产品。正如Alistair Cockburn所说："有了设计，我可以思考得更快，但是其中充满小漏洞。"

有一种观点认为：重构可以取代预先设计。这意思是你根本不必做任何设计，只管按照最初想法开始编码，让代码有效运作，然后再将它重构成型。事实上这种办法真的可行。我的确看过有人这么做，最后获得设计良好的软件。极限编程[Beck, XP]的支持者极力提倡这种办法。

尽管如上所言，只运用重构也能收到效果，但这并不是最有效的途径。是的，就连极限编程的爱好者们也会进行预先设计。他们会使用CRC卡或类似的东西来检验各种不同想法，然后才得到第一个可被接受的解决方案，然后才能开始编码，然后才能重构。关键在于：重构改变了预先设计的角色。如果没有重构，你就必须保证预先做出的设计正确无误，这个压力太大了。这意味如果将来需要对原始设计做任何修改，代价都将非常高昂。因此你需要把更多时间和精力放在预先设计上，以避免日后修改。

如果你选择重构，问题的重点就转变了。你仍然做预先设计，但是不必一定找出正确的解决方案。此刻的你只需要得到一个足够合理的解决方案就够了。你很肯定地知道，在实现这个初始解决方案的时候，你对问题的理解也会逐渐加深，你可能会察觉最佳解决方案和你当初设想的有些不同。只要有重构这把利器在手，就不成问题，因为重构让日后的修改成本不再高昂。

这种转变导致一个重要结果：软件设计向简化前进了一大步。过去未曾运用重构时，我总是力求得到灵活的解决方案。任何一个需求都让我提心吊胆地猜疑：在系统的有生之年，这个需求会导致怎样的变化？由于变更设计的代价非常高昂，所以我希望建造一个足够灵活、足够牢靠的解决方案，希望它能承受我所能预见的所有需求变化。问题在于：要建造一个灵活的解决方案，所需的成本难以估算。灵活的解决方案比简单的解决方案复杂许多，所以最终得到的软件通常也会更难维护——虽然它在我预先设想的方向上的确是更加灵活。就算幸运地走在预先设想的方向上，你也必须理解如何修改设计。如果变化只出现在一两个地方，那不算大问题。然而变化其实可能出现在系统各处。如果在所有可能的变化出现地点都建立起灵活性，整个系统的复杂度和维护难度都会大大提高。当然，如果最后发现所有这些灵活性都毫无必要，这才是最大的失败。你知道，这其中肯定有些灵活性的确派不上用场，但你却无法预测到底是哪些派不上用场。为了获得自己想要的灵活性，你不得不加入比实际需要更多的灵活性。

有了重构，你就可以通过一条不同的途径来应付变化带来的风险。你仍旧需要思考潜在的变化，仍旧需要考虑灵活的解决方案。但是你不必再逐一实现这些解决方案，而是应该问问自己："把一个简单的解决方案重构成这个灵活的方案有多大难度?"如果答案是"相当容易"（大多数时候都如此），那么你就只需实现目前的简单方案就行了。

重构可以带来更简单的设计，同时又不损失灵活性，这也降低了设计过程的难度，减轻了设计压力。一旦对重构带来的简单性有更多感受，你甚至可以不必再预先思考前述所谓的灵活方案——一旦需要它，你总有足够的信心去重构。是的，当下只管建造可运行的最简化系统，至于灵活而复杂的设计，唔，多数时候你都不会需要它。

劳而无获

——Ron Jeffries

克莱斯勒综合薪资系统的支付过程太慢了。虽然我们的开发还没结束，这个问题却已经开始困扰我们，因为它已经拖累了测试速度。

Kent Beck、Martin Fowler和我决定解决这个问题。等待大伙儿会合的时间里，凭着我对这个系统的全盘了解，我开始推测：到底是什么让系统变慢了?我想到数种可能，然后和伙伴们谈了几种可能的修改方案。最后，我们就"如何让这个系统运行更快"，提出了一些真正的好点子。

然后，我们拿Kent的工具度量了系统性能。我一开始所想的可能性竟然全都不是问题肇因。我们发现：系统把一半时间用来创建"日期"实例（instance）。更有趣的是，所有这些实例都有相同的值。

于是我们观察日期的创建逻辑，发现有机会将它优化。日期原本是由字符串转换而成，即使无外部输入也是如此。之所以使用字符串转换方式，完全是为了方便键盘输入。好，也许我们可以优化它。

于是我们观察这个程序如何使用日期对象。我们发现，很多日期对象都被用来产生"日期区间"实例——后者由一个起始日期和一个结束日期组成。仔细追踪下去，我们发现绝大多数日期区间是空的!

处理日期区间时我们遵循这样一个规则：如果结束日期在起始日期之前，这个日期区间就该是空的。这是一条很好的规则，完全符合这个类的需要。采用此一规则后不久，我们意识到，创建一个"起始日期在结束日期之后"的日期区间，仍然不算是清晰的代码，于是我们把这个行为提炼成一个工厂函数，由它专门创建"空的日期区间"。

我们做了上述修改，使代码更加清晰，也意外得到了一个惊喜：可以创建一个固定不变的"空日期区间"对象，并让上述调整后的工厂函数始终返回该对象，而不再每次都创建新对象。这一修改把系统速度提升了几乎一倍，足以让测试速度达到可接受程度。这只花了我们大约五分钟。

我和团队成员（Kent和Martin谢绝参加）认真推测过：我们了若指掌的这个程序中可能有什么错误?我们甚至凭空做了些改进设计，却没有先对系统的真实情况进行度量。我们完全错了。除了一场很有趣的交谈，我们什么好事都没做。

教训：哪怕你完全了解系统，也请实际度量它的性能，不要臆测。臆测会让你学到一些东西，但十有八九你是错的。

2.7 重构与性能

关于重构，有一个常被提出的问题：它对程序的性能将造成怎样的影响?为了让软件易于理解，你常会做出一些使程序运行变慢的修改。这是个重要的问题。我并不赞成为了提高设计的纯洁性而忽视性能，把希望寄托于更快的硬件身上也绝非正道。已经有很多软件因为速度太慢而被用户拒绝，日益提高的机器速度也只不过略微放宽了速度方面的限制而已。但是，换个角度说，虽然重构可能使软件运行更慢，但它也使软件的性能优化更容易。除了对性能有严格要求的实时系统，其他任何情况下"编写快速软件"的秘密就是：首先写出可调的软件，然后调整它以求获得足够速度。

我看过三种编写快速软件的方法。其中最严格的是时间预算法，这通常只用于性能要求极高的实时系统。如果使用这种方法，分解你的设计时就要做好预算，给每个组件预先分配一定资源——包括时间和执行轨迹。每个组件绝对不能超出自己的预算，就算拥有组件之间调度预配时间的机制也不行。这种方法高度重视性能，对于心律调节器一类的系统是必需的，因为在这样的系统中迟来的数据就是错误的数据。但对其他系统（例如我经常开发的企业信息系统）而言，如此追求高性能就有点过分了。

第二种方法是持续关注法。这种方法要求任何程序员在任何时间做任何事时，都要设法保持系统的高性能。这种方式很常见，感觉上很有吸引力，但通常不会起太大作用。任何修改如果是为了提高性能，通常会使程序难以维护，继而减缓开发速度。如果最终得到的软件的确更快了，那么这点损失尚有所值，可惜通常事与愿违，因为性能改善一旦被分散到程序各角落，每次改善都只不过是从对程序行为的一个狭隘视角出发而已。

关于性能，　件很有趣的事情是：如果你对大多数程序进行分析，就会发现它把大半时间都耗费在一小半代码身上。如果你一视同仁地优化所有代码，90%的优化工作都是白费劲的，因为被你优化的代码大多很少被执行。你花时间做优化是为了让程序运行更快，但如果因为缺乏对程序的清楚认识而花费时间，那些时间就都被浪费掉了。

第三种性能提升法就是利用上述的90%统计数据。采用这种方法时，你编写构造良好的程序，不对性能投以特别的关注，直至进入性能优化阶段——那通常是在开发后期。一旦进入该阶段，你再按照某个特定程序来调整程序性能。

在性能优化阶段，你首先应该用一个度量工具来监控程序的运行，让它告诉你程序中哪些地方大量消耗时间和空间。这样你就可以找出性能热点所在的一小段代码。然后你应该集中关注这些性能热点，并使用持续关注法中的优化手段来优化它们。由于你把注意力都集中在热点上，较少的工作量便可显现较好的成果。即便如此你还是必须保持谨慎。和重构一样，你应该小幅度进行修改。每走一步都需要编译、测试、再次度量。如果没能提高性能，就应该撤销此次修改。你应该继续这个"发现热点、去除热点"的过程，直到获得客户满意的性能为止。关于这项技术，McConnell[McConnell]为我们提供了更多信息。

一个构造良好的程序可从两方面帮助这一优化形式。首先，它让你有比较充裕的时间进行性能调整，因为有构造良好的代码在手，你就能够更快速地添加功能，也就有更多时间用在性能问题上（准确的度量则保证你把这些时间投资在恰当地点）。其次，面对构造良好的程序，你在进行性能分析时便有较细的粒度，于是度量工具把你带入范围较小的程序段落中，而性能的调整也比较容易些。由于代码更加清晰，因此你能够更好地理解自己的选择，更清楚哪种调整起关键作用。

我发现重构可以帮助我写出更快的软件。短期看来，重构的确可能使软件变慢，但它使优化阶段的软件性能调整更容易，最终还是会得到好的效果。

2.8 重构起源何处

我曾经努力想找出重构（refactoring）一词的真正起源，但最终失败了。优秀程序员肯定至少会花一些时间来清理自己的代码。这么做是因为，他们知道简洁的代码比杂乱无章的代码更容易修改，而且他们知道自己几乎无法一开始就写出简洁的代码。

重构不止如此。本书中我把重构看作整个软件开发过程的一个关键环节。最早认识重构重要性的两个人是Ward Cunningham和Kent Beck，他们早在20世纪80年代就开始使用Smalltalk，那是个特别适合重构的环境。Smalltalk是一个十分动态的环境，你可以很快写出极具功能的软件。Smalltalk的"编译/连接/执行"周期非常短，因此很容易快速修改代码。它支持面向对象，所以也能够提供强大的工具，最大限度地将修改的影响隐藏于定义良好的接口背后。Ward和Kent努力发展出一套适合这类环境的软件开发过程（如今，Kent把这种风格叫作极限编程[Beck, XP]）。他们意识到：重构对于提高他们的生产力非常重要。从那时起他们就一直在工作中运用重构技术，在正式的软件项目中使用它，并不断精炼这个程序。

Ward和Kent的思想对Smalltalk社群产生了极大影响，重构概念也成为Smalltalk文化中的一个重要元素。Smalltalk社群的另一位领袖是Ralph Johnson，伊利诺斯大学乌尔班纳分校教授，著名的GoF [Gang of Four]之一。Ralph最大的兴趣之一就是开发软件框架。他揭示了重构对于灵活高效框架的开发帮助。

Bill Opdyke是Ralph的博士研究生，对框架也很感兴趣。他看到了重构的潜在价值，并看到重构应用于Smalltalk之外的其他语言的可能性。他的技术背景是电话交换系统的开发。在这种系统中，大量的复杂情况与日俱增，而且非常难以修改。Bill的博士研究就是从工具构筑者的角度来看待重构。通过研究，Bill发现：在C++的框架开发项目中，重构很有用。他也研究了极有必要的"语义保持性（semantics-preserving）重构"及其证明方式，以及如何用工具实现重构。时至今日，Bill的博士论文[Opdyke]仍然是重构领域中最有价值、最丰硕的研究成果。此外他为本书撰写了第13章。

我还记得1992年OOPSLA大会上见到Bill的情景。我们坐在一间咖啡厅里，讨论当时我正为保健业务构筑的一个概念框架中的某些工作。Bill跟我谈起他的研究成果，我还记得自己当时的想法："有趣，但并非真的那么重要。"唉，我完全错了。

John Brant和Don Roberts将重构中的"工具"构想发扬光大,开发了一个名为Refactoring Browser(重构浏览器)的Smalltalk重构工具。他们撰写了本书第14章,其中对重构工具做了更多介绍。

那么,我呢?我一直有清理代码的倾向,但从来没有想到这会如此重要。后来我和Kent一起做个项目,看到他使用重构手法,也看到重构对生产性能和产品质量带来的影响。这份体验让我相信:重构是一门非常重要的技术。但是,在重构的学习和推广过程中我遇到了挫折,因为我拿不出任何一本书给程序员看,也没有任何一位专家打算写出这样一本书。所以,在这些专家的帮助下,我写下了这本书。

优化一个薪资系统

——Rich Garzaniti

将C3系统移至GemStone之前,我们用了相当长的时间开发它。开发过程中我们无可避免地发现程序不够快,于是找了Jim Haungs(GemSmith中的一位好手),请他帮我们优化这个系统。

Jim先用一点时间让他的团队了解系统运作方式,然后以GemStone的ProfMonitor特性编写出一个性能度量工具,将它插入我们的功能测试中。这个工具可以显示系统产生的对象数量,以及这些对象的诞生点。

令我们吃惊的是:创建量最大的对象竟是字符串。其中最大的工作量则是反复产生12 000字节大小的字符串。这很特别,因为这些字符串实在太大,连GemStone惯用的垃圾回收设施都无法处理它。由于它是如此巨大,每当被创建出来,GemStone都会将它分页至磁盘上。也就是说,字符串的创建竟然用上了I/O子系统,而每次输出记录时都要产生这样的字符串三次!

我们的第一个解决办法是把一个12 000字节大小的字符串缓存起来,这能解决一大半问题。后来我们又加以修改,将它直接写入一个文件流,从而避免产生字符串。

解决了"巨大字符串"问题后,Jim的度量工具又发现了一些类似问题,只不过字符串稍微小一些:800字节、500字节,等等,我们也都对它们改用文件流,于是问题都解决了。

使用这些技术,我们稳步提高了系统性能。开发过程中原本似乎需要1 000小时以上才能完成的薪资计算,实际运作时只花40小时。一个月后,我们把时间缩短到18小时。正式投入运转时只花12小时。经过一年的运行和改善后,全部计算只需9小时。

我们的最大改进就是：将程序放在多处理器计算机上，以多线程方式运行。最初这个系统并非按照多线程思维来设计，但由于代码构造良好，所以我们只花了三天时间就让它同时运行在多个线程上。现在，薪资的计算只需2小时。

在Jim提供工具使我们得以在实际操作中度量系统性能之前，我们也猜测过问题所在。但如果只靠猜测，我们需要很长的时间才能试出真正的解法。真实的度量指出了一个完全不同的方向，并大大加快了我们的进度。

第 *3* 章

代码的坏味道

——Kent Beck和Martin Fowler

"如果尿布臭了，就换掉它。"——语出Beck奶奶，讨论抚养小孩的哲学

现在，对于重构如何运作，你已经有了相当好的理解。但是知道"如何"不代表知道"何时"。决定何时重构、何时停止和知道重构机制如何运转一样重要。

难题来了！解释"如何删除一个实例变量"或"如何产生一个继承体系"很容易，因为这些都是很简单的事情。但要解释"该在什么时候做这些动作"就没那么顺理成章了。除了露几手含混的编程美学（说实话，这就是咱这些顾问常做的事），我还希望让某些东西更具说服力一些。

去苏黎世拜访Kent Beck的时候，我正在为这个微妙的问题大伤脑筋。也许是因为受到刚出生的女儿的气味影响吧，他提出用味道来形容重构时机。"味道，"他说，"听起来是不是比含混的美学理论要好多了？"啊，是的。我们看过很多很多代码，它们所属的项目从大获成功到奄奄一息都有。观察这些代码时，我们学会了从中找寻某些特定结构，这些结构指出（有时甚至就像尖叫呼喊）重构的可能性。（本章主语换成"我们"，是为了反映一个事实：Kent和我共同撰写本章。你应该可以看出我俩的文笔差异——插科打诨的部分是我写的，其余都是他写的。）

我们并不试图给你一个何时必须重构的精确衡量标准。从我们的经验看来，没有任何量度规矩比得上一个见识广博者的直觉。我们只会告诉你一些迹象，它会指出"这里有一个可以用重构解决的问题"。你必须培养出自己的判断力，学会判断一个类内有多少实例变量算是太大、一个函数内有多少行代码才算太长。

如果你无法确定该进行哪一种重构手法，请阅读本章内容和内封页表格来寻找灵感。你可以阅读本章（或快速浏览环衬页列表）来判断自己闻到的是什么味道，然后再看看我们所建议的重构手法能否帮助你。也许这里所列的"坏味道条款"和你所检测的不尽相符，但愿它们能够为你指引正确方向。

3.1　Duplicated Code（重复代码）

坏味道行列中首当其冲的就是Duplicated Code。如果你在一个以上的地点看到相同的程序结构，那么可以肯定：设法将它们合而为一，程序会变得更好。

最单纯的Duplicated Code就是"同一个类的两个函数含有相同的表达式"。这时候你需要做的就是采用*Extract Method* (110)提炼出重复的代码，然后让这两个地点都调用被提炼出来的那一段代码。

另一种常见情况就是"两个互为兄弟的子类内含相同表达式"。要避免这种情况，只需对两个类都使用*Extract Method* (110)，然后再对被提炼出来的代码使用*Pull Up Method* (332)，将它推入超类内。如果代码之间只是类似，并非完全相同，那么就得运用*Extract Method* (110)将相似部分和差异部分割开，构成单独一个函数。然后你可能发现可以运用*Form Template Method* (345)获得一个Template Method设计模式。如果有些函数以不同的算法做相同的事，你可以选择其中较清晰的一个，并使用*Substitute Algorithm* (139)将其他函数的算法替换掉。

如果两个毫不相关的类出现Duplicated Code，你应该考虑对其中一个使用*Extract Class* (149)，将重复代码提炼到一个独立类中，然后在另一个类内使用这个新类。但是，重复代码所在的函数也可能的确只应该属于某个类，另一个类只能调用它，抑或这个函数可能属于第三个类，而另两个类应该引用这第三个类。你必须决定这个函数放在哪儿最合适，并确保它被安置后就不会再在其他任何地方出现。

3.2　Long Method（过长函数）

拥有短函数的对象会活得比较好、比较长。不熟悉面向对象技术的人，常常觉得对象程序中只有无穷无尽的委托，根本没有进行任何计算。和此类程序共同生活数年之后，你才会知道，这些小小函数有多大价值。"间接层"所能带来的全部利益——解释能力、共享能力、选择能力——都是由小型函数支持的（请看第61页的"间接层和重构"）。

很久以前程序员就已经认识到：程序愈长愈难理解。早期的编程语言中，子程序调用需要额外开销，这使得人们不太乐意使用小函数。现代OO语言几乎已经完全免除了进程内的函数调用开销。不过代码阅读者还是得多费力气，因为他必须经常转换上下文去看看子程序做了什么。某些开发环境允许用户同时看到两个函数，这可以帮助你省去部分麻烦，但是让小函数容易理解的真正关键在于一个好名字。如果你能给函数起个好名字，读者就可以通过名字了解函数的作用，根本不必去看其中写了些什么。

最终的效果是：你应该更积极地分解函数。我们遵循这样一条原则：每当感觉需要以注释来说明点什么的时候，我们就把需要说明的东西写进一个独立函数中，并以其用途（而非实现手法）命名。我们可以对一组甚至短短一行代码做这件事。哪怕替换后的函数调用动作比函数自身还长，只要函数名称能够解释其用途，我们也该毫不犹豫地那么做。关键不在于函数的长度，而在于函数"做什么"和"如何做"之间的语义距离。

百分之九十九的场合里，要把函数变小，只需使用*Extract Method* (110)。找到函数中适合集中在一起的部分，将它们提炼出来形成一个新函数。

如果函数内有大量的参数和临时变量，它们会对你的函数提炼形成阻碍。如果你尝试运用*Extract Method* (110)，最终就会把许多参数和临时变量当作参数，传递给被提炼出来的新函数，导致可读性几乎没有任何提升。此时，你可以经常运用*Replace Temp with Query* (120)来消除这些临时元素。*Introduce Parameter Object* (295)和*Preserve Whole Object* (288)则可以将过长的参数列变得更简洁一些。

如果你已经这么做了，仍然有太多临时变量和参数，那就应该使出我们的撒手锏：*Replace Method with Method Object* (135)。

如何确定该提炼哪一段代码呢？一个很好的技巧是：寻找注释。它们通常能指出代码用途和实现手法之间的语义距离。如果代码前方有一行注释，就是在提醒你：可以将这段代码替换成一个函数，而且可以在注释的基础上给这个函数命名。就算只有一行代码，如果它需要以注释来说明，那也值得将它提炼到独立函数去。

条件表达式和循环常常也是提炼的信号。你可以使用*Decompose Conditional* (238)处理条件表达式。至于循环，你应该将循环和其内的代码提炼到一个独立函数中。

3.3 Large Class（过大的类）

如果想利用单个类做太多事情，其内往往就会出现太多实例变量。一旦如此，Duplicated Code也就接踵而至了。

你可以运用*Extract Class* (149)将几个变量一起提炼至新类内。提炼时应该选择类内彼此相关的变量，将它们放在一起。例如，depositAmount和depositCurrency可能应该隶属同一个类。通常如果类内的数个变量有着相同的前缀或字尾，这就意味有机会把它们提炼到某个组件内。如果这个组件适合作为一个子类，你会发现*Extract Subclass* (330)往往比较简单。

有时候类并非在所有时刻都使用所有实例变量。果真如此，你或许可以多次使用*Extract Class* (149)或*Extract Subclass* (330)。

和"太多实例变量"一样，类内如果有太多代码，也是代码重复、混乱并最终走向死亡的源头。最简单的解决方案（还记得吗，我们喜欢简单的解决方案）是把多余的东西消弭于类内部。如果有5个"百行函数"，它们之中很多代码都相同，那么或许你可以把它们变成5个"十行函数"和10个提炼出来的"双行函数"。

和"拥有太多实例变量"一样，一个类如果拥有太多代码，往往也适合使用*Extract Class* (149)和*Extract Subclass* (330)。这里有个技巧：先确定客户端如何使用它们，然后运用*Extract Interface* (341)为每一种使用方式提炼出一个接口。这或许可以帮助你看清楚如何分解这个类。

如果你的Large Class是个GUI 类，你可能需要把数据和行为移到一个独立的领域对象去。你可能需要两边各保留一些重复数据，并保持两边同步。*Duplicate Observed Data* (189)告诉你该怎么做。这种情况下，特别是如果你使用旧式的AWT组件，你可以采用这种方式去掉GUI 类并代以Swing组件。

3.4 Long Parameter List（过长参数列）

刚开始学习编程的时候，老师教我们：把函数所需的所有东西都以参数传递进去。这可以理解，因为除此之外就只能选择全局数据，而全局数据是邪恶的东西。对象技术改变了这一情况：如果你手上没有所需的东西，总可以叫另一个对象给你。

因此，有了对象，你就不必把函数需要的所有东西都以参数传递给它了，只需传给它足够的、让函数能从中获得自己需要的东西就行了。函数需要的东西多半可以在函数的宿主类中找到。面向对象程序中的函数，其参数列通常比在传统程序中短得多。

这是好现象，因为太长的参数列难以理解，太多参数会造成前后不一致、不易使用，而且一旦你需要更多数据，就不得不修改它。如果将对象传递给函数，大多数修改都将没有必要，因为你很可能只需（在函数内）增加一两条请求，就能得到更多数据。

如果向已有的对象发出一条请求就可以取代一个参数，那么你应该激活重构手法*Replace Parameter with Method* (292)。在这里，"已有的对象"可能是函数所属类内的一个字段，也可能是另一个参数。你还可以运用*Preserve Whole Object* (288)将来自同一对象的一堆数据收集起来，并以该对象替换它们。如果某些数据缺乏合理的对象归属，可使用*Introduce Parameter Object* (295)为它们制造出一个"参数对象"。

这里有一个重要的例外：有时候你明显不希望造成"被调用对象"与"较大对象"间的某种依赖关系。这时候将数据从对象中拆解出来单独作为参数，也很合情合理。但是请注意其所引发的代价。如果参数列太长或变化太频繁，你就需要重新考虑自己的依赖结构了。

3.5 Divergent Change（发散式变化）

我们希望软件能够更容易被修改——毕竟软件再怎么说本来就该是"软"的。一旦需要修改，我们希望能够跳到系统的某一点，只在该处做修改。如果不能做到这点，你就嗅出两种紧密相关的刺鼻味道中的一种了。

如果某个类经常因为不同的原因在不同的方向上发生变化，Divergent Change就出现了。当你看着一个类说："呃，如果新加入一个数据库，我必须修改这三个函数；如果新出现一种金融工具，我必须修改这四个函数。"那么此时也许将这个对象分成两个会更好，这么一来每个对象就可以只因一种变化而需要修改。当然，往往只有在加入新数据库或新金融工具后，你才能发现这一点。针对某一外界变化的所有相应修改，都只应该发生在单一类中，而这个新类内的所有内容都应该反应此变化。为此，你应该找出某特定原因而造成的所有变化，然后运用*Extract Class* (149)将它们提炼到另一个类中。

3.6　Shotgun Surgery（霰弹式修改）

Shotgun Surgery类似Divergent Change，但恰恰相反。如果每遇到某种变化，你都必须在许多不同的类内做出许多小修改，你所面临的坏味道就是Shotgun Surgery。如果需要修改的代码散布四处，你不但很难找到它们，也很容易忘记某个重要的修改。

这种情况下你应该使用*Move Method* (142)和*Move Field* (146)把所有需要修改的代码放进同一个类。如果眼下没有合适的类可以安置这些代码，就创造一个。通常可以运用*Inline Class* (154)把一系列相关行为放进同一个类。这可能会造成少量Divergent Change，但你可以轻易处理它。

Divergent Change是指"一个类受多种变化的影响"，Shotgun Surgery则是指"一种变化引发多个类相应修改"。这两种情况下你都会希望整理代码，使"外界变化"与"需要修改的类"趋于一一对应。

3.7　Feature Envy（依恋情结）

对象技术的全部要点在于：这是一种"将数据和对数据的操作行为包装在一起"的技术。有一种经典气味是：函数对某个类的兴趣高过对自己所处类的兴趣。这种孺慕之情最通常的焦点便是数据。无数次经验里，我们看到某个函数为了计算某个值，从另一个对象那儿调用几乎半打的取值函数。疗法显而易见：把这个函数移至另一个地点。你应该使用*Move Method* (142)把它移到它该去的地方。有时候函数中只有一部分受这种依恋之苦，这时候你应该使用*Extract Method* (110)把这一部分提炼到独立函数中，再使用*Move Method* (142)带它去它的梦中家园。

当然，并非所有情况都这么简单。一个函数往往会用到几个类的功能，那么它究竟该被置于何处呢?我们的原则是：判断哪个类拥有最多被此函数使用的数据，然后就把这个函数和那些数据摆在一起。如果先以*Extract Method* (110)将这个函数分解为数个较小函数并分别置放于不同地点，上述步骤也就比较容易完成了。

有几个复杂精巧的模式破坏了这个规则。说起这个话题，GoF[Gangof Four]的Strategy和Visitor立刻跳入我的脑海，Kent Beck的Self Delegation[Beck]也在此列。使用这些模式是为了对抗坏味道Divergent Change。最根本的原则是：将总是一起变化的东西放在一块儿。数据和引用这些数据的行为总是一起变化的，但也有例外。如果例外出现，我们就搬移那些行为，保持变化只在一地发生。Strategy和Visitor使你得以轻松修改函数行为，因为它们将少量需被覆写的行为隔离开来——当然也付出了"多一层间接性"的代价。

3.8 Data Clumps（数据泥团）

数据项就像小孩子，喜欢成群结队地待在一块儿。你常常可以在很多地方看到相同的三四项数据：两个类中相同的字段、许多函数签名中相同的参数。这些总是绑在一起出现的数据真应该拥有属于它们自己的对象。首先请找出这些数据以字段形式出现的地方，运用*Extract Class* (149)将它们提炼到一个独立对象中。然后将注意力转移到函数签名上，运用*Introduce Parameter Object* (295)或*Preserve Whole Object* (288)为它减肥。这么做的直接好处是可以将很多参数列缩短，简化函数调用。是的，不必在意Data Clumps只用上新对象的一部分字段，只要以新对象取代两个（或更多）字段，你就值回票价了。

一个好的评判办法是：删掉众多数据中的一项。这么做，其他数据有没有因而失去意义?如果它们不再有意义,这就是个明确信号:你应该为它们产生一个新对象。

减少字段和参数的个数，当然可以去除一些坏味道，但更重要的是：一旦拥有新对象，你就有机会让程序散发出一种芳香。得到新对象后，你就可以着手寻找Feature Envy，这可以帮你指出能够移至新类中的种种程序行为。不必太久，所有的类都将在它们的小小社会中充分发挥价值。

3.9 Primitive Obsession（基本类型偏执）

大多数编程环境都有两种数据：结构类型允许你将数据组织成有意义的形式；基本类型则是构成结构类型的积木块。结构总是会带来一定的额外开销。它们可能代表着数据库中的表，如果只为做一两件事而创建结构类型也可能显得太麻烦。

对象的一个极大的价值在于：它们模糊（甚至打破）了横亘于基本数据和体积较大的类之间的界限。你可以轻松编写出一些与语言内置（基本）类型无异的小型类。例如，Java就以基本类型表示数值，而以类表示字符串和日期——这两个类型在其他许多编程环境中都以基本类型表现。

对象技术的新手通常不愿意在小任务上运用小对象——像是结合数值和币种的money类、由一个起始值和一个结束值组成的range类、电话号码或邮政编码（ZIP）等的特殊字符串。你可以运用*Replace Data Value with Object* (175)将原本单独存在的数据值替换为对象，从而走出传统的洞窟，进入炙手可热的对象世界。如果想要替换的数据值是类型码，而它并不影响行为，则可以运用*Replace Type Code with Class* (218)将它换掉。如果你有与类型码相关的条件表达式，可运用*Replace Type Code with Subclass* (213)或*Replace Type Code with State/Strategy* (227)加以处理。

如果你有一组应该总是被放在一起的字段，可运用*Extract Class* (149)。如果你在参数列中看到基本型数据，不妨试*Introduce Parameter Object* (295)。如果你发现自己正从数组中挑选数据，可运用*Replace Array with Object* (186)。

3.10　Switch Statements（`switch` 惊悚现身）

面向对象程序的一个最明显特征就是：少用switch（或case）语句。从本质上说，switch语句的问题在于重复。你常会发现同样的switch语句散布于不同地点。如果要为它添加一个新的case子句，就必须找到所有switch语句并修改它们。面向对象中的多态概念可为此带来优雅的解决办法。

大多数时候，一看到switch语句，你就应该考虑以多态来替换它。问题是多态该出现在哪儿?switch语句常常根据类型码进行选择，你要的是"与该类型码相关的函数或类"，所以应该使用*Extract Method* (110)将switch语句提炼到一个独立函数中，再以*Move Method* (142)将它搬移到需要多态性的那个类里。此时你必须决定是否使用*Replace Type Code with Subclasses* (223)或*Replace Type Code with State/Strategy* (227)。一旦这样完成继承结构之后，你就可以运用*Replace Conditional with Polymorphism* (255)了。

如果你只是在单一函数中有些选择事例，且并不想改动它们，那么多态就有点杀鸡用牛刀了。这种情况下*Replace Parameter with Explicit Methods* (285)是个不错的选择。如果你的选择条件之一是null，可以试试*Introduce Null Object* (260)。

3.11 Parallel Inheritance Hierarchies（平行继承体系）

Parallel Inheritance Hierarchies其实是Shotgun Surgery的特殊情况。在这种情况下，每当你为某个类增加一个子类，必须也为另一个类相应增加一个子类。如果你发现某个继承体系的类名称前缀和另一个继承体系的类名称前缀完全相同，便是闻到了这种坏味道。

消除这种重复性的一般策略是：让一个继承体系的实例引用另一个继承体系的实例。如果再接再厉运用*Move Method*(142)和*Move Field*(146)，就可以将引用端的继承体系消弭于无形。

3.12 Lazy Class（冗赘类）

你所创建的每一个类，都得有人去理解它、维护它，这些工作都是要花钱的。如果一个类的所得不值其身价，它就应该消失。项目中经常会出现这样的情况：某个类原本对得起自己的身价，但重构使它身形缩水，不再做那么多工作；或开发者事前规划了某些变化，并添加一个类来应付这些变化，但变化实际上没有发生。不论上述哪一种原因，请让这个类庄严赴义吧。如果某些子类没有做足够的工作，试试*Collapse Hierarchy*(344)。对于几乎没用的组件，你应该以*Inline Class*(154)对付它们。

3.13 Speculative Generality（夸夸其谈未来性）

这个令我们十分敏感的坏味道，命名者是Brian Foote。当有人说"噢，我想我们总有一天需要做这事"，并因而企图以各式各样的钩子和特殊情况来处理一些非必要的事情，这种坏味道就出现了。那么做的结果往往造成系统更难理解和维护。如果所有装置都会被用到，那就值得那么做；如果用不到，就不值得。用不上的装置只会挡你的路，所以，把它搬开吧。

如果你的某个抽象类其实没有太大作用，请运用*Collapse Hierarchy*(344)。不必要的委托可运用*Inline Class*(154)除掉。如果函数的某些参数未被用上，可对它实施*Remove Parameter*(277)。如果函数名称带有多余的抽象意味，应该对它实施*Rename Method*(273)，让它现实一些。

如果函数或类的唯一用户是测试用例，这就飘出了坏味道Speculative Generality。

如果你发现这样的函数或类，请把它们连同其测试用例一并删掉。但如果它们的用途是帮助测试用例检测正当功能，当然必须刀下留人。

3.14　Temporary Field（令人迷惑的暂时字段）

有时你会看到这样的对象：其内某个实例变量仅为某种特定情况而设。这样的代码让人不易理解，因为你通常认为对象在所有时候都需要它的所有变量。在变量未被使用的情况下猜测当初其设置目的，会让你发疯的。

请使用*Extract Class* (149)给这个可怜的孤儿创造一个家，然后把所有和这个变量相关的代码都放进这个新家。也许你还可以使用*Introduce Null Object* (260)在"变量不合法"的情况下创建一个Null对象，从而避免写出条件式代码。

如果类中有一个复杂算法，需要好几个变量，往往就可能导致坏味道Temporary Field的出现。由于实现者不希望传递一长串参数（想想为什么），所以他把这些参数都放进字段中。但是这些字段只在使用该算法时才有效，其他情况下只会让人迷惑。这时候你可以利用*Extract Class* (149)把这些变量和其相关函数提炼到一个独立类中。提炼后的新对象将是一个函数对象[Beck]。

3.15　Message Chains（过度耦合的消息链）

如果你看到用户向一个对象请求另一个对象，然后再向后者请求另一个对象，然后再请求另一个对象……这就是消息链。实际代码中你看到的可能是一长串getThis()或一长串临时变量。采取这种方式，意味客户代码将与查找过程中的导航结构紧密耦合。一旦对象间的关系发生任何变化，客户端就不得不做出相应修改。

这时候你应该使用*Hide Delegate* (157)。你可以在消息链的不同位置进行这种重构手法。理论上可以重构消息链上的任何一个对象，但这么做往往会把一系列对象（intermediate object）都变成Middle Man。通常更好的选择是：先观察消息链最终得到的对象是用来干什么的，看看能否以*Extract Method* (110)把使用该对象的代码提炼到一个独立函数中，再运用*Move Method* (142)把这个函数推入消息链。如果这条链上的某个对象有多位客户打算航行此航线的剩余部分，就加一个函数来做这件事。

有些人把任何函数链都视为坏东西，我们不这样想。呵呵，我们的冷静镇定是出了名的，起码在这件事上是这样。

3.16　Middle Man（中间人）

对象的基本特征之一就是封装——对外部世界隐藏其内部细节。封装往往伴随委托。比如说你问主管是否有时间参加一个会议，他就把这个消息"委托"给他的记事簿，然后才能回答你。很好，你没必要知道这位主管到底使用传统记事簿或电子记事簿或秘书来记录自己的约会。

但是人们可能过度运用委托。你也许会看到某个类接口有一半的函数都委托给其他类，这样就是过度运用。这时应该使用*Remove Middle Man* (160)，直接和真正负责的对象打交道。如果这样"不干实事"的函数只有少数几个，可以运用*Inline Method* (117)把它们放进调用端。如果这些Middle Man还有其他行为，可以运用*Replace Delegation with Inheritance* (355)把它变成实责对象的子类，这样你既可以扩展原对象的行为，又不必负担那么多的委托动作。

3.17　Inappropriate Intimacy（狎昵关系）

有时你会看到两个类过于亲密，花费太多时间去探究彼此的private成分。如果这发生在两个"人"之间，我们不必做卫道士；但对于类，我们希望它们严守清规。

就像古代恋人一样，过分狎昵的类必须拆散。你可以采用*Move Method* (142)和*Move Field* (146)帮它们划清界限，从而减少狎昵行径。你也可以看看是否可以运用*Change Bidirectional Association to Unidirectional* (200)让其中一个类对另一个斩断情丝。如果两个类实在是情投意合，可以运用*Extract Class* (149)把两者共同点提炼到一个安全地点，让它们坦荡地使用这个新类。或者也可以尝试运用*Hide Delegate* (157)让另一个类来为它们传递相思情。

继承往往造成过度亲密，因为子类对超类的了解总是超过后者的主观愿望。如果你觉得该让这个孩子独自生活了，请运用*Replace Inheritance with Delegation* (352)让它离开继承体系。

3.18　Alternative Classes with Different Interfaces（异曲同工的类）

如果两个函数做同一件事，却有着不同的签名，请运用*Rename Method* (273)根据它们的用途重新命名。但这往往不够，请反复运用*Move Method* (142)将某些行为移入类，直到两者的协议一致为止。如果你必须重复而赘余地移入代码才能完成这些，或许可运用*Extract Superclass* (336)为自己赎点罪。

3.19   Incomplete Library Class（不完美的库类）

复用常被视为对象的终极目的。不过我们认为，复用的意义经常被高估——大多数对象只要够用就好。但是无可否认，许多编程技术都建立在程序库的基础上，没人敢说是不是我们都把排序算法忘得一干二净了。

库类构筑者没有未卜先知的能力，我们不能因此责怪他们。毕竟我们自己也几乎总是在系统快要构筑完成的时候才能弄清楚它的设计，所以库作者的任务真的很艰巨。麻烦的是库往往构造得不够好，而且往往不可能让我们修改其中的类使它完成我们希望完成的工作。这是否意味那些经过实践检验的战术，如*Move Method* (142)等，如今都派不上用场了？

幸好我们有两个专门应付这种情况的工具。如果你只想修改库类的一两个函数，可以运用*Introduce Foreign Method* (162)；如果想要添加一大堆额外行为，就得运用*Introduce Local Extension* (164)。

3.20   Data Class（纯稚的数据类）

所谓Data Class是指：它们拥有一些字段，以及用于访问（读写）这些字段的函数，除此之外一无长物。这样的类只是一种不会说话的数据容器，它们几乎一定被其他类过分细琐地操控着。这些类早期可能拥有public字段，果真如此你应该在别人注意到它们之前，立刻运用*Encapsulate Field* (206)将它们封装起来。如果这些类内含容器类的字段，你应该检查它们是不是得到了恰当的封装；如果没有，就运用*Encapsulate Collection* (208)把它们封装起来。对于那些不该被其他类修改的字段，请运用*Remove Setting Method* (300)。

然后，找出这些取值/设值函数被其他类运用的地点。尝试以*Move Method* (142)把那些调用行为搬移到Data Class来。如果无法搬移整个函数，就运用*Extract Method* (110)产生一个可被搬移的函数。不久之后你就可以运用*Hide Method* (303)把这些取值/设值函数隐藏起来了。

Data Class就像小孩子。作为一个起点很好，但若要让它们像成熟的对象那样参与整个系统的工作，它们就必须承担一定责任。

3.21 Refused Bequest（被拒绝的遗赠）

子类应该继承超类的函数和数据。但如果它们不想或不需要继承，又该怎么办呢？它们得到所有礼物，却只从中挑选几样来玩!

按传统说法，这就意味着继承体系设计错误。你需要为这个子类新建一个兄弟类，再运用*Push Down Method* (328)和*Push Down Field* (329)把所有用不到的函数下推给那个兄弟。这样一来，超类就只持有所有子类共享的东西。你常常会听到这样的建议：所有超类都应该是抽象（abstract）的。

既然使用"传统说法"这个略带贬义的词，你就可以猜到，我们不建议你这么做，起码不建议你每次都这么做。我们经常利用继承来复用一些行为，并发现这可以很好地应用于日常工作。这也是一种坏味道，我们不否认，但气味通常并不强烈。所以我们说：如果Refused Bequest引起困惑和问题，请遵循传统忠告。但不必认为你每次都得那么做。十有八九这种坏味道很淡，不值得理睬。

如果子类复用了超类的行为（实现），却又不愿意支持超类的接口，Refused Bequest的坏味道就会变得浓烈。拒绝继承超类的实现，这一点我们不介意；但如果拒绝继承超类的接口，我们不以为然。不过即使你不愿意继承接口，也不要胡乱修改继承体系，应该运用*Replace Inheritance with Delegation* (352)来达到目的。

3.22 Comments（过多的注释）

别担心，我们并不是说你不该写注释。从嗅觉上说，Comments不是一种坏味道，事实上它们还是一种香味呢。我们之所以要在这里提到Comments，是因为人们常把它当作除臭剂来使用。常常会有这样的情况：你看到一段代码有着长长的注释，然后发现，这些注释之所以存在乃是因为代码很糟糕。这种情况的发生次数之多，实在令人吃惊。

Comments可以带我们找到本章先前提到的各种坏味道。找到坏味道后，我们首先应该以各种重构手法把坏味道去除。完成之后我们常常会发现：注释已经变得多余了，因为代码已经清楚说明了一切。

如果你需要注释来解释一块代码做了什么，试试*Extract Method* (110)；如果函数已经提炼出来，但还是需要注释来解释其行为，试试*Rename Method* (273)；如果你需要注释说明某些系统的需求规格，试试*Introduce Assertion* (267)。

> 当你感觉需要撰写注释时，请先尝试重构，试着让所有注释都变得多余。

如果你不知道该做什么，这才是注释的良好运用时机。除了用来记述将来的打算之外，注释还可以用来标记你并无十足把握的区域。你可以在注释里写下自己"为什么做某某事"。这类信息可以帮助将来的修改者，尤其是那些健忘的家伙。

第*4*章

构筑测试体系

如果你想进行重构，首要前提就是拥有一个可靠的测试环境。就算你够幸运，有一个可以自动进行重构的工具，你还是需要测试。而且短时间内不可能有任何工具可以为我们自动进行所有可能的重构。

我并不把这视为缺点。我发现，编写优良的测试程序，可以极大提高我的编程速度，即使不进行重构也一样如此。这让我很吃惊，也违反许多程序员的直觉，所以我有必要解释一下这个现象。

4.1 自测试代码的价值

如果认真观察程序员把最多时间耗在哪里，你就会发现，编写代码其实只占非常小的一部分。有些时间用来决定下一步干什么，另一些时间花在设计上，最多的时间则是用来调试。我敢肯定每一位读者都还记得自己花在调试上的无数个小时，无数次通宵达旦。每个程序员都能讲出花一整天（甚至更多）时间只为找出一个小问题的故事。修复错误通常是比较快的，但找出错误却是噩梦一场。当你修好一个错误，总是会有另一个错误出现，而且肯定要很久以后才会注意到它。那时你又要花上大把时间去寻找它。

我走上"自测试代码"这条路，肇因于1992年OOPSLA大会上的一次演讲。会场上有人（我记得好像是Dave Thomas）说："类应该包含它们自己的测试代码。"这激发了我的灵感，让我想到一种组织测试的好方法。我这样解释它：每个类都应该有一个测试函数，并以它来测试自己这个类。

那时候我还着迷于增量式开发，所以尝试在结束每次增量时，为每个类添加测试。当时我开发的项目很小，所以我们大约每周增量一次。执行测试相当简单，但尽管如此，做这些测试还是很烦人，因为每个测试都把结果输出到控制台，而我必须逐一检查它们。我是个很懒的人，情愿当下努力工作以免除日后的工作。我意识到其实完全不必自己盯着屏幕检验测试所得信息是否正确，大可让计算机来帮我做这件事。我需要做的就是把我所期望的输出放进测试代码中，然后做一个比较就行了。于是我可以舒服地执行每个类的测试函数，如果一切都没问题，屏幕上就只出现一个OK。现在，这些类都能够"自我测试"了。

> 确保所有测试都完全自动化，让它们检查自己的测试结果。

此后再进行测试就简单多了，和编译一样简单。于是我开始在每次编译之后都进行测试。很快我发现自己的生产性能大大提高。我意识到那是因为我没有花太多时间去调试。如果我不小心引入一个可被现有测试捕捉到的错误，那么只要执行测试，它就会向我报告这个错误。由于测试本来是可以正常运行的，所以我知道这个错误必定是在前一次执行测试后引入的。由于我频繁地进行测试，每次测试都在不久之前，因此我知道错误的源头就是我刚刚写下的代码。而由于我对那段代码记忆犹新，分量也很小，所以就能轻松找到错误。从前需要一小时甚至更多时间才能找到的错误，现在最多只需两分钟就找到了。之所以能够拥有如此强大的侦错能力，不仅仅因为我构筑的类能够自我测试，也因为我频繁地运行它们。

注意到这一点后，我对测试的积极性更高了。我不再等待每次增量结束，只要写好一点功能，就立即添加测试。每天我都会添加一些新功能，同时也添加相应的测试。那些日子里，我很少花一分钟以上的时间在调试上面。

> 一套测试就是一个强大的bug侦测器，能够大大缩减查找bug所需要的时间。

当然，说服别人也这么做并不容易。编写测试程序，意味要写很多额外代码。除非你确切体验到这种方法对编程速度的提升，否则自我测试就显不出它的意义。很多人根本没学过如何编写测试程序，甚至根本没考虑过测试，这对于编写自我测试代码也很不利。如果需要手动运行测试，那更是令人烦闷；但如果可以自动运行，编写测试代码就真的很有趣。

实际上，撰写测试代码的最有用时机是在开始编程之前。当你需要添加特性的时候，先写相应测试代码。听起来离经叛道，其实不然。编写测试代码其实就是在问自己：添加这个功能需要做些什么。编写测试代码还能使你把注意力集中于接口而非实现（这永远是件好事）。预先写好的测试代码也为你的工作安上一个明确的结束标志：一旦测试代码正常运行，工作就可以结束了。

频繁进行测试是极限编程[Beck, XP]的重要一环。极限编程一词容易让人联想起那些编码飞快、自由散漫的黑客，实际上极限编程者都是十分专注的测试者。他们希望尽可能快速开发软件，而且也知道测试能让他们尽可能快速地前进。

大道理先放在一边。尽管我相信每个人都可以从编写自我测试代码中受益，但这并不是本书重点。本书谈的是重构，而重构需要测试。如果你想重构，就必须编写测试代码。本章将教你用Java编写测试代码的起步知识。这不是一本专讲测试的书，所以我不想讲得太仔细。但我发现，少许测试就足以带来惊人的利益。

和本书其他内容一样，我以实例来介绍测试手法。开发软件的时候，我一边撰写代码，一边撰写测试代码。但是当我和他人并肩重构时，往往得面对许多无法自我测试的代码。所以重构之前我们首先必须改造这些代码，使其能够自我测试。

Java之中的测试惯用手法是testing main，意思是每个类都应该有一个用于测试的main()。这是一个合理的习惯（尽管并不那么值得称许），但可能不好操控。这种做法的问题是很难轻松运行多个测试。另一种做法是：建立一个独立类用于测试，并在一个框架中运行它，使测试工作更轻松。

4.2　JUnit 测试框架[①]

我用的是JUnit，一个由Erich Gamma和Kent Beck[JUnit]开发的开源测试框架。这个框架非常简单，却可让你进行测试所需的所有重要事情。本章中我将运用这个测试框架来为一些IO类开发测试代码。

首先创建一个FileReaderTester类来测试文件读取器。任何包含测试代码的类（即测试用例）都必须继承测试框架所提供的TestCase类。这个框架运用Composite模式[Gang of Four]，允许你将测试代码聚集到测试套件（test suite）中，

---

① 本书所用的JUnit版本已非常古老，很多用法早已过时。请读者自行下载最新版本的JUnit，并参考相关文档来复现这些例子。——译者注

如图4-1所示。这些套件可以包含测试用例或其他测试套件。如此一来，我就可以轻松地将一系列庞大的测试套件结合在一起，并自动运行它们。

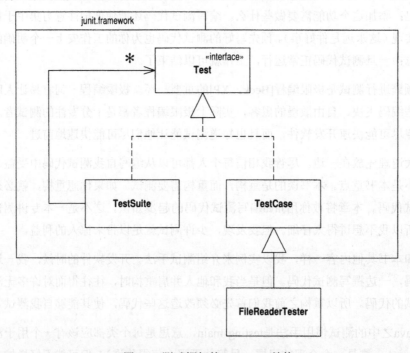

图4-1　测试框架的Composite结构

```
class FileReaderTester extends TestCase {
    public FileReaderTester (String name) {
        super(name);
    }
}
```

这个新建的类必须有一个构造函数。完成之后我就可以开始添加测试代码了。我的第一件工作是设置测试夹具（test fixture），也就是用于测试的对象样本。由于我要读一个文件，所以先准备一个如下的测试文件：

Bradman	99.94	52	80	10	6996	334	29
Pollock	60.97	23	41	4	2256	274	7
Headley	60.83	22	40	4	2256	270*	10
Sutcliffe	60.73	54	84	9	4555	194	16

进一步运用这个文件之前，我得先准备好测试夹具。TestCase类提供两个函数专门针对此一用途：setUp()用来产生相关对象，tearDown()负责删除它们。在TestCase类中，这两个函数都只有空壳。大多数时候你不需要操心夹具的拆除

（垃圾回收器会负责），但是在这里，以tearDown()关闭文件无疑是明智之举：

```
class FileReaderTester...
    protected void setUp() {
        try {
            _input = new FileReader("data.txt");
        } catch (FileNotFoundException e) {
            throw new RuntimeException("unable to open test file");
        }
    }

    protected void tearDown() {
        try {
            _input.close();
        } catch (IOException e) {
            throw new RuntimeException("error on closing test file");
        }
    }
```

现在我有了适当的测试夹具，可以开始编写测试代码了。首先要测试的是read()，我要读取一些字符，然后检查后续读取的字符是否正确：

```
public void testRead() throws IOException {
    char ch = '&';
    for (int i = 0; i < 4; i++)
        ch = (char) _input.read();
    assert ('d' == ch);
}
```

assert()扮演自动测试角色。如果assert()的参数值为true，一切良好；否则我们就会收到错误通知。稍后我会让你看看测试框架怎么向用户报告错误消息。现在我要先介绍如何将测试过程运行起来。

第一步是产生一个测试套件。为此，请设计一个suite()，如下所示：

```
class FileReaderTester...
    public static Test suite() {
        TestSuite suite = new TestSuite();
        suite.addTest(new FileReaderTester("testRead"));
        return suite;
    }
```

这个测试套件只含一个测试用例对象，即FileReaderTester实例。创建测试用例对象时，我把待测函数的名称以字符串的形式传给构造函数，从而创建出一个对象，用以测试被指定的函数。这个测试通过Java反射机制和对象关联。你可以自由下载JUnit源码，看看它究竟如何做到。至于我，我只把它当作一种魔法。

要将整个测试运行起来，还需要一个独立的TestRunner类。TestRunner有两个版本，其中一个有漂亮的图形用户界面（GUI），另一个采用文字界面。我可以在main()函数中调用"文字界面"版：

```
class FileReaderTester...
    public static void main (String[] args) {
        junit.textui.TestRunner.run (suite());
    }
```

这段代码创建出一个TestRunner，并要它运行FileReaderTester类。当我执行它，会看到：

```
.
Time: 0.110

OK (1 tests)
```

对于每个运行起来的测试，JUnit都会输出一个句点，这样你就可以直观看到测试进展。它会告诉你整个测试用了多长时间。如果所有测试都没有出错，它就会说OK，并告诉你运行了多少个测试。我可以运行上千个测试，如果一切良好，就会看到那个OK。对于自测试代码来说，这个简单的响应至关重要，没有它我就不可能经常运行这些测试。有了这个简单响应，你可以执行一大堆测试然后去吃个午饭（或开个会），回来之后再看看测试结果。

 频繁地运行测试。每次编译请把测试也考虑进去——每天至少执行每个测试一次。

重构过程中，你可以只运行少数几项测试，它们主要用来检查当下正在开发或整理的代码。是的，你可以只运行少数几项测试，这样肯定比较快，否则整个测试会减低你的开发速度，使你开始犹豫是否还要这样下去。千万别屈服于这种诱惑，否则你一定会付出代价。

如果测试出错，会发生什么事？为了展示这种情况，我故意放一个bug进去：

```
public void testRead() throws IOException {
    char ch = '&';
    for (int i = 0; i < 4; i++)
        ch = (char) _input.read();
    assert ('2' == ch); // deliberate error
}
```

得到如下结果：

```
.F
Time: 0.220
```

```
!!!FAILURES!!!
Test Results:
Run: 1 Failures: 1 Errors: 0
There was 1 failure:
1) FileReaderTester.testRead
test.framework.AssertionFailedError
```

JUnit警告我测试失败，并告诉我这项失败具体发生在哪个测试身上。不过这个错误消息并不特别有用。我可以使用另一种形式的断言，让错误消息更清楚些：

```
public void testRead() throws IOException {
    char ch = '&';
    for (int i = 0; i < 4; i++)
        ch = (char) _input.read();
    assertEquals('m', ch);
}
```

你做的绝大多数断言都是对两个值进行比较，检验它们是否相等，所以JUnit框架为你提供assertEquals()。这个函数很简单：以equals()进行对象比较，以操作符==进行数值比较——我自己常忘记区分它们。这个函数也输出更具意义的错误消息：

```
.F
Time: 0.170

!!!FAILURES!!!
Test Results:
Run: 1 Failures: 1 Errors: 0
There was 1 failure:
1) FileReaderTester.testRead "expected:"m"but was:"d""
```

我应该提一下：编写测试代码时，我往往一开始先让它们失败。面对既有代码，要不我就修改它（如果我能接触源码的话），使它测试失败，要不就在断言中放一个错误期望值，造成测试失败。之所以这么做，是为了向自己证明：测试机制的确可以运行，并且的确测试了它该测试的东西（这就是为什么上面两种做法中我比较喜欢修改被测代码的原因）。这可能有些偏执，或许吧，但如果测试代码所测的东西并非你想测的东西，你真的有可能被搞迷糊。

除了捕捉失败（failures，也就是断言结果为false），JUnit还可以捕捉错误（errors，意料外的异常）。如果我关闭输入流，然后试图读取它，就应该得到一个异常。我可以这样测试：

```
public void testRead() throws IOException {
    char ch = '&';
    _input.close();
    for (int i = 0; i < 4; i++)
        ch = (char) _input.read(); // will throw exception
    assertEquals('m', ch);
}
```

执行上述测试，得到这样的结果：

```
.E

Time: 0.110

!!!FAILURES!!!
Test Results:
Run: 1 Failures: 0 Errors: 1
There was 1 error:
1) FileReaderTester.testRead
java.io.IOException: Stream closed
```

区分失败和错误是很有用的，因为它们的出现形式不同，排除的过程也不同。

JUnit还包含一个很好的图形用户界面（见图4-2）。如果所有测试都顺利通过，窗口下端的进度条就呈绿色；如果有任何一个测试失败，进度条就呈红色。你可以丢下这个GUI不管，整个环境会自动将你在代码所做的任何修改连接进来。这是一个非常方便的测试环境。

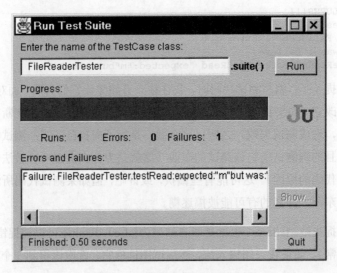

图4-2　JUnit的图形用户界面

单元测试和功能测试

JUnit框架的用途是单元测试，所以我应该讲讲单元测试（Unit Test）和功能测试（Functional Test）之间的差异。我一直挂在嘴上的其实是单元测试，编写这些测试的目的是为了提高程序员的生产率。至于让QA部门开心，那只是附带效果而已。单元测试是高度局部化的东西，每个测试类都隶属于单一包。它能够测试其他包的接口，除此之外它将假设其他包一切正常。

功能测试就完全不同。它们用来保证软件能够正常运作。它们从客户的角度保障质量，并不关心程序员的生产力。它们应该由一个喜欢寻找bug的独立团队来开发。这个团队应该使用重量级工具和技术来帮助自己开发良好的功能测试。

一般而言，功能测试尽可能把整个系统当作一个黑箱。面对一个拥有GUI的待测系统，它们通过GUI来操作那个系统。面对文件更新程序或数据库更新程序，功能测试只观察特定输入所导致的数据变化。

一旦功能测试者或最终用户找到软件中的bug，要除掉它至少需要做两件事。当然你必须修改代码，才得以排除错误，但你还应该添加一个单元测试，用来暴露这个bug。事实上，每当收到bug报告，我都首先编写一个单元测试，使bug浮现出来。如果需要缩小bug出没范围，或如果出现其他相关失败，我就会编写更多的测试。我使用单元测试来盯住bug，并确保我的单元测试不会有类似的漏网之……呃……虫。

 每当你收到bug报告，请先写一个单元测试来暴露这个bug。

JUnit框架设计用来编写单元测试。功能测试往往以其他工具辅助进行，例如某些拥有GUI的测试工具，然而通常你还得撰写一些"专用于你的应用程序"的测试工具，它们能比通用的GUI脚本更好地达到测试效果。你也可以运用JUnit来执行功能测试，但这通常不是最有效的形式。在进行重构时，我会更多地倚赖程序员的好朋友：单元测试。

4.3 添加更多测试

现在，我们应该继续添加更多测试。我遵循的风格是：观察类该做的所有事情，然后针对任何一项功能的任何一种可能失败情况，进行测试。这不同于某些程序员提倡的"测试所有public函数"。记住，测试应该是一种风险驱动的行为，测试的目的是希望找出现在或未来可能出现的错误。所以我不会去测试那些仅仅读或写一个字段的访问函数，因为它们太简单了，不大可能出错。

　　这一点很重要，因为如果你撰写过多测试，结果往往测试量反而不够。我常常阅读许多测试相关书籍，而它们给我留下的印象是：测试需要做那么多工作，令我退避三舍。这种书起不了预期效果，因为它让你觉得测试有大量工作要做。事实上，哪怕只做一点点测试，你也能从中受益。测试的要诀是：测试你最担心出错的部分。这样你就能从测试工作中得到最大利益。

> 编写未臻完善的测试并实际运行，好过对完美测试的无尽等待。

　　现在，我的目光落到了read()。它还应该做些什么？文档上说，当输入流到达文件尾端，read()应该返回−1（在我看来这并不是个很好的协议，不过我猜这会让C程序员倍感亲切）。让我们来测试一下。我的文本编辑器告诉我，我的测试文件共有141个字符，于是我撰写了如下测试代码：

```
public
  void testReadAtEnd() throws IOException {
    int ch = -1234;
    for (int i = 0; i < 141; i++)
      ch = _input.read();
    assertEquals(-1, _input.read());
}
```

为了让这个测试运行起来，我必须把它添加到测试套件中：

```
public static Test suite() {
  TestSuite suite = new TestSuite();
  suite.addTest(new FileReaderTester("testRead"));
  suite.addTest(new FileReaderTester("testReadAtEnd"));
  return suite;
}
```

　　当测试套件运行起来，它会告诉我其中各个测试用例的运行情况。每个用例都会调用setUp()，然后执行测试代码，最终调用tearDown()。每次测试都调用setUp()和tearDown()是很重要的，因为这样才能保证测试之间彼此隔离。也就是说我们可以按任意顺序运行它们，不会对它们的结果造成任何影响。

　　要常记住将测试用例添加到suite()，实在是件痛苦的事。幸运的是Erich Gamma和Kent Beck和我一样懒，所以他们提供了一条途径来避免这种痛苦。TestSuite类有个特殊的构造函数，它接受一个类为参数，创建出来的测试套件会将该类中所有以"test"起头的函数都当作测试用例包含进来。如果遵循这一命名习惯，就可以把我的main()改为这样：

```java
public static void main (String[] args) {
  junit.textui.TestRunner.run (new TestSuite(FileReaderTester.class));
}
```

这样，我写的每一个测试函数便都被自动添加到测试套件中。

测试的一项重要技巧就是"寻找边界条件"。对read()而言，边界条件应该是第一个字符、最后一个字符、倒数第二个字符：

```java
public void testReadBoundaries() throws IOException {
    assertEquals("read first char", 'B', _input.read());
    int ch;
    for (int i = 1; i < 140; i++)
        ch = _input.read();
    assertEquals("read last char", '6', _input.read());
    assertEquals("read at end", -1, _input.read());
}
```

你可以在断言中加入一条消息。如果测试失败，这条消息就会被显示出来。

> 考虑可能出错的边界条件，把测试火力集中在那儿。

"寻找边界条件"也包括寻找特殊的、可能导致测试失败的情况。对于文件相关测试，空文件是个不错的边界条件：

```java
public void testEmptyRead() throws IOException {
    File empty = new File("empty.txt");
    FileOutputStream out = new FileOutputStream(empty);
    out.close();
    FileReader in = new FileReader(empty);
    assertEquals(-1, in.read());
}
```

在这里，我在测试夹具之外又为这个测试做了一些额外的准备。如果以后还需要空文件，我可以把这些代码移至setUp()，从而将"空文件"加入常规的测试夹具。

```java
protected void setUp() {
  try {
      _input = new FileReader("data.txt");
      _empty = newEmptyFile();
      } catch (IOException e) {
          throw new RuntimeException(e.toString());
```

```
    }
  }

  private FileReader newEmptyFile() throws IOException {
    File empty = new File("empty.txt");
    FileOutputStream out = new FileOutputStream(empty);
    out.close();
    return new FileReader(empty);
  }

  public void testEmptyRead() throws IOException {
    assertEquals(-1, _empty.read());
  }
```

如果读取文件末尾之后的位置，会发生什么事？同样应该返回-1。现在我再加一个测试来探测这一点：

```
  public void testReadBoundaries() throws IOException {
    assertEquals("read first char", 'B', _input.read());
    int ch;
    for (int i = 1; i < 140; i++)
        ch = _input.read();
    assertEquals("read last char", '6', _input.read());
    assertEquals("read at end", -1, _input.read());
    assertEquals("readpast end", -1, _input.read());
  }
```

可以看到，我在这里扮演"程序公敌"的角色。我积极思考如何破坏代码。我发现这种思维能够提高生产力，并且很有趣——它纵容了我心智中比较促狭的那一部分。

测试时，别忘了检查预期的错误是否如期出现。如果你尝试在关闭流后再读取它，就应该得到一个IOException异常，这也应该被测试出来：

```
  public void testReadAfterClose() throws IOException {
    _input.close();
    try {
      _input.read();
      fail("no exception for read past end");
    } catch (IOException io) {}
  }
```

IOException之外的任何异常都将以一般方式形成一个错误。

 当事情被认为应该会出错时，别忘了检查是否抛出了预期的异常。

　　请遵循这些规则，不断丰富你的测试。对于某些比较复杂的类，可能你得花费一些时间来浏览其接口，而在此过程中你可以真正理解这个接口。而且这对于考虑错误情况和边界情况特别有帮助。这是在编写代码的同时（甚至之前）编写测试代码的另一个好处。

　　随着测试类越来越多，你可以生成另一个类，专门用来包含由其他测试类所组成的测试套件。这很容易做到，因为一个测试套件本来就可以包含其他测试套件。这样，你就可以拥有一个"主控的"测试类：

```
class MasterTester extends TestCase {
public static void main(String[] args) {
    junit.textui.TestRunner.run(suite());
}
public static Test suite() {
    TestSuite result = new TestSuite();
    result.addTest(new TestSuite(FileReaderTester.class));
    result.addTest(new TestSuite(FileWriterTester.class));
    // and so on...
    return result;
}
}
```

　　什么时候应该停下来？我相信这样的话你听过很多次："任何测试都不能证明一个程序没有bug。"确实如此，但这并不影响"测试可以提高编程速度"。我曾经见过好几种测试规则建议，其目的都是保证你能够测试所有情况的一切组合。这些东西值得一看，但是别让它们影响你。当测试数量达到一定程度之后，继续增加测试带来的效益就会呈现递减态势，而非持续递增；如果试图编写太多测试，你也可能因为工作量太大而气馁，最后什么都写不成。你应该把测试集中在可能出错的地方。观察代码，看哪儿变得复杂；观察函数，思考哪些地方可能出错。是的，你的测试不可能找出所有bug，但一旦进行重构，你可以更好地理解整个程序，从而找到更多bug。虽然我总是以单独一个测试套件开始重构，但前进途中我总会加入更多测试。

 不要因为测试无法捕捉所有bug就不写测试，因为测试的确可以捕捉到大多数bug。

　　对象技术有个微妙处：继承和多态会让测试变得比较困难，因为将有许多种组合需要测试。如果你有3个彼此合作的抽象类，每个抽象类有3个子类，那么你总共拥有9个可供选择的类和27种组合。我并不总是试着测试所有可能组合，但我会尽量测试每一个类，这可以大大减少各种组合所造成的风险。如果这些类之间彼此有合理的独立性，我很可能不会尝试所有组合。是的，我总有可能遗漏些什么，但我觉得"花合理时间抓出大多数bug"要好过"穷尽一生抓出所有bug"。

测试代码和产品代码之间有个区别：你可以放心地复制、编辑测试代码。处理多种组合情况以及面对多个可供选择的类时，我经常这么做。首先测试"标准发薪过程"，然后加上"资历"和"年底前停薪"条件，然后又去掉这两个条件……。只要在合理的测试夹具上准备好一些简单的替换样本，我就能够很快生成不同的测试用例，然后就可以利用重构手法分解出真正常用的各种东西。

我希望这一章能够让你对于如何编写测试代码有一些感觉。关于这个主题，我可以说上很多，但如果那么做，就有点喧宾夺主了。总而言之，请构筑一个良好的bug检测器并经常运行它，这对任何开发工作都将大有裨益，并且是重构的前提。

第 *5* 章

重 构 列 表

第 5~12章构成了一份重构列表草案，其中所列的重构手法来自我最近数年的心得。这份列表并非巨细靡遗，但应该足可为你提供一个坚实的起点，让你得以开始自己的重构工作。

5.1 重构的记录格式

介绍重构时，我采用一种标准格式。每个重构手法都有如下五个部分。

□ 首先是名称（name）。建造一个重构词汇表，名称是很重要的。这个名称也就是我将在本书其他地方使用的名称。

□ 名称之后是一个简短概要（summary）。简单介绍此一重构手法的适用情景，以及它所做的事情。这部分可以帮助你更快找到你所需要的重构手法。

□ 动机（motivation）为你介绍"为什么需要这个重构"和"什么情况下不该使用这个重构"。

□ 做法（mechanics）简明扼要地一步一步介绍如何进行此一重构。

□ 范例（examples）以一个十分简单的例子说明此重构手法如何运作。

"概要"包括三个部分：(1) 一句话，介绍这个重构能够帮助解决的问题；(2)一段简短陈述，介绍你应该做的事；(3)一幅速写图，简单展现重构前后示例：有时候我展示代码，有时候我展示UML图。总之，哪种形式能更好呈现该重构的本质，我就使用哪种形式（本书所有UML图都根据实现观点而画[Fowler，UML]。）如果你以前见过这一重构手法，那么速写图能够让你迅速了解这一重构的概况；如果你不曾见过这个重构，可能就需要浏览整个范例，才能得到较好的认识。

"做法"出自我自己的笔记。这些笔记是为了让我在一段时间不做某项重构之后还能记得怎么做。它们也颇为简洁，通常不会解释"为什么要这么做那么做"。我会在"范例"中给出更多解释。这么一来，"做法"就成了简短的笔记。如果你知道该使用哪个重构，但记不清具体步骤，可以参考"做法"部分（至少我是这么使用它们的）；如果你初次使用某个重构，可能只参考"做法"还不够，你还需要阅读"范例"。

撰写"做法"的时候，我尽量将重构的每个步骤都写得简短。我强调安全的重构方式，所以应该采用非常小的步骤，并且在每个步骤之后进行测试。真正工作时，我通常会采用比这里介绍的"婴儿学步"稍大些的步骤，然而一旦出问题，我就会撤销上一步，换用比较小的步骤。这些步骤还包含一些特定状况的参考，所以它们也有检验表的作用。我自己经常忘掉这些该做的事情。

"范例"像是简单而有趣的教科书。我使用这些范例是为了帮助解释重构的基本要素，最大限度地避免其他枝节，所以我希望你能原谅其中的简化工作（它们当然不是优秀商用对象设计的适当例子）。不过我敢肯定，你一定能在你手上那些更复杂的情况中使用它们。某些十分简单的重构干脆没有范例，因为我觉得为它们加上一个范例不会有多大意义。

更明确地说，加上范例仅仅是为了阐释当时讨论的重构手法。通常那些代码最终仍有其他问题，但修正那些问题需要用到其他重构手法。某些情况下数个重构经常被一并运用，这时候我会把某些范例拿到另一个重构中继续使用。大部分时候，一个范例只为一项重构而设计，这么做是为了让每一项重构手法自成一体，因为这份重构列表的首要目的还是作为参考工具。

这些例子不会告诉你如何设计一个employee对象或一个order对象。这些例子的存在纯粹只是为了说明重构，除此之外别无用途。例如你会发现，我在这些例子中用double数据来表示货币金额。我之所以这样做，只是为了让例子简单一些，因为"以什么形式表示金额"对于重构自身并不重要。在真正的商用软件中，我强烈建议你不要以double表示金额。如果真要表示货币金额，我会使用Quantity模式[Fowler, AP]。

撰写本书之际，商业开发中使用得最多的是Java 1.1，所以我的大多数例子也以Java 1.1写就，这从我对集合（collection）的使用就可以明显看出来。本书即将完成之时，Java 2已经正式发布。但我不觉得有必要修改所有这些例子，因为对大部分重构来说，集合也并非重点所在。但是有些重构手法，例如*Encapsulate Collection* (208)，在Java 2中有所不同，这时候我会同时解释Java 2和Java 1.1。

修改后的代码可能被埋没在未修改的代码中，难以一眼看出，所以我使用粗体突显修改过的代码。但我并没有对所有修改过的代码都使用粗体字，因为一旦修改过的代码太多，全都粗体反而不能突显重点。

5.2 寻找引用点[①]

很多重构都要求你找到对于某个函数、某个字段或某个类的所有引用点。做这件事的时候，记得寻求计算机的帮助。有了计算机的帮助，你可以减少遗漏某个引用点的概率，而且通常比人工查找更快。

大多数语言都把计算机代码当作文本文件来处理，所以最好的帮手就是一个适当的文本查找工具。许多编程环境都允许你在一个或一组文件中进行文本查找，而查找目标的可访问级则会告诉你需要查找的文件范围。

不要盲目地查找-替换。你应该检查每一个引用点，确定它的确指向你想要替换的东西。或许你很擅长运用查找手法，但我总是用心去检查，以确保替换时不出错。要知道，你可以在不同的类中使用相同函数名称，也可以在同一个类中使用名称相同但签名不同的函数，所以直接替换出错机会是很高的。

在强类型语言中，你可以让编译器帮助你捕捉漏网之鱼。你往往可以直接删除旧部分，让编译器帮你找出因此而被悬挂起来的引用点。这样做的好处是：编译器会找到所有被悬挂的引用点。但是这种技巧也存在问题。

首先，如果被删除的部分在继承体系中声明不止一次，那么编译器也会被迷惑。尤其当你处理一个被覆写多次的函数时，情况更是如此。所以如果你在一个继承体系中工作，请先利用文本查找工具，检查是否有其他类声明了你正在处理的那个函数。

---

① 现在主流的Java IDE（例如Eclipse和IntelliJ IDEA）都能相当准确地找到程序元素的引用点。但如果使用Java之外的编程语言，仍然可能用到本节所介绍的技巧。

第二个问题是：编译器可能太慢，从而使你的工作失去效率。如果真是这样，请先使用文本查找工具，最起码编译器可以复查你的工作。只有当你想移除某个部分时，才请你这样做。常常你会想先观察这一部分的所有运用情况，然后才决定下一步。这种情况下你必须使用文本查找法（而不是倚赖编译器）。

第三个问题是：编译器无法找到通过反射机制而得到的引用点。这也是我们应该小心使用反射的原因之一。如果系统中使用了反射，你就必须以文本查找找出你想找的东西，测试份量也因此加重。有些时候我会建议你只编译、不测试，因为编译器通常会捕捉到可能的错误。如果使用反射，所有这些便利都没有了，你必须为许多编译搭配测试。

某些Java开发环境（特别值得一提的是IBM的VisualAge）承受了Smalltalk浏览器的影响。在这些开发环境中，你应该使用菜单选项来查找引用点，而不是使用文本查找工具。因为这些开发环境并不以文本文件保存代码，而是使用一个内置数据库。只要习惯了这些菜单选项，你会发现它们往往比难用的文本查找工具出色得多。

5.3　这些重构手法有多成熟

任何技术作家都会面对这样一个问题：该在何时发表自己的想法？发表越早，人们能够越快运用新想法、新观念。但只要是人，总是不断在学习。如果过早发表半生不熟的想法，这些思想可能并不完善，甚至可能给那些尝试采用它们的人带来麻烦。

重构的基本技巧——小步前进、频繁测试——已经得到多年的实践检验，特别是在Smalltalk社群中。所以，我敢保证，重构的这些基础思想是非常可靠的。

本书中的重构手法是我自己使用重构的笔记。是的，我全都用过它们。但是"使用某个重构手法"和"将它浓缩成可重复的做法步骤"是有区别的。特别是在一些十分特殊的情况下，偶尔你会看见一些问题突然涌现。我并没有让很多人进行我所写下的这些技术步骤以图发现这一类问题。所以，使用重构的时候，请随时知道自己在做什么。记住，就像看着食谱做菜一样，你必须让这些重构手法适应你自己的情况。如果你遇上一个有趣的问题，请以电子邮件告诉我，我会试着把你的情况告诉其他人。

关于这些重构手法，另一个需要记住的就是：我是在"单进程软件"这一大前提下考虑并介绍它们的。我很希望看到有人介绍用于并发和分布式程序设计的重构技术。这样的重构将是完全不同的。举个例子，在单进程软件中，你永远不必操心多么频繁地调用某个函数，因为函数的调用成本很低。但在分布式软件中，函数的往返必须被减至最低限度。在这些特殊编程领域中有着完全不同的重构技术，这已超越本书主题。

许多重构手法，例如*Replace Type Code with State/Strategy* (227)和*Form Template Method* (345)，都涉及向系统引入设计模式。正如GoF的经典著作所说："设计模式……为重构行为提供了目标。"模式和重构之间有着一种与生俱来的关系。模式是你希望到达的目标，重构则是到达之路。本书并没有提供"完成所有知名模式"的重构手法，甚至连GoF的23个知名模式[Gang of Four]都没能全部覆盖。这也从某个侧面反映出这份列表的不完整。我希望有一天这个缺陷能够被填补。

运用重构的时候，请记住：它们仅仅是一个起点。毋庸置疑，你一定可以找出个中缺陷。我之所以选择现在发表它们，因为我相信，尽管它们还不完美，但的确有用。我相信它们能给你一个起点，然后你可以不断提高自己的重构能力。这正是它们带给我的。

随着你用过愈来愈多的重构手法，我希望，你也开始发展属于自己的重构手法。但愿本书例子能够激发你的创造力，并给你一个起点，让你知道从何入手。我很清楚现实存在的重构，比我这里介绍的还要多得多。如果你真提出了一些新的重构手法，请给我一封电子邮件。

第6章

重新组织函数

我的重构手法中，很大一部分是对函数进行整理，使之更恰当地包装代码。几乎所有时刻，问题都源于Long Methods（过长函数）。这很讨厌，因为它们往往包含太多信息，这些信息又被函数错综复杂的逻辑掩盖，不易鉴别。对付过长函数，一项重要的重构手法就是*Extract Method* (110)，它把一段代码从原先函数中提取出来，放进一个单独函数中。*Inline Method* (117)正好相反：将一个函数调用动作替换为该函数本体。如果在进行多次提炼之后，意识到提炼所得的某些函数并没有做任何实质事情，或如果需要回溯恢复原先函数，我就需要*Inline Method* (117)。

Extract Method (110)最大的困难就是处理局部变量，而临时变量则是其中一个主要的困难源头。处理一个函数时，我喜欢运用*Replace Temp with Query* (120)去掉所有可去掉的临时变量。如果很多地方使用了某个临时变量，我就会先运用*Split Temporary Variable* (128)将它变得比较容易替换。

但有时候临时变量实在太混乱，难以替换。这时候我就需要使用*Replace Method with Method Object* (135)。它让我可以分解哪怕最混乱的函数，代价则是引入一个新类。

参数带来的问题比临时变量稍微少一些，前提是你不在函数内赋值给它们。如果你已经这样做了，就得使用*Remove Assignments to Parameters* (131)。

函数分解完毕后，我就可以知道如何让它工作得更好。也许我还会发现算法可以改进，从而使代码更清晰。这时我就使用*Substitute Algorithm* (139)引入更清晰的算法。

6.1　Extract Method（提炼函数）

你有一段代码可以被组织在一起并独立出来。

将这段代码放进一个独立函数中，并让函数名称解释该函数的用途。

```
void printOwing(double amount) {
    printBanner();

    // print details
    System.out.println("name:" + _name);
    System.out.println("amount" + amount);
}
```

```
void printOwing(double amount) {
    printBanner();
    printDetails(amount);
}

void printDetails(double amount) {
    System.out.println("name:" + _name);
    System.out.println("amount" + amount);
}
```

动机

Extract Method (110)是我最常用的重构手法之一。当我看见一个过长的函数或者一段需要注释才能让人理解用途的代码，我就会将这段代码放进一个独立函数中。

有几个原因造成我喜欢简短而命名良好的函数。首先，如果每个函数的粒度都很小，那么函数被复用的机会就更大；其次，这会使高层函数读起来就像一系列注释；再次，如果函数都是细粒度，那么函数的覆写也会更容易些。

的确，如果你习惯看大型函数，恐怕需要一段时间才能适应这种新风格。而且只有当你能给小型函数很好地命名时，它们才能真正起作用，所以你需要在函数名称上下点功夫。人们有时会问我，一个函数多长才算合适？在我看来，长度不是问题，关键在于函数名称和函数本体之间的语义距离。如果提炼可以强化代码的清晰度，那就去做，就算函数名称比提炼出来的代码还长也无所谓。

做法

- ❑ 创造一个新函数，根据这个函数的意图来对它命名（以它"做什么"来命名，而不是以它"怎样做"命名）。

  ⇒ 即使你想要提炼的代码非常简单，例如只是一条消息或一个函数调用，只要新函数的名称能够以更好的方式昭示代码意图，你也应该提炼它。但如果你想不出一个更有意义的名称，就别动。

- ❑ 将提炼出的代码从源函数复制到新建的目标函数中。

- ❑ 仔细检查提炼出的代码，看看其中是否引用了"作用域限于源函数"的变量（包括局部变量和源函数参数）。

- ❑ 检查是否有"仅用于被提炼代码段"的临时变量。如果有，在目标函数中将它们声明为临时变量。

- ❑ 检查被提炼代码段，看看是否有任何局部变量的值被它改变。如果一个临时变量值被修改了，看看是否可以将被提炼代码段处理为一个查询，并将结果赋值给相关变量。如果很难这样做，或如果被修改的变量不止一个，你就不能仅仅将这段代码原封不动地提炼出来。你可能需要先使用*Split Temporary Variable* (128)，然后再尝试提炼。也可以使用*Replace Temp with Query* (120)将临时变量消灭掉（请看"范例"中的讨论）。

- ❑ 将被提炼代码段中需要读取的局部变量，当作参数传给目标函数。

- ❑ 处理完所有局部变量之后，进行编译。

- ❑ 在源函数中，将被提炼代码段替换为对目标函数的调用。

  ⇒ 如果你将任何临时变量移到目标函数中，请检查它们原本的声明式是否在被提炼代码段的外围。如果是，现在你可以删除这些声明式了。

- ❑ 编译，测试。

范例：无局部变量

在最简单的情况下，*Extract Method* (110)易如反掌。请看下列函数：

```
void printOwing() {
    Enumeration e = _orders.elements();
    double outstanding = 0.0;

    // print banner
    System.out.println("**************************");
    System.out.println("***** Customer Owes ******");
    System.out.println("**************************");

    // calculate outstanding
    while (e.hasMoreElements()) {
        Order each = (Order) e.nextElement();
        outstanding += each.getAmount();
    }

    // print details
    System.out.println("name:" + _name);
    System.out.println("amount" + outstanding);
}
```

我们可以轻松提炼出"打印横幅"的代码。我只需要剪切、粘贴、再插入一个函数调用动作就行了：

```
void printOwing() {
    Enumeration e = _orders.elements();
    double outstanding = 0.0;

    printBanner();

    // calculate outstanding
    while (e.hasMoreElements()) {
        Order each = (Order) e.nextElement();
        outstanding += each.getAmount();
    }

    // print details
    System.out.println("name:" + _name);
    System.out.println("amount" + outstanding);
}

void printBanner() {
    // print banner
    System.out.println("**************************");
    System.out.println("***** Customer Owes ******");
    System.out.println("**************************");
}
```

范例：有局部变量

果真这么简单，这个重构手法的困难点在哪里？是的，就在局部变量，包括传进源函数的参数和源函数所声明的临时变量。局部变量的作用域仅限于源函数，所以当我使用*Extract Method* (110)时，必须花费额外功夫去处理这些变量。某些时候它们甚至可能妨碍我，使我根本无法进行这项重构。

局部变量最简单的情况是：被提炼代码段只是读取这些变量的值，并不修改它们。这种情况下我可以简单地将它们当作参数传给目标函数。所以如果我面对下列函数：

```
void printOwing() {
    Enumeration e = _orders.elements();
    double outstanding = 0.0;

    printBanner();

    // calculate outstanding
    while (e.hasMoreElements()) {
        Order each = (Order) e.nextElement();
        outstanding += each.getAmount();
    }

    // print details
    System.out.println("name:" + _name);
    System.out.println("amount" + outstanding);
}
```

就可以将"打印详细信息"这一部分提炼为带一个参数的函数：

```
void printOwing() {

    Enumeration e = _orders.elements();
    double outstanding = 0.0;

    printBanner();

    // calculate outstanding
    while (e.hasMoreElements()) {
        Order each = (Order) e.nextElement();
        outstanding += each.getAmount();
    }

    printDetails(outstanding);
}

void printDetails(double outstanding) {
    System.out.println("name:" + _name);
    System.out.println("amount" + outstanding);
}
```

必要的话，你可以用这种手法处理多个局部变量。

如果局部变量是个对象，而被提炼代码段调用了会对该对象造成修改的函数，也可以如法炮制。你同样只需将这个对象作为参数传递给目标函数即可。只有在被提炼代码段真的对一个局部变量赋值的情况下，你才必须采取其他措施。

范例：对局部变量再赋值

如果被提炼代码段对局部变量赋值，问题就变得复杂了。这里我们只讨论临时变量的问题。如果你发现源函数的参数被赋值，应该马上使用*Remove Assignments to Parameters* (131)。

被赋值的临时变量也分两种情况。较简单的情况是：这个变量只在被提炼代码段中使用。果真如此，你可以将这个临时变量的声明移到被提炼代码段中，然后一起提炼出去。另一种情况是：被提炼代码段之外的代码也使用了这个变量。这又分为两种情况：如果这个变量在被提炼代码段之后未再被使用，你只需直接在目标函数中修改它就可以了；如果被提炼代码段之后的代码还使用了这个变量，你就需要让目标函数返回该变量改变后的值。我以下列代码说明这几种不同情况：

```
void printOwing() {

    Enumeration e = _orders.elements();
    double outstanding = 0.0;

    printBanner();

    // calculate outstanding
    while (e.hasMoreElements()) {
        Order each = (Order) e.nextElement();
        outstanding += each.getAmount();
    }

    printDetails(outstanding);
}
```

现在我把“计算”代码提炼出来：

```
void printOwing() {
    printBanner();
    double outstanding = getOutstanding();
    printDetails(outstanding);
}

double getOutstanding() {
    Enumeration e = _orders.elements();
    double outstanding = 0.0;
    while (e.hasMoreElements()) {
        Order each = (Order) e.nextElement();
        outstanding += each.getAmount();
    }
    return outstanding;
}
```

Enumeration变量e只在被提炼代码段中用到，所以可以将它整个搬到新函数中。double变量outstanding在被提炼代码段内外都被用到，所以必须让提炼出来的新函数返回它。编译测试完成后，我就把回传值改名，遵循我的一贯命名原则：

```
double getOutstanding() {
    Enumeration e = _orders.elements();
    double result = 0.0;
    while (e.hasMoreElements()) {
        Order each = (Order) e.nextElement();
        result+ = each.getAmount();
    }
    return result;
}
```

本例中的outstanding变量只是很单纯地被初始化为一个明确初值，所以我可以只在新函数中对它初始化。如果代码还对这个变量做了其他处理，就必须将它的值作为参数传给目标函数。对于这种变化，最初代码可能是这样：

```
void printOwing(double previousAmount) {

    Enumeration e = _orders.elements();
    double outstanding = previousAmount * 1.2;

    printBanner();

    // calculate outstanding
    while (e.hasMoreElements()) {
        Order each = (Order) e.nextElement();
        outstanding += each.getAmount();
    }

    printDetails(outstanding);
}
```

提炼后的代码可能是这样：

```
void printOwing(double previousAmount) {
    double outstanding = previousAmount * 1.2;
    printBanner();
    outstanding = getOutstanding(outstanding);
    printDetails(outstanding);
}

double getOutstanding(double initialValue) {
    double result = initialValue;
    Enumeration e = _orders.elements();
    while (e.hasMoreElements()) {
        Order each = (Order) e.nextElement();
        result += each.getAmount();
    }
    return result;
}
```

编译并测试后，我再将变量outstanding的初始化过程整理一下：

```
void printOwing(double previousAmount) {
    printBanner();
    double outstanding = getOutstanding(previousAmount * 1.2);
    printDetails(outstanding);
}
```

这时候，你可能会问："如果需要返回的变量不止一个，又该怎么办呢？"

有几种选择。最好的选择通常是：挑选另一块代码来提炼。我比较喜欢让每个函数都只返回一个值，所以会安排多个函数，用以返回多个值。如果你使用的语言支持"出参数"（output parameter），可以使用它们带回多个回传值。但我还是尽可能选择单一返回值。

临时变量往往为数众多，甚至会使提炼工作举步维艰。这种情况下，我会尝试先运用*Replace Temp with Query* (120)减少临时变量。如果即使这么做了提炼依旧困难重重，我就会动用*Replace Method with Method Object* (135)，这个重构手法不在乎代码中有多少临时变量，也不在乎你如何使用它们。

6.2　Inline Method（内联函数）

一个函数的本体与名称同样清楚易懂。

在函数调用点插入函数本体，然后移除该函数。

```
int getRating() {
    return (moreThanFiveLateDeliveries()) ? 2 : 1;
}
boolean moreThanFiveLateDeliveries() {
    return _numberOfLateDeliveries > 5;
}
```

```
int getRating() {
    return (_numberOfLateDeliveries > 5) ? 2 : 1;
}
```

动机

本书经常以简短的函数表现动作意图，这样会使代码更清晰易读。但有时候你会遇到某些函数，其内部代码和函数名称同样清晰易读。也可能你重构了该函数，使得其内容和其名称变得同样清晰。果真如此，你就应该去掉这个函数，直接使用其中的代码。间接性可能带来帮助，但非必要的间接性总是让人不舒服。

另一种需要使用*Inline Method*（117）的情况是：你手上有一群组织不甚合理的函数。你可以将它们都内联到一个大型函数中，再从中提炼出组织合理的小型函数。Kent Beck发现，实施*Replace Method with Method Object*（135）之前先这么做，往往可以获得不错的效果。你可以把所要的函数（有着你要的行为）的所有调用对象的函数内容都内联到函数对象中。比起既要移动一个函数、又要移动它所调用的其他所有函数，将整个大型函数作为整体来移动会比较简单。

如果别人使用了太多间接层，使得系统中的所有函数都似乎只是对另一个函数的简单委托，造成我在这些委托动作之间晕头转向，那么我通常都会使用*Inline Method*（117）。当然，间接层有其价值，但不是所有间接层都有价值。试着使用内联手法，我可以找出那些有用的间接层，同时将那些无用的间接层去除。

做法

□ 检查函数，确定它不具多态性。

　　⇒ 如果子类继承了这个函数，就不要将此函数内联，因为子类无法覆写一个根本不存在的函数。

□ 找出这个函数的所有被调用点。

□ 将这个函数的所有被调用点都替换为函数本体。

□ 编译，测试。

□ 删除该函数的定义。

被我这样一写，*Inline Method* (117)似乎很简单。但情况往往并非如此。对于递归调用、多返回点、内联至另一个对象中而该对象并无提供访问函数……每一种情况我都可以写上好几页。我之所以不写这些特殊情况，原因很简单：如果你遇到了这样的复杂情况，那么就不应该使用这个重构手法。

6.3 Inline Temp（内联临时变量）

你有一个临时变量，只被一个简单表达式赋值一次，而它妨碍了其他重构手法。

将所有对该变量的引用动作，替换为对它赋值的那个表达式自身。

```
double basePrice = anOrder.basePrice();
return (basePrice > 1000)
```

```
return (anOrder.basePrice() > 1000)
```

动机

Inline Temp (119)多半是作为*Replace Temp with Query* (120)的一部分使用的，所以真正的动机出现在后者那儿。唯一单独使用*Inline Temp* (119)的情况是：你发现某个临时变量被赋予某个函数调用的返回值。一般来说，这样的临时变量不会有任何危害，可以放心地把它留在那儿。但如果这个临时变量妨碍了其他的重构手法，例如*Extract Method* (110)，你就应该将它内联化。

做法

- 检查给临时变量赋值的语句，确保等号右边的表达式没有副作用。

- 如果这个临时变量并未被声明为final，那就将它声明为final，然后编译。

  ⇒ 这可以检查该临时变量是否真的只被赋值一次。

- 找到该临时变量的所有引用点，将它们替换为"为临时变量赋值"的表达式。

- 每次修改后，编译并测试。

- 修改完所有引用点之后，删除该临时变量的声明和赋值语句。

- 编译，测试。

6.4 Replace Temp with Query（以查询取代临时变量）

你的程序以一个临时变量保存某一表达式的运算结果。

将这个表达式提炼到一个独立函数中。将这个临时变量的所有引用点替换为对新函数的调用。此后，新函数就可被其他函数使用。

```
double basePrice = _quantity * _itemPrice;
    if (basePrice > 1000)
        return basePrice * 0.95;
    else
        return basePrice * 0.98;
```

```
if (basePrice() > 1000)
    return basePrice() * 0.95;
else
    return basePrice() * 0.98;
...
double basePrice() {
    return _quantity * _itemPrice;
}
```

动机

临时变量的问题在于：它们是暂时的，而且只能在所属函数内使用。由于临时变量只在所属函数内可见，所以它们会驱使你写出更长的函数，因为只有这样你才能访问到需要的临时变量。如果把临时变量替换为一个查询，那么同一个类中的所有函数都将可以获得这份信息。这将带给你极大帮助，使你能够为这个类编写更清晰的代码。

Replace Temp with Query (120)往往是你运用*Extract Method* (110)之前必不可少的一个步骤。局部变量会使代码难以被提炼，所以你应该尽可能把它们替换为查询式。

这个重构手法较为简单的情况是：临时变量只被赋值一次，或者赋值给临时变量的表达式不受其他条件影响。其他情况比较棘手，但也有可能发生。你可能需要先运用*Split Temporary Variable* (128)或*Separate Query from Modifier* (279)使情况变得简单一些，然后再替换临时变量。如果你想替换的临时变量是用来收集结果的（例如循环中的累加值），就需要将某些程序逻辑（例如循环）复制到查询函数去。

做法

首先是简单情况：

□ 找出只被赋值一次的临时变量。

⇒如果某个临时变量被赋值超过一次，考虑使用*Split Temporary Variable*（128）将它分割成多个变量。

□ 将该临时变量声明为final。

□ 编译。

⇒这可确保该临时变量的确只被赋值一次。

□ 将"对该临时变量赋值"之语句的等号右侧部分提炼到一个独立函数中。

⇒首先将函数声明为private。日后你可能会发现有更多类需要使用它，那时放松对它的保护也很容易。

⇒确保提炼出来的函数无任何副作用，也就是说该函数并不修改任何对象内容。如果它有副作用，就对它进行*Separate Query from Modifier*（279）。

□ 编译，测试。

□ 在该临时变量身上实施*Inline Temp*（119）。

我们常常使用临时变量保存循环中的累加信息。在这种情况下，整个循环都可以被提炼为一个独立函数，这也使原本的函数可以少掉几行扰人的循环逻辑。有时候，你可能会在一个循环中累加好几个值，就像本书第26页的例子那样。这种情况下你应该针对每个累加值重复一遍循环，这样就可以将所有临时变量都替换为查询。当然，循环应该很简单，复制这些代码时才不会带来危险。

运用此手法，你可能会担心性能问题。和其他性能问题一样，我们现在不管它，因为它十有八九根本不会造成任何影响。若是性能真的出了问题，你也可以在优化时期解决它。代码组织良好，你往往能够发现更有效的优化方案：如果没有进行重构，好的优化方案就可能与你失之交臂。如果性能实在太糟糕，要把临时变量放回去也是很容易的。

范例

首先，我从一个简单函数开始：

```
double getPrice() {
    int basePrice = _quantity * _itemPrice;
    double discountFactor;
    if (basePrice > 1000) discountFactor = 0.95;
    else discountFactor = 0.98;
    return basePrice * discountFactor;
}
```

我希望将两个临时变量都替换掉。当然，每次一个。

尽管这里的代码十分清楚，我还是先把临时变量声明为final，检查它们是否的确只被赋值一次：

```
double getPrice() {
    final int basePrice = _quantity * _itemPrice;
    final double discountFactor;
    if (basePrice > 1000) discountFactor = 0.95;
    else discountFactor = 0.98;
    return basePrice * discountFactor;
}
```

这么一来，如果有任何问题，编译器就会警告我。之所以先做这件事，因为如果临时变量不只被赋值一次，我就不该进行这项重构。接下来开始替换临时变量，每次一个。首先，我把赋值动作的右侧表达式提炼出来：

```
double getPrice() {
    final int basePrice = basePrice();
    final double discountFactor;
    if (basePrice > 1000) discountFactor = 0.95;
    else discountFactor = 0.98;
    return basePrice * discountFactor;
}

private int basePrice() {
    return _quantity * _itemPrice;
}
```

编译并测试，然后开始使用*Inline Temp* (119)。首先把临时变量basePrice的第一个引用点替换掉：

```
double getPrice() {
    final int basePrice = basePrice();
    final double discountFactor;
    if (basePrice() > 1000) discountFactor = 0.95;
    else discountFactor = 0.98;
    return basePrice * discountFactor;
}
```

编译、测试、下一个（听起来像在指挥人们跳乡村舞蹈一样）。由于"下一个"已经是basePrice的最后一个引用点，所以我把basePrice临时变量的声明式一并去掉：

```
double getPrice() {
    final double discountFactor;
    if (basePrice() > 1000) discountFactor = 0.95;
    else discountFactor = 0.98;
    return basePrice() * discountFactor;
}
```

搞定basePrice之后，我再以类似办法提炼出discountFactor()：

```
double getPrice() {
    final double discountFactor = discountFactor();
    return basePrice() * discountFactor;
}

private double discountFactor() {
    if (basePrice() > 1000) return 0.95;
    else return 0.98;
}
```

你看，如果我没有把临时变量basePrice替换为一个查询式，将多么难以提炼discountFactor()！

最终，getPrice()变成了这样：

```
double getPrice() {
    return basePrice() * discountFactor();
}
```

6.5　Introduce Explaining Variable（引入解释性变量）

你有一个复杂的表达式。

将该复杂表达式（或其中一部分）的结果放进一个临时变量，以此变量名称来解释表达式用途。

```java
if ((platform.toUpperCase().indexOf("MAC") > -1) &&
    (browser.toUpperCase().indexOf("IE") > -1) &&
    wasInitialized() && resize > 0)
{
    // do something
}
```

```java
final boolean isMacOs     = platform.toUpperCase().indexOf("MAC") > -1;
final boolean isIEBrowser = browser.toUpperCase().indexOf("IE") > -1;
final boolean wasResized   = resize > 0;

if (isMacOs && isIEBrowser && wasInitialized() && wasResized) {
    // do something
}
```

动机

表达式有可能非常复杂而难以阅读。这种情况下，临时变量可以帮助你将表达式分解为比较容易管理的形式。

在条件逻辑中，*Introduce Explaining Variable* (124)特别有价值：你可以用这项重构将每个条件子句提炼出来，以一个良好命名的临时变量来解释对应条件子句的意义。使用这项重构的另一种情况是，在较长算法中，可以运用临时变量来解释每一步运算的意义。

Introduce Explaining Variable (124)是一个很常见的重构手法，但我得承认，我并不常用它。我几乎总是尽量使用*Extract Method* (110)来解释一段代码的意义。毕竟临时变量只在它所处的那个函数中才有意义，局限性较大，函数则可以在对象的整个生命中都有用，并且可被其他对象使用。但有时候，当局部变量使*Extract Method* (110)难以进行时，我就使用*Introduce Explaining Variable* (124)。

做法

- □ 声明一个 final 临时变量，将待分解之复杂表达式中的一部分动作的运算结果赋值给它。

- □ 将表达式中的"运算结果"这一部分，替换为上述临时变量。

  ⇒ 如果被替换的这一部分在代码中重复出现，你可以每次一个，逐一替换。

- □ 编译，测试。

- □ 重复上述过程，处理表达式的其他部分。

范例

我们从一个简单计算开始：

```
double price() {
    // price is base price - quantity discount + shipping
    return _quantity * _itemPrice -
        Math.max(0, _quantity - 500) * _itemPrice * 0.05 +
        Math.min(_quantity * _itemPrice * 0.1, 100.0);
}
```

这段代码还算简单，不过我可以让它变得更容易理解。首先我发现，底价（base price）等于数量（quantity）乘以单价（item price）。于是，我把这一部分计算的结果放进一个临时变量中：

```
double price() {
    // price is base price - quantity discount + shipping
    final double basePrice = _quantity * _itemPrice;
    return basePrice -
        Math.max(0, _quantity - 500) * _itemPrice * 0.05 +
        Math.min(_quantity * _itemPrice * 0.1, 100.0);
}
```

稍后也用上了"数量乘以单价"运算结果，所以我同样将它替换为 basePrice 临时变量：

```
double price() {
    // price is base price - quantity discount + shipping
    final double basePrice = _quantity * _itemPrice;
    return basePrice -
        Math.max(0, _quantity - 500) * _itemPrice * 0.05 +
        Math.min(basePrice * 0.1, 100.0);
}
```

然后，我将批发折扣（quantity discount）的计算提炼出来，将结果赋予临时变量

```
double price() {
    // price is base price - quantity discount + shipping
    final double basePrice = _quantity * _itemPrice;
    final double quantityDiscount = Math.max(0, _quantity - 500)* _itemPrice * 0.05;
    return basePrice - quantityDiscount +
        Math.min(basePrice * 0.1, 100.0);
}
```

最后，我再把运费（shipping）计算提炼出来，将运算结果赋予临时变量 shipping。同时我还可以删掉代码中的注释，因为现在代码已经可以完美表达自己的意义了：

```
double price() {
    final double basePrice = _quantity * _itemPrice;
    final double quantityDiscount = Math.max(0, _quantity - 500)* _itemPrice * 0.05;
    final double shipping = Math.min(basePrice * 0.1, 100.0);
    return basePrice - quantityDiscount + shipping;
}
```

运用 Extract Method 处理上述范例

面对上述代码，我通常不会以临时变量来解释其动作意图，我更喜欢使用 *Extract Method* (110)。让我们回到起点：

```
double price() {
    // price is base price - quantity discount + shipping
    return _quantity * _itemPrice -
        Math.max(0, _quantity - 500) * _itemPrice * 0.05+
        Math.min(_quantity * _itemPrice * 0.1, 100.0);
}
```

这一次我把底价计算提炼到一个独立函数中：

```
double price() {
    // price is base price - quantity discount + shipping
    return basePrice() -
        Math.max(0, _quantity - 500) * _itemPrice * 0.05 +
        Math.min(basePrice() * 0.1, 100.0);
}

private double basePrice() {
    return _quantity * _itemPrice;
}
```

我继续提炼，每次提炼出一个新函数。最后得到下列代码：

```
double price() {
    return basePrice() - quantityDiscount() + shipping();
}

private double quantityDiscount() {
    return Math.max(0, _quantity - 500) * _itemPrice * 0.05;
}

private double shipping() {
    return Math.min(basePrice() * 0.1, 100.0);
}

private double basePrice() {
    return _quantity * _itemPrice;
}
```

我比较喜欢使用*Extract Method* (110)，因为同一对象中的任何部分，都可以根据自己的需要取用这些提炼出来的函数。一开始我会把这些新函数声明为private；如果其他对象也需要它们，我可以轻易释放这些函数的访问限制。我还发现，*Extract Method* (110)的工作量通常并不比*Introduce Explaining Variable* (124)来得大。

那么，应该在什么时候使用*Introduce Explaining Variable* (124)呢？答案是：在*Extract Method* (110)需要花费更大工作量时。如果我要处理的是一个拥有大量局部变量的算法，那么使用*Extract Method* (110)绝非易事。这种情况下就会使用*Introduce Explaining Variable* (124)来理清代码，然后再考虑下一步该怎么办。搞清楚代码逻辑之后，我总是可以运用*Replace Temp with Query* (120)把中间引入的那些解释性临时变量去掉。况且，如果我最终使用*Replace Method with Method Object* (135)，那么中间引入的那些解释性临时变量也有其价值。

6.6　Split Temporary Variable（分解临时变量）

你的程序有某个临时变量被赋值超过一次，它既不是循环变量，

也不被用于收集计算结果。

针对每次赋值，创造一个独立、对应的临时变量。

```
double temp = 2 * (_height + _width);
System.out.println (temp);
temp = _height * _width;
System.out.println (temp);
```

```
final double perimeter = 2 * (_height + _width);
System.out.println (perimeter);
final double area = _height * _width;
System.out.println (area);
```

动机

临时变量有各种不同用途，其中某些用途会很自然地导致临时变量被多次赋值。"循环变量"和"结果收集变量"就是两个典型例子：循环变量（loop variable）[Beck]会随循环的每次运行而改变（例如for(int i=0; i<10; i++)语句中的i）；结果收集变量（collecting temporary variable）[Beck]负责将"通过整个函数的运算"而构成的某个值收集起来。

除了这两种情况，还有很多临时变量用于保存一段冗长代码的运算结果，以便稍后使用。这种临时变量应该只被赋值一次。如果它们被赋值超过一次，就意味它们在函数中承担了一个以上的责任。如果临时变量承担多个责任，它就应该被替换（分解）为多个临时变量，每个变量只承担一个责任。同一个临时变量承担两件不同的事情，会令代码阅读者糊涂。

做法

❑ 在待分解临时变量的声明及其第一次被赋值处，修改其名称。

⇒ 如果稍后之赋值语句是[i=i+某表达式]形式，就意味这是个结果收集变量，那么就不要分解它。结果收集变量的作用通常是累加、字符串接合、写入流或者向集合添加元素。

❑ 将新的临时变量声明为final。

❑ 以该临时变量的第二次赋值动作为界，修改此前对该临时变量的所有引用点，让它们引用新的临时变量。

❑ 在第二次赋值处，重新声明原先那个临时变量。

❑ 编译，测试。

❑ 逐次重复上述过程。每次都在声明处对临时变量改名，并修改下次赋值之前的引用点。

范例

下面范例中我要计算一个苏格兰布丁运动的距离。在起点处，静止的苏格兰布丁会受到一个初始力的作用而开始运动。一段时间后，第二个力作用于布丁，让它再次加速。根据牛顿第二定律，我可以这样计算布丁运动的距离：

```
double getDistanceTravelled(int time) {
    double result;
    double acc = _primaryForce / _mass;
    int primaryTime = Math.min(time, _delay);
    result = 0.5 * acc * primaryTime * primaryTime;
    int secondaryTime = time - _delay;
    if (secondaryTime > 0) {
        double primaryVel = acc * _delay;
        acc = (_primaryForce + _secondaryForce) / _mass;
        result += primaryVel * secondaryTime + 0.5 * acc * secondaryTime
            * secondaryTime;
    }
    return result;
}
```

真是个丑陋的小东西。注意观察此例中的acc变量如何被赋值两次。acc变量有两个责任：第一是保存第一个力造成的初始加速度；第二是保存两个力共同造成的加速度。这就是我想要分解的东西。

首先，我在函数开始处修改这个临时变量的名称，并将新的临时变量声明为final。接着，我把第二次赋值之前对acc变量的所有引用点，全部改用新的临时变量。最后，我在第二次赋值处重新声明acc变量：

```
double getDistanceTravelled(int time) {
    double result;
    final double primaryAcc = _primaryForce / _mass;
    int primaryTime = Math.min(time, _delay);
    result = 0.5 * primaryAcc * primaryTime * primaryTime;
    int secondaryTime = time - _delay;
    if (secondaryTime > 0) {
        double primaryVel = primaryAcc * _delay;
        double acc = (_primaryForce + _secondaryForce) / _mass;
        result += primaryVel * secondaryTime + 0.5 * acc * secondaryTime
                * secondaryTime;
    }
    return result;
}
```

新的临时变量的名称指出，它只承担原先acc变量的第一个责任。我将它声明为final，确保它只被赋值一次。然后，我在原先acc变量第二次被赋值处重新声明acc。现在，重新编译并测试，一切都应该没有问题。

然后，我继续处理acc临时变量的第二次赋值。这次我把原先的临时变量完全删掉，代之以一个新的临时变量。新变量的名称指出，它只承担原先acc变量的第二个责任：

```
double getDistanceTravelled(int time) {
    double result;
    final double primaryAcc = _primaryForce / _mass;
    int primaryTime = Math.min(time, _delay);
    result = 0.5 * primaryAcc * primaryTime * primaryTime;
    int secondaryTime = time - _delay;
    if (secondaryTime > 0) {
        double primaryVel = primaryAcc * _delay;
        final double secondaryAcc = (_primaryForce + _secondaryForce)/_mass;
        result += primaryVel * secondaryTime + 0.5 *
                secondaryAcc * secondaryTime * secondaryTime;
    }
    return result;
}
```

现在，这段代码肯定可以让你想起更多其他重构手法。尽情享受吧。（我敢保证，这比吃苏格兰布丁强多了——你知道他们都在里面放了些什么东西吗？[1]）

---

[1] 苏格兰布丁（haggis）是一种苏格兰菜，把羊心等内脏装在羊胃里煮成。由于它被羊胃包成一个球体，因此可以像球一样踢来踢去，这就是本例的由来。"把羊心装在羊胃里煮成……"，呃，有些人难免对这道菜恶心，Martin Fowler想必是其中之一。——译者注

6.7   Remove Assignments to Parameters（移除对参数的赋值）

代码对一个参数进行赋值。

以一个临时变量取代该参数的位置。

```
int discount (int inputVal, int quantity, int yearToDate) {
    if (inputVal > 50) inputVal -= 2;
```

```
int discount (int inputVal, int quantity, int yearToDate) {
    int result = inputVal;
    if (inputVal > 50) result -= 2;
```

动机

首先，我要确定大家都清楚"对参数赋值"这个说法的意思。如果你把一个名为foo的对象作为参数传给某个函数，那么"对参数赋值"意味改变foo，使它引用另一个对象。如果你在"被传入对象"身上进行什么操作，那没问题，我也总是这样干。我只针对"foo被改而指向另一个对象"这种情况来讨论：

```
void aMethod(Object foo) {
  foo.modifyInSomeWay();        // that's OK
  foo = anotherObject;          // trouble and despair will follow you
```

我之所以不喜欢这样的做法，因为它降低了代码的清晰度，而且混用了按值传递和按引用传递这两种参数传递方式。Java只采用按值传递方式（稍后讨论），我们的讨论也正是基于这一点。

在按值传递的情况下，对参数的任何修改，都不会对调用端造成任何影响。那些用过按引用传递方式的人可能会在这一点上犯糊涂。

另一个让人糊涂的地方是函数本体内。如果你只以参数表示"被传递进来的东西"，那么代码会清晰得多，因为这种用法在所有语言中都表现出相同语义。

在Java中，不要对参数赋值：如果你看到手上的代码已经这样做了，请使用 *Remove Assignments to Parameters* (131)。

当然，面对那些使用"出参数"的语言，你不必遵循这条规则。不过在那些语言中我会尽量少用出参数。

做法

□ 建立一个临时变量，把待处理的参数值赋予它。

□ 以"对参数的赋值"为界，将其后所有对此参数的引用点，全部替换为"对此临时变量的引用"。

□ 修改赋值语句，使其改为对新建之临时变量赋值。

□ 编译，测试。

⇒ 如果代码的语义是按引用传递的，请在调用端检查调用后是否还使用了这个参数。也要检查有多少个按引用传递的参数被赋值后又被使用。请尽量只以 return 方式返回一个值。如果需要返回的值不止一个，看看可否把需返回的大堆数据变成单一对象，或干脆为每个返回值设计对应的一个独立函数。

范例

我从下列这段简单代码开始：

```
int discount (int inputVal, int quantity, int yearToDate) {
    if (inputVal > 50) inputVal -= 2;
    if (quantity > 100) inputVal -= 1;
    if (yearToDate > 10000) inputVal -= 4;
    return inputVal;
}
```

以临时变量取代对参数的赋值动作，得到下列代码：

```
int discount (int inputVal, int quantity, int yearToDate) {
    int result = inputVal;
    if (inputVal > 50) result -= 2;
    if (quantity > 100) result -= 1;
    if (yearToDate > 10000) result -= 4;
    return result;
}
```

还可以为参数加上关键词 final，从而强制它遵循"不对参数赋值"这一惯例：

```
int discount (final int inputVal, final int quantity, final int yearToDate) {
    int result = inputVal;
    if (inputVal > 50) result -= 2;
    if (quantity > 100) result -= 1;
    if (yearToDate > 10000) result -= 4;
    return result;
}
```

不过我得承认，我并不经常使用final来修饰参数，因为我发现，对于提高短函数的清晰度，这个办法并无太大帮助。我通常会在较长的函数中使用它，让它帮助我检查参数是否被做了修改。

Java 的按值传递

Java使用按值传递的函数调用方式，这常常造成许多人迷惑。在所有地点，Java都严格采用按值传递方式，所以下列程序：

```java
class Param {
  public static void main(String[] args) {
      int x = 5;
      triple(x);
      System.out.println("x after triple: " + x);
  }
  private static void triple(int arg) {
      arg = arg * 3;
      System.out.println("arg in triple: " + arg);
  }
}
```

会产生这样的输出：

```
arg in triple: 15
x after triple: 5
```

这段代码还不至于让人糊涂。但如果参数中传递的是对象，就可能把人弄迷糊了。如果我在程序中以Date对象表示日期，那么下列程序：

```java
class Param {

  public static void main(String[] args) {
      Date d1 = new Date("1 Apr 98");
      nextDateUpdate(d1);
      System.out.println("d1 after nextDay: " + d1);

      Date d2 = new Date("1 Apr 98");
      nextDateReplace(d2);
      System.out.println("d2 after nextDay: " + d2);
  }

  private static void nextDateUpdate(Date arg) {
      arg.setDate(arg.getDate() + 1);
      System.out.println("arg in nextDay: " + arg);
  }

  private static void nextDateReplace(Date arg) {
      arg = new Date(arg.getYear(), arg.getMonth(), arg.getDate() + 1);
      System.out.println("arg in nextDay: " + arg);
  }
}
```

产生的输出是：

```
arg in nextDay: Thu Apr 02 00:00:00 EST 1998
d1 after nextDay: Thu Apr 02 00:00:00 EST 1998
arg in nextDay: Thu Apr 02 00:00:00 EST 1998
d2 after nextDay: Wed Apr 01 00:00:00 EST 1998
```

从本质上说，对象的引用是按值传递的。因此，我可以修改参数对象的内部状态，但对参数对象重新赋值是没有意义的。

Java 1.1及其后版本允许将参数标示为final，从而避免函数中对参数赋值。即使某个参数被标示为final，仍然可以修改它所指向的对象。我总是把参数视为final，但是我得承认，我很少在参数列表中这样标示它们。

6.8 Replace Method with Method Object（以函数对象取代函数）

你有一个大型函数，其中对局部变量的使用使你无法采用*Extract Method* (110)。

将这个函数放进一个单独对象中，如此一来局部变量就成了对象内的字段。然后你可以在同一个对象中将这个大型函数分解为多个小型函数。

```
class Order...
  double price() {
    double primaryBasePrice;
    double secondaryBasePrice;
    double tertiaryBasePrice;
    // long computation;
    ...
  }
```

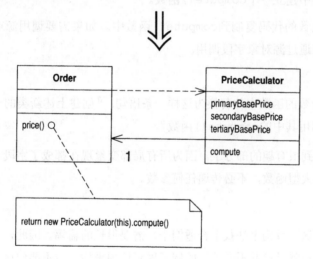

动机

我在本书中不断向读者强调小型函数的优美动人。只要将相对独立的代码从大型函数中提炼出来，就可以大大提高代码的可读性。

但是，局部变量的存在会增加函数分解难度。如果一个函数之中局部变量泛滥成灾，那么想分解这个函数是非常困难的。*Replace Temp with Query* (120)可以助你减轻这一负担，但有时候你会发现根本无法拆解一个需要拆解的函数。这种情况下，你应该把手伸进工具箱的深处，祭出函数对象（method object）[Beck]这件法宝。

Replace Method with Method Object (135)会将所有局部变量都变成函数对象的字段，然后你就可以对这个新对象使用*Extract Method* (110)创造出新函数，从而将原本的大型函数拆解变短。

做法

我厚着脸皮从Kent Beck [Beck]那里偷来了下列做法。

- ❑ 建立一个新类，根据待处理函数的用途，为这个类命名。

- ❑ 在新类中建立一个final字段，用以保存原先大型函数所在的对象。我们将这个字段称为"源对象"。同时，针对原函数的每个临时变量和每个参数，在新类中建立一个对应的字段保存之。

- ❑ 在新类中建立一个构造函数，接收源对象及原函数的所有参数作为参数。

- ❑ 在新类中建立一个compute()函数。

- ❑ 将原函数的代码复制到compute()函数中。如果需要调用源对象的任何函数，请通过源对象字段调用。

- ❑ 编译。

- ❑ 将旧函数的函数本体替换为这样一条语句："创建上述新类的一个新对象，而后调用其中的compute()函数"。

现在进行到很有趣的部分了。因为所有局部变量现在都成了字段，所以你可以任意分解这个大型函数，不必传递任何参数。

范例

如果要给这一重构手法找个合适例子，需要很长的篇幅。因此，我以一个不需要很长篇幅（也就是说并不完美）的例子展示这项重构。请不要问这个函数的逻辑是什么，这完全是我临时杜撰的产物。

```
Class Account
    int gamma (int inputVal, int quantity, int yearToDate) {
        int importantValue1 = (inputVal * quantity) + delta();
        int importantValue2 = (inputVal * yearToDate) + 100;
        if ((yearToDate - importantValue1) > 100)
            importantValue2 -= 20;
        int importantValue3 = importantValue2 * 7;
        // and so on.
        return importantValue3 - 2 * importantValue1;
    }
```

为了把这个函数变成一个函数对象，我首先需要声明一个新类。在此新类中我应该提供一个final字段用以保存源对象；对于函数的每一个参数和每一个临时变量，也以一个字段逐一保存。

```
class Gamma...
  private final Account _account;
  private int inputVal;
  private int quantity;
  private int yearToDate;
  private int importantValue1;
  private int importantValue2;
  private int importantValue3;
```

按惯例，我通常会以下划线作为字段名称的前缀。但为了保持小步前进，我暂时先保留这些字段的原名。

接下来，加入一个构造函数：

```
Gamma (Account source, int inputValArg, int quantityArg, int yearToDateArg) {
    _account = source;
    inputVal = inputValArg;
    quantity = quantityArg;
    yearToDate = yearToDateArg;
}
```

现在可以把原本的函数搬到compute()了。函数中任何调用Account类的地方，我都必须改而使用_account字段：

```
int compute () {
    importantValue1 = (inputVal * quantity) + _account.delta();
    importantValue2 = (inputVal * yearToDate) + 100;
    if ((yearToDate - importantValue1) > 100)
        importantValue2 -= 20;
    int importantValue3 = importantValue2 * 7;
    // and so on.
    return importantValue3 - 2 * importantValue1;
}
```

然后，我修改旧函数，让它将它的工作委托给刚完成的这个函数对象：

```
int gamma (int inputVal, int quantity, int yearToDate) {
    return new Gamma(this, inputVal, quantity, yearToDate).compute();
}
```

这就是本项重构的基本原则。它带来的好处是：现在我可以轻松地对compute()
函数采取*Extract Method* (110)，不必担心参数传递的问题。

```
int compute() {
    importantValue1 = (inputVal * quantity) + _account.delta();
    importantValue2 = (inputVal * yearToDate) + 100;
    importantThing();
    int importantValue3 = importantValue2 * 7;
    // and so on.
    return importantValue3 - 2 * importantValue1;
}

void importantThing() {
    if ((yearToDate - importantValue1) > 100)
        importantValue2 -= 20;
}
```

6.9   Substitute Algorithm（替换算法）

你想要把某个算法替换为另一个更清晰的算法。

将函数本体替换为另一个算法。

```
String foundPerson(String[] people) {
    for (int i = 0; i < people.length; i++) {
        if (people[i].equals("Don")) {
            return "Don";
        }
        if (people[i].equals("John")) {
            return "John";
        }
        if (people[i].equals("Kent")) {
            return "Kent";
        }
    }
    return "";
}
```

```
String foundPerson(String[] people) {
    List candidates = Arrays.asList(new String[] { "Don", "John", "Kent" });
    for (int i = 0; i < people.length; i++)
        if (candidates.contains(people[i]))
            return people[i];
    return "";
}
```

动机

解决问题有好几种方法，我敢打赌其中某些方法会比另一些简单。算法也是如此。如果你发现做一件事可以有更清晰的方式，就应该以较清晰的方式取代复杂的方式。"重构"可以把一些复杂东西分解为较简单的小块,但有时你就必须壮士断腕，删掉整个算法，代之以较简单的算法。随着对问题有了更多理解，你往往会发现，在原先的做法之外，有更简单的解决方案，此时你就需要改变原先的算法。如果你开始使用程序库，而其中提供的某些功能/特性与你自己的代码重复，那么你也需要改变原先的算法。

有时候你会想要修改原先的算法，让它去做一件与原先略有差异的事。这时候你也可以先把原先的算法替换为一个较易修改的算法，这样后续的修改会轻松许多。

使用这项重构手法之前，请先确定自己已经尽可能分解了原先函数。替换一个巨大而复杂的算法是非常困难的，只有先将它分解为较简单的小型函数，然后你才能很有把握地进行算法替换工作。

做法

❑ 准备好另一个（替换用）算法，让它通过编译。

❑ 针对现有测试，执行上述的新算法。如果结果与原本结果相同，重构结束。

❑ 如果测试结果不同于原先，在测试和调试过程中，以旧算法为比较参照标准。

⇒ 对于每个测试用例，分别以新旧两种算法执行，并观察两者结果是否相同。这可以帮助你看到哪一个测试用例出现麻烦，以及出现了怎样的麻烦。

第 7 章

在对象之间搬移特性

在对象的设计过程中，"决定把责任放在哪儿"即使不是最重要的事，也是最重要的事之一。我使用对象技术已经十多年了，但还是不能一开始就保证做对。这曾经让我很烦恼，但现在我知道，在这种情况下，可以运用重构，改变自己原先的设计。

常常我只需要使用 *Move Method* (142) 和 *Move Field* (146) 简单地移动对象行为，就可以解决这些问题。如果这两个重构手法都需要用到，我会首先使用 *Move Field* (146)，再使用 *Move Method* (142)。

类往往会因为承担过多责任而变得臃肿不堪。这种情况下，我会使用 *Extract Class* (149) 将一部分责任分离出去。如果一个类变得太"不负责任"，我就会使用 *Inline Class* (154) 将它融入另一个类。如果一个类使用了另一个类，运用 *Hide Delegate* (157) 将这种关系隐藏起来通常是有帮助的。有时候隐藏委托类会导致拥有者的接口经常变化，此时需要使用 *Remove Middle Man* (160)。

本章的最后两项重构——*Introduce Foreign Method* (162) 和 *Introduce Local Extension* (164) 比较特殊。只有当我不能访问某个类的源码，却又想把其他责任移进这个不可修改的类时，我才会使用这两个重构手法。如果我想加入的只是一或两个函数，就会使用 *Introduce Foreign Method* (162)；如果不止一两个函数，就使用 *Introduce Local Extension* (164)。

7.1   Move Method（搬移函数）

你的程序中,有个函数与其所驻类之外的另一个类进行更多交流:
调用后者，或被后者调用。

在该函数最常引用的类中建立一个有着类似行为的新函数。将旧函数变成一个单纯的委托函数，或是将旧函数完全移除。

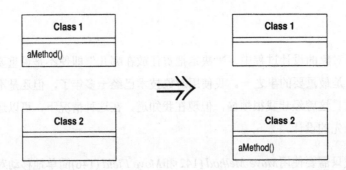

动机

"搬移函数"是重构理论的支柱。如果一个类有太多行为，或如果一个类与另一个类有太多合作而形成高度耦合，我就会搬移函数。通过这种手段，可以使系统中的类更简单，这些类最终也将更干净利落地实现系统交付的任务。

我常常会浏览类的所有函数，从中寻找这样的函数：使用另一个对象的次数比使用自己所驻对象的次数还多。一旦我移动了一些字段，就该做这样的检查。一旦发现有可能搬移的函数，我就会观察调用它的那一端、它调用的那一端，以及继承体系中它的任何一个重定义函数。然后，会根据"这个函数与哪个对象的交流比较多"，决定其移动路径。

这往往不是容易做出的决定。如果不能肯定是否应该移动一个函数，我就会继续观察其他函数。移动其他函数往往会让这项决定变得容易一些。有时候，即使你移动了其他函数，还是很难对眼下这个函数做出决定。其实这也没什么大不了的。如果真的很难做出决定，那么或许"移动这个函数与否"并不那么重要。所以，我会凭本能去做，反正以后总是可以修改的。

做法

❑ 检查源类中被源函数所使用的一切特性（包括字段和函数），考虑它们是否也该被搬移。

⇒ 如果某个特性只被你打算搬移的那个函数用到，就应该将它一并搬移。如果另有其他函数使用了这个特性，你可以考虑将使用该特性的所有函数全都一并搬移。有时候，搬移一组函数比逐一搬移简单些。

❑ 检查源类的子类和超类，看看是否有该函数的其他声明。

⇒ 如果出现其他声明，你或许无法进行搬移，除非目标类也同样表现出多态性。

❑ 在目标类中声明这个函数。

⇒ 你可以为此函数选择一个新名称——对目标类更有意义的名称。

❑ 将源函数的代码复制到目标函数中。调整后者，使其能在新家中正常运行。

⇒ 如果目标函数使用了源类中的特性，你得决定如何从目标函数引用源对象。如果目标类中没有相应的引用机制，就把源对象的引用当作参数，传给新建立的目标函数。

⇒ 如果源函数包含异常处理，你得判断逻辑上应该由哪个类来处理这一异常。如果应该由源类来负责，就把异常处理留在原地。

❑ 编译目标类。

❑ 决定如何从源函数正确引用目标对象。

⇒ 可能会有一个现成的字段或函数帮助你取得目标对象。如果没有，就看能否轻松建立一个这样的函数。如果还是不行，就得在源类中新建一个字段来保存目标对象。这可能是一个永久性修改，但你也可以让它是暂时的，因为后继的其他重构项目可能会把这个新建字段去掉。

❑ 修改源函数，使之成为一个纯委托函数。

❑ 编译，测试。

❑ 决定是否删除源函数，或将它当作一个委托函数保留下来。

⇒ 如果你经常要在源对象中引用目标函数,那么将源函数作为委托函数保留下来会比较简单。

❑ 如果要移除源函数，请将源类中对源函数的所有调用，替换为对目标函数的调用。

⇒ 你可以每修改一个引用点就编译并测试一次。也可以通过一次"查找／替换"改掉所有引用点，这通常简单一些。

❑　编译，测试。

范例

　　我用一个表示"账户"的Account类来说明这项重构：

```
class Account...
  double overdraftCharge() {
      if (_type.isPremium()) {
          double result = 10;
          if (_daysOverdrawn > 7) result += (_daysOverdrawn - 7) * 0.85;
          return result;
      }
      else return _daysOverdrawn * 1.75;
  }

  double bankCharge() {
      double result = 4.5;
      if (_daysOverdrawn > 0) result += overdraftCharge();
      return result;
  }
  private AccountType _type;
  private int _daysOverdrawn;
```

　　假设有几种新账户，每一种都有自己的"透支金额计费规则"。我希望将overdraftCharge()搬移到AccountType类去。

　　第一步要做的是：观察被overdraftCharge()使用的每一项特性，考虑是否值得将它们与overdraftCharge()一起移动。此例之中我需要让_daysOverdrawn字段留在Account类，因为这个值会随不同种类的账户而变化。然后，我将overdraftCharge()函数码复制到AccountType中，并做相应调整。

```
class AccountType...
  double overdraftCharge(int daysOverdrawn) {
      if (isPremium()) {
          double result = 10;
          if (daysOverdrawn > 7) result += (daysOverdrawn - 7) * 0.85;
          return result;
      } else
      return daysOverdrawn * 1.75;
  }
```

　　在这个例子中，"调整"的意思是：(1)对于使用AccountType特性的语句，去掉_type；(2)想办法得到依旧需要的Account类特性。当我需要使用源类的特性时，有4种选择：(1)将这个特性也移到目标类；(2)建立或使用一个从目标类到源类的引用关系；(3)将源对象当作参数传给目标函数；(4)如果所需特性是个变量，将它当作参数传给目标函数。

本例中，我将_daysOverdrawn变量作为参数传给目标函数（上述(4)）。

调整目标函数使之通过编译，而后就可以将源函数的函数本体替换为一个简单的委托动作，然后编译并测试：

```
class Account...
  double overdraftCharge() {
      return _type.overdraftCharge(_daysOverdrawn);
  }
```

我可以保留代码如今的样子，也可以删除源函数。如果决定删除，就得找出源函数的所有调用者，并将这些调用重新定向，改为调用Account的bankCharge()：

```
class Account...
  double bankCharge() {
      double result = 4.5;
      if (_daysOverdrawn > 0)
          result += _type.overdraftCharge(_daysOverdrawn);
      return result;
  }
```

所有调用点都修改完毕后，就可以删除源函数在Account中的声明了。我可以在每次删除之后编译并测试，也可以一次性批量完成。如果被搬移的函数不是private的，我还需要检查其他类是否使用了这个函数。在强类型语言中，删除源函数声明后，编译器会帮我发现任何遗漏。

此例之中被搬移函数只引用了一个字段，所以只需将这个字段作为参数传给目标函数就行了。如果被搬移函数调用了Account中的另一个函数，我就不能这么简单地处理。这种情况下必须将源对象传递给目标函数：

```
class AccountType...
  double overdraftCharge(Account account) {
      if (isPremium()) {
          double result = 10;
          if (account.getDaysOverdrawn() > 7)
              result += (account.getDaysOverdrawn() - 7) * 0.85;
          return result;
      } else
          return account.getDaysOverdrawn() * 1.75;
  }
```

如果需要源类的多个特性，那么我也会将源对象传递给目标函数。不过如果目标函数需要太多源类特性，就得进一步重构。通常这种情况下，我会分解目标函数，并将其中一部分移回源类。

7.2 Move Field（搬移字段）

在你的程序中，某个字段被其所驻类之外的另一个类更多地用到。

在目标类新建一个字段，修改源字段的所有用户，令它们改用新字段。

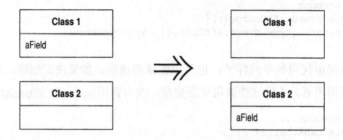

动机

在类之间移动状态和行为，是重构过程中必不可少的措施。随着系统的发展，你会发现自己需要新的类，并需要将现有的工作责任拖到新的类中。在这个星期看似合理而正确的设计决策，到了下个星期可能不再正确。这没问题。如果你从来没遇到这种情况，那才有问题。

如果我发现，对于一个字段，在其所驻类之外的另一个类中有更多函数使用了它，我就会考虑搬移这个字段。上述所谓"使用"可能是通过设值/取值函数间接进行的。我也可能移动该字段的用户（某个函数），这取决于是否需要保持接口不受变化。如果这些函数看上去很适合待在原地，我就选择搬移字段。

使用*Extract Class* (149)时，我也可能需要搬移字段。此时我会先搬移字段，然后再搬移函数。

做法

❑ 如果字段的访问级是public，使用*Encapsulate Field* (206)将它封装起来。

⇒ 如果你有可能移动那些频繁访问该字段的函数，或如果有许多函数访问某个字段，先使用*Self Encapsulate Field* (171)也许会有帮助。

❑ 编译，测试。

❑ 在目标类中建立与源字段相同的字段，并同时建立相应的设值/取值函数。

❑ 编译目标类。

□ 决定如何在源对象中引用目标对象。

   ⇒ 首先看是否有一个现成的字段或函数可以助你得到目标对象。如果没有，就看能否轻易建立这样一个函数。如果还不行，就得在源类中新建一个字段来存放目标对象。这可能是个永久性修改，但你也可以让它是暂时的，因为后续重构可能会把这个新建字段除掉。

□ 删除源字段。

□ 将所有对源字段的引用替换为对某个目标函数的调用。

   ⇒ 如果需要读取该变量，就把对源字段的引用替换为对目标取值函数的调用；如果要对该变量赋值，就把对源字段的引用替换成对设值函数的调用。

   ⇒ 如果源字段不是private的，就必须在源类的所有子类中查找源字段的引用点，并进行相应替换。

□ 编译，测试。

范例

下面是Account类的部分代码：

```
class Account...
  private AccountType _type;
  private double _interestRate;

  double interestForAmount_days (double amount, int days) {
    return _interestRate * amount * days / 365;
  }
}
```

我想把表示利率的_interestRate搬移到AccountType类去。目前已有数个函数引用了它，interestForAmount_days()就是其一。下一步我要在Account-Type中建立_interestRate字段以及相应的访问函数：

```
class AccountType...
  private double _interestRate;

  void setInterestRate (double arg) {
    _interestRate = arg;
  }

  double getInterestRate () {
    return _interestRate;
  }
}
```

这时候我可以编译新的AccountType类了。

现在，我需要让Account类中访问_interestRate字段的函数转而使用Account-Type对象，然后删除Account类中的_interestRate字段。我必须删除源字段，才能保证其访问函数的确改变了操作对象，因为编译器会帮我指出未被正确修改的函数。

```
private double _interestRate;

double interestForAmount_days (double amount, int days) {
    return _type.getInterestRate() * amount * days / 365;
}
```

范例：使用 Self-Encapsulation

如果有很多函数已经使用了_interestRate字段，我应该先运用*Self Encapsulate Field* (171) （自我封装）：

```
class Account...
  private AccountType _type;
  private double _interestRate;

  double interestForAmount_days(double amount, int days) {
      return getInterestRate() * amount * days / 365;
  }

  private void setInterestRate(double arg) {
      _interestRate = arg;
  }

  private double getInterestRate() {
      return _interestRate;
  }
```

这样，在搬移字段之后，我就只需要修改访问函数：

```
double interestForAmountAndDays(double amount, int days) {
    return getInterestRate() * amount * days / 365;
}

private void setInterestRate(double arg) {
    _type.setInterestRate(arg);
}

private double getInterestRate() {
    return _type.getInterestRate();
}
```

以后若有必要，我可以修改访问函数的用户，让它们使用新对象。*Self Encapsulate Field* (171)使我得以保持小步前进。如果我需要对类做许多处理，保持小步前进是有帮助的。特别值得一提的是：首先使用*Self Encapsulate Field* (171)使我得以更轻松使用*Move Method* (142)将函数搬移到目标类中。如果待搬移函数引用了字段的访问函数，那些引用点是无须修改的。

7.3 Extract Class（提炼类）

某个类做了应该由两个类做的事。

建立一个新类，将相关的字段和函数从旧类搬移到新类。

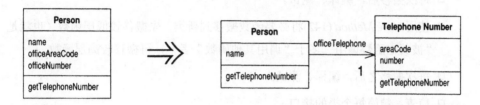

动机

你也许听过类似这样的教诲：一个类应该是一个清楚的抽象，处理一些明确的责任。但是在实际工作中，类会不断成长扩展。你会在这儿加入一些功能，在那儿加入一些数据。给某个类添加一项新责任时，你会觉得不值得为这项责任分离出一个单独的类。于是，随着责任不断增加，这个类会变得过分复杂。很快，你的类就会变成一团乱麻。

这样的类往往含有大量函数和数据。这样的类往往太大而不易理解。此时你需要考虑哪些部分可以分离出去，并将它们分离到一个单独的类中。如果某些数据和某些函数总是一起出现，某些数据经常同时变化甚至彼此相依，这就表示你应该将它们分离出去。一个有用的测试就是问你自己，如果你搬移了某些字段和函数，会发生什么事？其他字段和函数是否因此变得无意义？

另一个往往在开发后期出现的信号是类的子类化方式。如果你发现子类化只影响类的部分特性，或如果你发现某些特性需要以一种方式来子类化，某些特性则需要以另一种方式子类化，这就意味你需要分解原来的类。

做法

- ❑ 决定如何分解类所负的责任。

- ❑ 建立一个新类，用以表现从旧类中分离出来的责任。

  ⇒ 如果旧类剩下的责任与旧类名称不符，为旧类更名。

❑ 建立"从旧类访问新类"的连接关系。

⇨ 有可能需要一个双向连接。但是在真正需要它之前，不要建立"从新类通往旧类"的连接。

❑ 对于你想搬移的每一个字段，运用*Move Field* (146)搬移之。

❑ 每次搬移后，编译、测试。

❑ 使用*Move Method* (142)将必要函数搬移到新类。先搬移较低层函数（也就是"被其他函数调用"多于"调用其他函数"者），再搬移较高层函数。

❑ 每次搬移之后，编译、测试。

❑ 检查，精简每个类的接口。

⇨ 如果你建立起双向连接，检查是否可以将它改为单向连接。

❑ 决定是否公开新类。如果你的确需要公开它，就要决定让它成为引用对象还是不可变的值对象。

范例

我们从一个简单的Person类开始：

```
class Person...
  public String getName() {
      return _name;
  }
  public String getTelephoneNumber() {
      return ("(" + _officeAreaCode + ") " + _officeNumber);
  }
  String getOfficeAreaCode() {
      return _officeAreaCode;
  }
  void setOfficeAreaCode(String arg) {
      _officeAreaCode = arg;
  }
  String getOfficeNumber() {
      return _officeNumber;
  }
  void setOfficeNumber(String arg) {
      _officeNumber = arg;
  }

  private String _name;
  private String _officeAreaCode;
  private String _officeNumber;
```

在这个例子中，我可以将与电话号码相关的行为分离到一个独立类中。首先我要定义一个TelephoneNumber类来表示"电话号码"这个概念：

```
class TelephoneNumber {
}
```

易如反掌！然后，我要建立从Person到TelephoneNumber的连接：

```
class Person
  private TelephoneNumber _officeTelephone = new TelephoneNumber();
```

现在，我运用*Move Field* (146)移动一个字段：

```
class TelephoneNumber {
  String getAreaCode() {
      return _areaCode;
  }
  void setAreaCode(String arg) {
      _areaCode = arg;
  }
  private String _areaCode;
}
class Person...
public String getTelephoneNumber() {
    return ("(" + getOfficeAreaCode() + ") " + _officeNumber);
}
String getOfficeAreaCode() {
    return _officeTelephone.getAreaCode();
}
void setOfficeAreaCode(String arg) {
    _officeTelephone.setAreaCode(arg);
}
```

然后我可以移动其他字段，并运用*Move Method* (142)将相关函数移动到Telep-honeNumber类中：

```
class Person...
  public String getName() {
      return _name;
  }
  public String getTelephoneNumber() {
      return _officeTelephone.getTelephoneNumber();
  }
  TelephoneNumber getOfficeTelephone() {
      return _officeTelephone;
  }

  private String _name;
  private TelephoneNumber _officeTelephone = new TelephoneNumber();
```

7

```
class TelephoneNumber...
  public String getTelephoneNumber() {
      return ("(" + _areaCode + ") " + _number);
  }

  String getAreaCode() {
      return _areaCode;
  }

  void setAreaCode(String arg) {
      _areaCode = arg;
  }

  String getNumber() {
      return _number;
  }

  void setNumber(String arg) {
      _number = arg;
  }
  private String _number;
  private String _areaCode;
```

下一步要做的决定是：要不要对用户公开这个新类？我可以将Person中与电话号码相关的函数委托至TelephoneNumber，从而完全隐藏这个新类；也可以直接将它对用户公开。我还可以将它公开给部分用户（位于同一个包中的用户），而不公开给其他用户。

如果我选择公开新类，就需要考虑别名带来的危险。如果我公开了Telephone-Number，而有个用户修改了对象中的_areaCode字段值，我又怎么能知道呢？而且，做出修改的可能不是直接用户，而是用户的用户的用户。

面对这个问题，我有下列几种选择。

1. 允许任何对象修改TelephoneNumber对象的任何部分。这就使得TelephoneNumber对象成为引用对象，于是我应该考虑使用*Change Value to Reference* (179)。这种情况下，Person应该是TelephoneNumber的访问点。

2. 不许任何人不通过Person对象就修改TelephoneNumber对象。为此，我可以将TelephoneNumber设为不可修改的，或为它提供一个不可修改的接口。

3. 另一个办法是：先复制一个TelephoneNumber对象，然后将复制得到的新对象传递给用户。但这可能会造成一定程度的迷惑，因为人们会认为他们可以修改 `TelephoneNumber` 对象值。此外，如果同一个 `TelephoneNumber` 对象被传递给多个用户，也可能在用户之间造成别名问题。

Extract Class (149)是改善并发程序的一种常用技术，因为它使你可以为提炼后的两个类分别加锁。如果你不需要同时锁定两个对象，就不必这样做。这方面的更多信息请看Lea[Lea]的3.3节。

这里也存在危险性。如果需要确保两个对象被同时锁定，你就面临事务问题，需要使用其他类型的共享锁。正如Lea[Lea]的8.1节所讨论的，这是一个复杂领域，比起一般情况需要更繁重的机制。事务很有实用性，但是编写事务管理程序则超出了大多数程序员的职责范围。

7.4　Inline Class（将类内联化）

某个类没有做太多事情。

将这个类的所有特性搬移到另一个类中，然后移除原类。

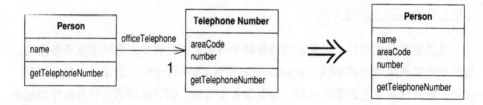

动机

Inline Class (154)正好与*Extract Class* (149)相反。如果一个类不再承担足够责任、不再有单独存在的理由（这通常是因为此前的重构动作移走了这个类的责任），我就会挑选这一"萎缩类"的最频繁用户（也是个类），以*Inline Class* (154)手法将"萎缩类"塞进另一个类中。

做法

❑ 在目标类身上声明源类的public协议，并将其中所有函数委托至源类。

⇒ 如果"以一个独立接口表示源类函数"更合适的话，就应该在内联之前先使用*Extract Interface* (341)。

❑ 修改所有源类引用点，改而引用目标类。

⇒ 将源类声明为private，以斩断包之外的所有引用可能。同时修改源类的名称，这便可使编译器帮助你捕捉到所有对于源类的隐藏引用点。

❑ 编译，测试。

❑ 运用*Move Method* (142)和*Move Field* (146)，将源类的特性全部搬移到目标类。

❑ 为源类举行一个简单的"丧礼"。

范例

先前（上个重构项）我从TelephoneNumber提炼出另一个类，现在我要将它塞回到Person去。一开始这两个类是分离的：

```
class Person...
  public String getName() {
      return _name;
  }
  public String getTelephoneNumber() {
      return _officeTelephone.getTelephoneNumber();
  }
  TelephoneNumber getOfficeTelephone() {
      return _officeTelephone;
  }

  private String _name;
  private TelephoneNumber _officeTelephone = new TelephoneNumber();

class TelephoneNumber...
  public String getTelephoneNumber() {
      return ("(" + _areaCode + ") " + _number);
  }
  String getAreaCode() {
      return _areaCode;
  }
  void setAreaCode(String arg) {
      _areaCode = arg;
  }
  String getNumber() {
      return _number;
  }
  void setNumber(String arg) {
      _number = arg;
  }
  private String _number;
  private String _areaCode;
```

首先我在Person中声明TelephoneNumber的所有"可见"（public）函数：

```
class Person...
  String getAreaCode() {
      return _officeTelephone.getAreaCode();
  }
```

```
    void setAreaCode(String arg) {
      _officeTelephone.setAreaCode(arg);
    }
  String getNumber() {
      return _officeTelephone.getNumber();
    }
    void setNumber(String arg) {
      _officeTelephone.setNumber(arg);
    }
```

现在，我要找出TelephoneNumber的所有用户，让它们转而使用Person的接口。于是下列代码：

```
Person martin = new Person();
martin.getOfficeTelephone().setAreaCode ("781");
```

就变成了：

```
Person martin = new Person();
martin.setAreaCode ("781");
```

现在，我可以反复使用*Move Method* (142)和*Move Field* (146)，直到Telephone-Number不复存在。

7.5 Hide Delegate（隐藏"委托关系"）

客户通过一个委托类来调用另一个对象。

在服务类上建立客户所需的所有函数，用以隐藏委托关系。

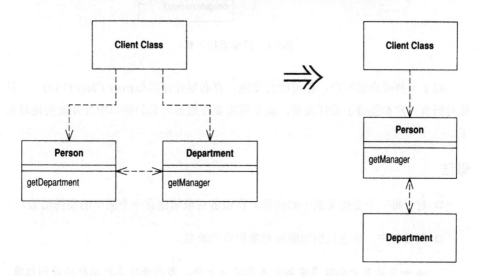

动机

"封装"即使不是对象的最关键特征，也是最关键特征之一。"封装"意味每个对象都应该尽可能少了解系统的其他部分。如此一来，一旦发生变化，需要了解这一变化的对象就会比较少——这会使变化比较容易进行。

任何学过对象技术的人都知道：虽然Java允许将字段声明为public，但你还是应该隐藏对象的字段。随着经验日渐丰富，你会发现，有更多可以（而且值得）封装的东西。

如果某个客户先通过服务对象的字段得到另一个对象，然后调用后者的函数，那么客户就必须知晓这一层委托关系。万一委托关系发生变化，客户也得相应变化。你可以在服务对象上放置一个简单的委托函数，将委托关系隐藏起来，从而去除这种依赖（如图7-1所示）。这么一来，即便将来发生委托关系上的变化，变化也将被限制在服务对象中，不会波及客户。

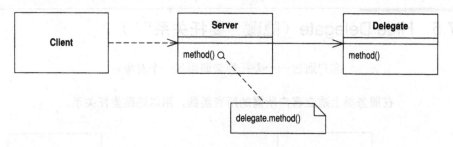

图7-1　简单委托关系

对于某些或全部客户，你可能会发现，有必要先使用*Extract Class* (149)。一旦你对所有客户都隐藏了委托关系，就不再需要在服务对象的接口中公开被委托对象了。

做法

□ 对于每一个委托关系中的函数，在服务对象端建立一个简单的委托函数。

□ 调整客户，令它只调用服务对象提供的函数。

⇒ 如果使用者和服务提供者不在同一个包，考虑修改委托函数的访问权限，让客户得以在包之外调用它。

□ 每次调整后，编译并测试。

□ 如果将来不再有任何客户需要取用图7-1所示的Delegate（受托类），便可移除服务对象中的相关访问函数。

□ 编译，测试。

范例

本例从两个类开始：代表"人"的Person和代表"部门"的Department：

```
class Person {
  Department _department;

  public Department getDepartment() {
      return _department;
  }
```

```
  public void setDepartment(Department arg) {
      _department = arg;
  }
}

class Department {
  private String _chargeCode;
  private Person _manager;

  public Department(Person manager) {
      _manager = manager;
  }

  public Person getManager() {
      return _manager;
  }
  ...
```

如果客户希望知道某人的经理是谁，他必须先取得Department对象：

```
manager = john.getDepartment().getManager();
```

这样的编码就是对客户揭露了Department的工作原理，于是客户知道：Department用以追踪“经理”这条信息。如果对客户隐藏Department，可以减少耦合。为了这一目的，我在Person中建立一个简单的委托函数：

```
public Person getManager() {
    return _department.getManager();
}
```

现在，我得修改Person的所有客户，让它们改用新函数：

```
manager = john.getManager();
```

只要完成了对Department所有函数的委托关系，并相应修改了Person的所有客户，我就可以移除Person中的访问函数getDepartment()了。

7.6　Remove Middle Man（移除中间人）

某个类做了过多的简单委托动作。

让客户直接调用受托类。

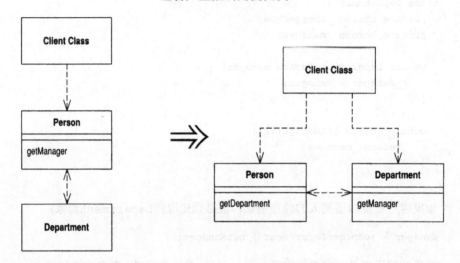

动机

在 *Hide Delegate* (157)的"动机"一节中，我谈到了"封装受托对象"的好处。但是这层封装也是要付出代价的，它的代价就是：每当客户要使用受托类的新特性时，你就必须在服务端添加一个简单委托函数。随着受托类的特性（功能）越来越多，这一过程会让你痛苦不已。服务类完全变成了一个"中间人"，此时你就应该让客户直接调用受托类。

很难说什么程度的隐藏才是合适的。还好，有了 *Hide Delegate* (157)和 *Remove Middle Man* (160)，你大可不必操心这个问题，因为你可以在系统运行过程中不断进行调整。随着系统的变化，"合适的隐藏程度"这个尺度也相应改变。6 个月前恰如其分的封装，现今可能就显得笨拙。重构的意义就在于：你永远不必说对不起——只要把出问题的地方修补好就行了。

做法

- ❑ 建立一个函数，用以获得受托对象。
- ❑ 对于每个委托函数，在服务类中删除该函数，并让需要调用该函数的客户转为调用受托对象。
- ❑ 处理每个委托函数后，编译、测试。

范例

我将以另一种方式使用先前用过的"人与部门"例子。还记得吗，上一项重构结束时，Person将Department隐藏起来了：

```
class Person...
  Department _department;
  public Person getManager() {
    return _department.getManager();

class Department...
  private Person _manager;
  public Department (Person manager) {
    _manager = manager;
}
```

为了找出某人的经理，客户代码可能这样写：

```
manager = john.getManager();
```

像这样，使用和封装Department都很简单。但如果大量函数都这么做，我就不得不在Person之中安置大量委托行为。这就该是移除中间人的时候了。首先在Person中建立一个函数用于获得受托对象：

```
class Person...
  public Department getDepartment() {
    return _department;
  }
```

然后逐一处理每个委托函数。针对每一个这样的函数，我要找出通过Person使用的函数，并对它进行修改，使它首先获得受托对象，然后直接使用后者：

```
manager = john.getDepartment().getManager();
```

然后我就可以删除Person的getManager()函数。如果我遗漏了什么，编译器会告诉我。

为方便起见，我也可能想要保留一部分委托关系。此外，我也可能希望对某些客户隐藏委托关系，并让另一些用户直接使用受托对象。基于这些原因，一些简单的委托关系（以及对应的委托函数）也可能被留在原地。

7.7   Introduce Foreign Method（引入外加函数）

你需要为提供服务的类增加一个函数，但你无法修改这个类。

在客户类中建立一个函数，并以第一参数形式传入一个服务类实例。

```
Date newStart = new Date (previousEnd.getYear(),
                previousEnd.getMonth(), previousEnd.getDate() + 1);
```

```
Date newStart = nextDay(previousEnd);

private static Date nextDay(Date arg) {
    return new Date (arg.getYear(),arg.getMonth(), arg.getDate() + 1);
}
```

动机

这种事情发生过太多次了：你正在使用一个类，它真的很好，为你提供了需要的所有服务。而后，你又需要一项新服务，这个类却无法供应。于是你开始咒骂："为什么不能做这件事？"如果可以修改源码，你便可以自行添加一个新函数；如果不能，你就得在客户端编码，补足你要的那个函数。

如果客户类只使用这项功能一次，那么额外编码工作没什么大不了，甚至可能根本不需要原本提供服务的那个类。然而，如果你需要多次使用这个函数，就得不断重复这些代码。还记得吗，重复代码是软件万恶之源。这些重复代码应该被抽出来放进同一个函数中。进行本项重构时，如果你以外加函数实现一项功能，那就是一个明确信号：这个函数原本应该在提供服务的类中实现。

如果你发现自己为一个服务类建立了大量外加函数，或者发现有许多类都需要同样的外加函数，就不应该再使用本项重构，而应该使用*Introduce Local Extension* (164)。

但是不要忘记：外加函数终归是权宜之计。如果有可能，你仍然应该将这些函数搬移到它们的理想家园。如果由于代码所有权的原因使你无法做这样的搬移，就把外加函数交给服务类的拥有者，请他帮你在服务类中实现这个函数。

做法

- 在客户类中建立一个函数，用来提供你需要的功能。

  ⇒ 这个函数不应该调用客户类的任何特性。如果它需要一个值，把该值当作参数传给它。

- 以服务类实例作为该函数的第一个参数。

- 将该函数注释为："外加函数（foreign method），应在服务类实现。"

  ⇒ 这么一来，如果将来有机会将外加函数搬移到服务类中时，你便可以轻松找出这些外加函数。

范例

程序中，我需要跨过一个收费周期。原本代码像这样：

```
Date newStart = new Date (previousEnd.getYear(),
    previousEnd.getMonth(), previousEnd.getDate() + 1);
```

我可以将赋值运算右侧代码提炼到一个独立函数中。这个函数就是Date类的一个外加函数：

```
Date newStart = nextDay(previousEnd);

private static Date nextDay(Date arg) {
// foreign method, should be on date
    return new Date (arg.getYear(),arg.getMonth(), arg.getDate() + 1);
}
```

7.8　Introduce Local Extension（引入本地扩展）

你需要为服务类提供一些额外函数，但你无法修改这个类。

建立一个新类，使它包含这些额外函数。让这个扩展品成为源类的子类或包装类。

动机

很遗憾，类的作者无法预知未来，他们常常没能为你预先准备一些有用的函数。如果你可以修改源码，最好的办法就是直接加入自己需要的函数。但你经常无法修改源码。如果只需要一两个函数，你可以使用*Introduce Foreign Method* (162)。但如果你需要的额外函数超过两个，外加函数就很难控制它们了。所以，你需要将这些函数组织在一起，放到一个恰当地方去。要达到这一目的，两种标准对象技术——子类化（subclassing）和包装（wrapping）——是显而易见的办法。这种情况下，我把子类或包装类统称为本地扩展（local extension）。

所谓本地扩展是一个独立的类，但也是被扩展类的子类型；它提供源类的一切特性，同时额外添加新特性。在任何使用源类的地方，你都可以使用本地扩展取而代之。

使用本地扩展使你得以坚持"函数和数据应该被统一封装"的原则。如果你一直把本该放在扩展类中的代码零散地放置于其他类中，最终只会让其他这些类变得过分复杂，并使得其中函数难以被复用。

在子类和包装类之间做选择时，我通常首选子类，因为这样的工作量比较少。制作子类的最大障碍在于，它必须在对象创建期实施。如果我可以接管对象创建过程，那当然没问题；但如果你想在对象创建之后再使用本地扩展，就有问题了。此外，子类化方案还必须产生一个子类对象，这种情况下，如果有其他对象引用了旧对象，我们就同时有两个对象保存了原数据！如果原数据是不可修改的，那也没问题，我可以放心进行复制；但如果原数据允许被修改，问题就来了，因为一个修改动作无法同时改变两份副本。这时候我就必须改用包装类。使用包装类时，对本地扩展的修改会波及原对象，反之亦然。

做法

- □ 建立一个扩展类，将它作为原始类的子类或包装类。

- □ 在扩展类中加入转型构造函数。

  - ⇒ 所谓"转型构造函数"是指"接受原对象作为参数"的构造函数。如果采用子类化方案，那么转型构造函数应该调用适当的超类构造函数；如果采用包装类方案，那么转型构造函数应该将它得到的传入参数以实例变量的形式保存起来，用作接受委托的原对象。

- □ 在扩展类中加入新特性。

- □ 根据需要，将原对象替换为扩展对象。

- □ 将针对原始类定义的所有外加函数搬移到扩展类中。

范例

我将以Java 1.0.1的Date类为例。Java 1.1已经提供了我想要的功能，但是在它到来之前的那段日子，很多时候我需要扩展Java 1.0.1的Date类。

第一件待决事项就是：使用子类还是包装类。子类化是比较显而易见的办法：

```
class MfDateSub extends Date {
  public MfDateSub nextDay()...
  public int dayOfYear()...
```

包装类则需用上委托：

```
class MfDateWrap {
  private Date _original;
```

范例：使用子类

首先，我要新建立一个MfDateSub[①]类来表示"日期"，并使其成为Date的子类：

```
class MfDateSub extends Date
```

然后，我需要处理Date和扩展类之间的不同处。MfDateSub构造函数需要委托给Date构造函数：

```
public MfDateSub (String dateString) {
    super (dateString);
};
```

现在，我需要加入一个转型构造函数，其参数是一个源类的对象：

```
public MfDateSub (Date arg) {
    super (arg.getTime());
}
```

现在，我可以在扩展类中添加新特性，并使用*Move Method* (142)将所有外加函数搬移到扩展类。于是，下面的代码：

```
client class...
  private static Date nextDay(Date arg) {
  // foreign method, should be on date
    return new Date (arg.getYear(),arg.getMonth(), arg.getDate() + 1);
}
```

经过搬移之后，就成了：

```
class MfDateSub...
  Date nextDay() {
    return new Date (getYear(),getMonth(), getDate() + 1);
}
```

范例：使用包装类

首先声明一个包装类：

```
class MfDateWrap {
  private Date _original;
}
```

使用包装类方案时，我对构造函数的设定与先前有所不同。现在的构造函数将只执行一个单纯的委托动作：

```
public MfDateWrap (String dateString) {
  _original = new Date(dateString);
};
```

---

① Mf是作者Martin Fowler的姓名缩写。——译者注

而转型构造函数则只是对其实例变量赋值而已：

```
public MfDateWrap (Date arg) {
    _original = arg;
}
```

接下来是一项枯燥乏味的工作：为原始类的所有函数提供委托函数。我只展示两个函数，其他函数的处理依此类推。

```
public int getYear() {
    return _original.getYear();
}

public boolean equals(Object arg) {
    if (this == arg)
        return true;
    if (!(arg instanceof MfDateWrap))
        return false;
    MfDateWrap other = ((MfDateWrap) arg);
    return (_original.equals(other._original));
}
```

完成这项工作之后，我就可以后使用*Move Method* (142)将日期相关行为搬移到新类中。于是以下代码：

```
client class...
  private static Date nextDay(Date arg) {
  // foreign method, should be on date
    return new Date (arg.getYear(),arg.getMonth(), arg.getDate() + 1);
}
```

经过搬移之后，就成了：

```
class MfDateWrap...
  Date nextDay() {
    return new Date (getYear(),getMonth(), getDate() + 1);
}
```

使用包装类有一个特殊问题：如何处理"接受原始类之实例为参数"的函数？例如：

```
public boolean after (Date arg)
```

由于无法改变原始类，所以我只能做到在一个方向上的兼容——包装类上的after()函数可以接受包装类或原始类的对象；但原始类的after()函数只能接受原始类对象，不接受包装类对象：

```
aWrapper.after(aDate)            // can be made to work
aWrapper.after(anotherWrapper)   // can be made to work
aDate.after(aWrapper)            // will not work
```

这样覆写的目的是为了向用户隐藏包装类的存在。这是一个好策略，因为包装类的用户的确不应该关心包装类的存在，的确应该可以同样地对待包装类和原始类。但是我无法完全隐藏包装类的存在，因为某些系统所提供的函数（例如equals()）会出问题。你可能会认为：你可以在MfDatewrap类中覆写equals()，像这样：

```
public boolean equals (Date arg)     // causes problems
```

但这样做是危险的，因为尽管我达到了自己的目的，但Java系统的其他部分都认为equals()符合交换律：如果a.equals(b)为真，那么b.equals(a)也必为真。违反这一规则将使我遭遇一大堆莫名其妙的错误。要避免这样的尴尬境地，唯一的办法就是修改Date类。但如果我能够修改Date，又何必进行此项重构？所以，在这种情况下，我只能向用户公开"我进行了包装"这一事实。我将以一个新函数来进行日期之间的相等性检查：

```
public boolean equalsDate (Date arg)
```

我可以重载equalsDate()，让一个重载版本接受Date对象，另一个重载版本接受MfDatewrap对象。这样我就不必检查未知对象的类型了：

```
public boolean equalsDate (MfDateWrap arg)
```

子类化方案中就没有这样的问题，只要我不覆写原函数就行了。但如果我覆写了原始类中的函数，那么寻找函数时，就会被搞得晕头转向。一般来说，我不会在扩展类中覆写原始类的函数，只会添加新函数。

第8章

重新组织数据

本章将介绍几个能让你更轻松处理数据的重构手法。很多人或许会认为*Self Encapsulate Field* (171)有点多余，但是关于"对象应该直接访问其中的数据，抑或应该通过访问函数来访问"这一问题，争论的声音从来不曾停止。有时候你确实需要访问函数，此时就可以通过*Self Encapsulate Field* (171)得到它们。通常我会选择"直接访问"方式，因为我发现，只要我想做，任何时候进行这项重构都是很简单的。

面向对象语言有一个很有用的特征：除了允许使用传统语言提供的简单数据类型，它们还允许你定义新类型。不过人们往往需要一段时间才能习惯这种编程方式。一开始你常会使用一个简单数值来表示某个概念。随着对系统的深入了解，你可能会明白，以对象表示这个概念，可能更合适。*Replace Value with Object* (175)让你可以将"哑"数据变成善表达的对象。如果你发现程序中有太多地方需要这一类对象，也可以使用*Change Value to Reference* (179)将它们变成引用对象。

如果你看到一个数组的行为方式很像一个数据结构，就可以使用*Replace Array with Object* (186)把数组变成对象，从而使这个数据结构更清晰地显露出来。但这只是第一步，当你使用*Move Method* (142)为这个新对象加入相应行为时，真正的好处才得以体现。

魔法数——也就是带有特殊含义的数字——从来都是个问题。我还清楚记得，一开始学习编程的时候，老师就告诉我不要使用魔法数。但它们还是不时出现。因此，只要弄清楚魔法数的用途，我就运用*Replace Magic Number with Symbolic Constant* (204)将它们除掉，以绝后患。

对象之间的关联可以是单向的，也可以是双向的。单向关联比较简单，但有时为了支持一项新功能，你需要使用*Change Unidirectional Association to Bidirectional* (197)将它变成双向关联。*Change Bidirectional Association to Unidirectional* (200)则恰恰相反：如果你发现不再需要双向关联，可以使用这项重构将它变成单向关联。

我常常遇到这样的情况：GUI类竟然去处理不该它们处理的业务逻辑。为了把这些处理业务逻辑的行为移到合适的领域类去，你需要在领域类中保存这些逻辑的相关数据，并运用*Duplicate Observed Data* (189)提供对GUI的支持。一般来说，我不喜欢重复的数据，但这是一个例外，因为这里的重复数据通常是不可避免的。

面向对象编程的关键原则之一就是封装。如果一个类公开了任何public数据，你就应该使用*Encapsulate Field* (206)将它郑重地包装起来。如果被公开的数据是个集合，就应该使用*Encapsulate Collection* (208)，因为集合有其特殊协议。如果一整条记录都被裸露在外，就应该使用*Replace Record with Data Class* (217)。

需要特别对待的一种数据是类型码（type code）：这是一种特殊数值，用来指出"与实例所属之类型相关的某些东西"。类型码通常以枚举形式出现，并且通常以static final整数实现。如果这些类型码用来表现某种信息，并且不会改变所属类型的行为，你可以运用*Replace Type Code with Class* (218)将它们替换掉，这项重构会为你提供更好的类型检查，以及一个更好的平台，使你可以在未来更方便地将相关行为添加进去。另外，如果当前类型的行为受到类型码的影响，你就应该尽可能使用*Replace Type Code with Subclasses* (223)。如果做不到，就只好使用更复杂（同时也更灵活）的*Replace Type Code with State/Strategy* (227)。

8.1　Self Encapsulate Field（自封装字段）

你直接访问一个字段，但与字段之间的耦合关系逐渐变得笨拙。

为这个字段建立取值/设值函数，并且只以这些函数来访问字段。

```
private int _low, _high;
boolean includes (int arg) {
    return arg >= _low && arg <= _high;
}
```

```
private int _low, _high;
boolean includes (int arg) {
    return arg >= getLow() && arg <= getHigh();
}
int getLow() {return _low;}
int getHigh() {return _high;}
```

动机

在"字段访问方式"这个问题上，存在两种截然不同的观点：其中一派认为，在该变量定义所在的类中，你可以自由访问它；另一派认为，即使在这个类中你也应该只使用访问函数间接访问。两派之间的争论可以说是如火如荼。（参见Auer在[Auer]p.413和Beck在[Beck]上的讨论。）

归根结底，间接访问变量的好处是，子类可以通过覆写一个函数而改变获取数据的途径；它还支持更灵活的数据管理方式，例如延迟初始化（意思是：只有在需要用到某值时，才对它初始化）。

直接访问变量的好处则是：代码比较容易阅读。阅读代码的时候，你不需要停下来说："啊，这只是个取值函数。"

面临选择时，我总是做两手准备。通常情况下我会很乐意按照团队中其他人的意愿来做。就我自己而言，我比较喜欢先使用直接访问方式，直到这种方式给我带来麻烦为止，此时我就会转而使用间接访问方式。重构给了我改变主意的自由。

如果你想访问超类中的一个字段，却又想在子类中将对这个变量的访问改为一个计算后的值，这就是最该使用 *Self Encapsulate Field* (171)的时候。"字段自我封装"只是第一步。完成自我封装之后，你可以在子类中根据自己的需要随意覆写取值/设值函数。

做法

- 为待封装字段建立取值/设值函数。

- 找出该字段的所有引用点，将它们全部改为调用取值/设值函数。

  ⇒ 如果引用点要读取字段值，就将它替换为调用取值函数；如果引用点要给字段赋值，就将它替换为调用设值函数。

  ⇒ 你可以暂时将该字段改名，让编译器帮助你查找引用点。

- 将该字段声明为private。

- 复查，确保找出所有引用点。

- 编译，测试。

范例

下面这个例子看上去有点过分简单。不过，嘿，起码它写起来很快：

```
class IntRange {

  private int _low, _high;

  boolean includes(int arg) {
      return arg >= _low && arg <= _high;
  }

  void grow(int factor) {
      _high = _high * factor;
  }
```

```
IntRange(int low, int high) {
    _low = low;
    _high = high;
}
```

为了封装_low和_high这两个字段，我先定义取值/设值函数（如果此前没有定义的话），并使用它们：

```
class IntRange {

  boolean includes(int arg) {
      return arg >= getLow() && arg <= getHigh();
  }

  void grow(int factor) {
      setHigh(getHigh() * factor);
  }

  private int _low, _high;

  int getLow() {
      return _low;
  }

  int getHigh() {
      return _high;
  }

  void setLow(int arg) {
      _low = arg;
  }

  void setHigh(int arg) {
      _high = arg;
  }
}
```

使用本项重构时，你必须小心对待"在构造函数中使用设值函数"的情况。一般说来，设值函数被认为应该在对象创建后才使用，所以初始化过程中的行为有可能与设值函数的行为不同。这种情况下，我也许在构造函数中直接访问字段，要不就是单独另建一个初始化函数：

```
IntRange(int low, int high) {
    initialize(low, high);
}

private void initialize(int low, int high) {
    _low = low;
    _high = high;
}
```

一旦你拥有一个子类，上述所有动作的价值就体现出来了。如下所示：

```
class CappedRange extends IntRange {

    CappedRange(int low, int high, int cap) {
        super(low, high);
        _cap = cap;
    }

    private int _cap;

    int getCap() {
        return _cap;
    }

    int getHigh() {
        return Math.min(super.getHigh(), getCap());
    }
}
```

现在，我可以在CappedRange中覆写getHigh()，从而加入对"范围上限"（cap）的考虑，而不必修改IntRange的任何行为。

8.2 Replace Data Value with Object（以对象取代数据值）

你有一个数据项，需要与其他数据和行为一起使用才有意义。

将数据项变成对象。

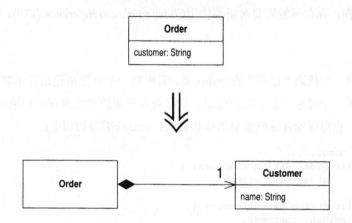

动机

开发初期，你往往决定以简单的数据项表示简单的情况。但是，随着开发的进行，你可能会发现，这些简单数据项不再那么简单了。比如说，一开始你可能会用一个字符串来表示"电话号码"概念，但是随后你就会发现，电话号码需要"格式化"、"抽取区号"之类的特殊行为。如果这样的数据项只有一两个，你还可以把相关函数放进数据项所属的对象里；但是Duplicate Code坏味道和Feature Envy坏味道很快就会从代码中散发出来。当这些坏味道开始出现，你就应该将数据值变成对象。

做法

- 为待替换数值新建一个类，在其中声明一个final字段，其类型和源类中的待替换数值类型一样。然后在新类中加入这个字段的取值函数，再加上一个接受此字段为参数的构造函数。

- 编译。

- 将源类中的待替换数值字段的类型改为前面新建的类。

- 修改源类中该字段的取值函数，令它调用新类的取值函数。

□ 如果源类构造函数中用到这个待替换字段（多半是赋值动作），我们就修改构造函数，令它改用新类的构造函数来对字段进行赋值动作。

□ 修改源类中待替换字段的设值函数，令它为新类创建一个实例。

□ 编译，测试。

□ 现在，你有可能需要对新类使用 *Change Value to Reference* (179)。

范例

下面有一个代表 "订单" 的 Order 类，其中以一个字符串记录订单客户。现在，我希望改用一个对象来表示客户信息，这样就有充裕的弹性保存客户地址、信用等级等信息，也得以安置这些信息的操作行为。Order 类最初如下：

```
class Order...
  public Order(String customer) {
      _customer = customer;
  }
  public String getCustomer() {
      return _customer;
  }
  public void setCustomer(String arg) {
      _customer = arg;
  }
  private String _customer;
```

使用 Order 类的代码可能像下面这样：

```
private static int numberOfOrdersFor(Collection orders, String customer) {
    int result = 0;
    Iterator iter = orders.iterator();
    while (iter.hasNext()) {
        Order each = (Order) iter.next();
        if (each.getCustomer().equals(customer)) result++;
    }
    return result;
}
```

首先，我要新建一个 Customer 类来表示 "客户" 概念。然后在这个类中建立一个 final 字段，用以保存一个字符串，这是 Order 类目前所使用的。我将这个新字段命名为 _name，因为这个字符串的用途就是记录客户名称。此外我还要为这个字符串加上取值函数和构造函数。

```
class Customer {
  public Customer(String name) {
      _name = name;
  }
```

```
    ublic String getName() {
        return _name;
    }
    private final String _name;
}
```

现在，我要将Order中的_customer字段的类型修改为Customer；并修改所有引用该字段的函数，让它们恰当地改而引用Customer对象。其中取值函数和构造函数的修改都很简单。至于设值函数，我让它创建一个customer实例。

```
class Order...
  public Order(String customer) {
      _customer = new Customer(customer);
  }
  public String getCustomer() {
      return _customer.getName();
  }
  private Customer _customer;
  public void setCustomer(String arg) {
      _customer = new Customer(arg);
  }
```

设值函数需要创建一个Customer实例，这是因为以前的字符串是个值对象（value object），所以现在的Customer对象也应该是个值对象。这也就意味每个Order对象都包含自己的一个Customer对象。注意这样一条规则：值对象应该是不可修改内容的——这便可以避免一些讨厌的别名问题。日后或许我会想让Customer对象成为引用对象（reference object），但那是另一项重构手法的责任。现在我可以编译并测试了。

我需要观察Order类中的_customer字段的操作函数，并做出一些修改，使它更好地反映出修改后的新形势。对于取值函数，我会使用*Rename Method* (273)改变其名称，让它更清晰地表示，它所返回的是消费者名称，而不是个Customer对象。

```
public String getCustomerName() {
    return _customer.getName();
}
```

至于构造函数和设值函数，我就不必修改其签名了，但参数名称得改：

```
public Order (String customerName) {
    _customer = new Customer(customerName);
}
public void setCustomer(String customerName) {
    _customer = new Customer(customerName);
}
```

后继的其他重构也许会添加"接受现有Customer对象作为参数"的构造函数和设值函数。

本次重构到此为止。但是，这个案例和其他很多案例一样，还需要一个后续步骤。如果想在Customer中加入信用等级、地址之类的其他信息，现在还做不到，因为目前的Customer还是作为值对象对待的，每个Order对象都拥有自己的Customer对象。为了给Customer类加上信用等级、地址之类的属性，我必须运用*Change Value to Reference* (179)，这么一来，属于同一客户的所有Order对象就可以共享同一个Customer对象了。马上你就可以看到这个例子。

8.3 Change Value to Reference（将值对象改为引用对象）

你从一个类衍生出许多彼此相等的实例，希望将它们替换为同一个对象。

将这个值对象变成引用对象。

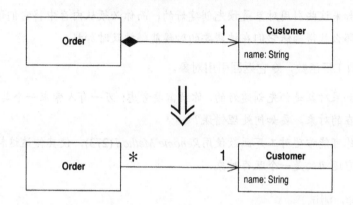

动机

在许多系统中，你都可以对对象做一个有用的分类：引用对象和值对象。前者就像"客户"、"账户"这样的东西，每个对象都代表真实世界中的一个实物，你可以直接以相等操作符（==，用来检验对象同一性）检查两个对象是否相等。后者则是像"日期"、"钱"这样的东西，它们完全由其所含的数据值来定义，你并不在意副本的存在，系统中或许存在成百上千个内容为"1/1/2000"的"日期"对象。当然，你也需要知道两个值对象是否相等，所以你需要覆写equals()（以及hashCode()）。

要在引用对象和值对象之间做选择有时并不容易。有时候，你会从一个简单的值对象开始，在其中保存少量不可修改的数据。而后，你可能会希望给这个对象加入一些可修改数据，并确保对任何一个对象的修改都能影响到所有引用此一对象的地方。这时候你就需要将这个对象变成一个引用对象。

做法

❑ 使用*Replace Constructor with Factory Method* (304)。

❑ 编译，测试。

❑ 决定由什么对象负责提供访问新对象的途径。

　　⇒ 可能是一个静态字典或一个注册表对象。

　　⇒ 你也可以使用多个对象作为新对象的访问点。

❑ 决定这些引用对象应该预先创建好，或是应该动态创建。

　　⇒ 如果这些引用对象是预先创建好的，而你必须从内存中将它们读取出来，
　　　 那么就得确保它们在被需要的时候能够被及时加载。

❑ 修改工厂函数，令它返回引用对象。

　　⇒ 如果对象是预先创建好的，你就需要考虑：万一有人索求一个其实并不存
　　　 在的对象，要如何处理错误？

　　⇒ 你可能希望对工厂函数使用*Rename Method* (273)，使其传达这样的信息：
　　　 它返回的是一个既存对象。

❑ 编译，测试。

范例

在*Replace Data Value with Object* (175)一节中，我留下了一个重构后的程序，本
节范例就从它开始。我们有下列的Customer类：

```
class Customer {
  public Customer(String name) {
      _name = name;
  }
  public String getName() {
      return _name;
  }
  private final String _name;
}
```

它被以下的Order类使用：

```
class Order...
  public Order(String customerName) {
      _customer = new Customer(customerName);
  }
  public void setCustomer(String customerName) {
      _customer = new Customer(customerName);
  }
  public String getCustomerName() {
      return _customer.getName();
  }
  private Customer _customer;
```

此外，还有一些代码也会使用Customer对象：

```
private static int numberOfOrdersFor(Collection orders, String customer) {
    int result = 0;
    Iterator iter = orders.iterator();
    while (iter.hasNext()) {
        Order each = (Order) iter.next();
        if (each.getCustomerName().equals(customer))
            result++;
    }
    return result;
}
```

到目前为止，Customer对象还是值对象。就算多份订单属于同一客户，但每个Order对象还是拥有各自的Customer对象。我希望改变这一现状，使得一旦同一客户拥有多份不同订单，代表这些订单的所有Order对象就可以共享同一个Customer对象。本例中，这就意味着：每一个客户名称只该对应一个Customer对象。

首先我使用*Replace Constructor with Factory Method* (304)。这样，我就可以控制Customer对象的创建过程，这在以后会是非常重要的。我在Customer类中定义这个工厂函数：

```
class Customer {
  public static Customer create (String name) {
    return new Customer(name);
  }
}
```

然后把原本调用构造函数的地方改为调用工厂函数：

```
class Order {
public Order (String customer) {
    _customer = Customer.create(customer);
}
```

然后再把构造函数声明为private：

```
class Customer {
  private Customer (String name) {
    _name = name;
  }
}
```

现在，我必须决定如何访问Customer对象。我比较喜欢通过另一个对象（例如Order中的一个字段）来访问它。但是本例并没有这样一个明显的字段可用于访问Customer对象。在这种情况下，我通常会创建一个注册表对象来保存所有Customer对象，以此作为访问点。为了简化我们的例子，我把这个注册表保存在Customer类的static字段中，让Customer类作为访问点：

```
private static Dictionary _instances = new Hashtable();
```

然后我得决定：应该在接到请求时创建新的Customer对象，还是应该预先将它们创建好。这里我选择后者。在应用程序的启动代码中，我先把需要使用的Customer对象加载妥当。这些对象可能来自数据库，也可能来自文件。为求简单起见，我在代码中明确生成这些对象。反正以后我总是可以使用*Substitute Algorithm* (139)来改变它们的创建方式。

```
class Customer...
  static void loadCustomers() {
      new Customer("Lemon Car Hire").store();
      new Customer("Associated Coffee Machines").store();
      new Customer("Bilston Gasworks").store();
  }

  private void store() {
      _instances.put(this.getName(), this);
  }
```

现在，我要修改工厂函数，让它返回预先创建好的Customer对象：

```
public static Customer create (String name) {
    return (Customer) _instances.get(name);
}
```

由于create()总是返回既有的Customer对象，所以我应该使用*Rename Method* (273)修改这个工厂函数的名称，以便强调这一点。

```
class Customer...
  public static Customer getNamed (String name) {
    return (Customer) _instances.get(name);
  }
```

8.4　Change Reference to Value（将引用对象改为值对象）

你有一个引用对象，很小且不可变，而且不易管理。

将它变成一个值对象。

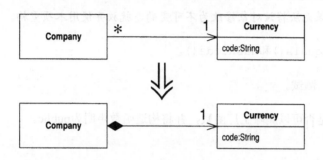

动机

正如我在*Change Value to Reference* (179)中所说，要在引用对象和值对象之间做选择，有时并不容易。作出选择后，你常会需要一条回头路。

如果引用对象开始变得难以使用，也许就应该将它改为值对象。引用对象必须被某种方式控制，你总是必须向其控制者请求适当的引用对象。它们可能造成内存区域之间错综复杂的关联。在分布系统和并发系统中，不可变的值对象特别有用，因为你无须考虑它们的同步问题。

值对象有一个非常重要的特性：它们应该是不可变的。无论何时，只要你调用同一对象的同一个查询函数，都应该得到同样结果。如果保证了这一点，就可以放心地以多个对象表示同一个事物。如果值对象是可变的，你就必须确保对某一对象的修改会自动更新其他"代表相同事物"的对象。这太痛苦了，与其如此还不如把它变成引用对象。

这里有必要澄清一下"不可变"（immutable）的意思。如果你以Money类表示"钱"的概念，其中有"币种"和"金额"两条信息，那么Money对象通常是一个不可变的值对象。这并非意味你的薪资不能改变，而是意味：如果要改变你的薪资，就需要使用另一个Money对象来取代现有的Money对象，而不是在现有的Money对象上修改。你和Money对象之间的关系可以改变，但Money对象自身不能改变。

做法

- ☐ 检查重构目标是否为不可变对象，或是否可修改为不可变对象。

  ⇒ 如果该对象目前还不是不可变的，就使用 *Remove Setting Method* (300)，直到它成为不可变的为止。

  ⇒ 如果无法将该对象修改为不可变的，就放弃使用本项重构。

- ☐ 建立equals()和hashCode()。

- ☐ 编译，测试。

- ☐ 考虑是否可以删除工厂函数，并将构造函数声明为public。

范例

我们从一个表示"货币种类"的Currency类开始：

```
class Currency...
  private String _code;

  public String getCode() {
      return _code;
  }

  private Currency(String code) {
      _code = code;
  }
```

这个类所做的就是保存并返回一个货币种类代码。它是一个引用对象，所以如果要得到它的实例，必须这么做：

```
Currency usd = Currency.get("USD");
```

Currency类维护一个包含所有Currency实例的链表。我不能直接使用构造函数创建实例，因为Currency构造函数是private的。

```
new Currency("USD").equals(new Currency("USD")) // returns false
```

要把一个引用对象变成值对象，关键动作是：检查它是否不可变。如果不是，我就不能使用本项重构，因为可变的值对象会造成烦人的别名问题。

在这里，Currency对象是不可变的，所以下一步就是为它定义equals()：

```
public boolean equals(Object arg) {
    if (! (arg instanceof Currency)) return false;
    Currency other = (Currency) arg;
    return (_code.equals(other._code));
}
```

定义了equals()，就必须同时定义hashCode()。实现hashCode()有个简单办法：读取equals()使用的所有字段的hash码，然后对它们进行按位异或（^）操作。本例中，这很容易实现，因为equals()只使用了一个字段：

```
public int hashCode() {
    return _code.hashCode();
}
```

完成这两个函数后，我可以编译并测试。这两个函数的修改必须同时进行，否则倚赖hash的任何集合对象（例如Hashtable、HashSet和HashMap）都可能会产生意外行为。

现在，我想创建多少个等值的Currency对象就可以创建多少个。我还可以把构造函数声明为public，直接以构造函数获取Currency实例，从而去掉Currency类中的工厂函数和控制实例创建的行为。

```
new Currency("USD").equals(new Currency("USD")) // now returns true
```

8

8.5　Replace Array with Object（以对象取代数组）

你有一个数组，其中的元素各自代表不同的东西。

以对象替换数组。对于数组中的每个元素，以一个字段来表示。

```
String[] row = new String[3];
row [0] = "Liverpool";
row [1] = "15";
```

```
Performance row = new Performance();
row.setName("Liverpool");
row.setWins("15");
```

动机

数组是一种常见的用以组织数据的结构。不过，它们应该只用于"以某种顺序容纳一组相似对象"。有时候你会发现，一个数组容纳了多种不同对象，这会给用户带来麻烦，因为他们很难记住像"数组的第一个元素是人名"这样的约定。对象就不同了，你可以运用字段名称和函数名称来传达这样的信息，因此你无须死记它，也无须依赖注释。而且如果使用对象，你还可以将信息封装起来，并使用*Move Method* (142)为它加上相关行为。

做法

❏ 新建一个类表示数组所拥有的信息，并在其中以一个public字段保存原先的数组。

❏ 修改数组的所有用户，让它们改用新类的实例。

❏ 编译，测试。

❏ 逐一为数组元素添加取值/设值函数。根据元素的用途，为这些访问函数命名。修改客户端代码，让它们通过访问函数取用数组内的元素。每次修改后，编译并测试。

- □ 当所有对数组的直接访问都转而调用访问函数后，将新类中保存该数组的字段声明为private。

- □ 编译。

- □ 对于数组内的每一个元素，在新类中创建一个类型相当的字段。修改该元素的访问函数，令它改用上述的新建字段。

- □ 每修改一个元素，编译并测试。

- □ 数组的所有元素都有了相应字段之后，删除该数组。

范例

我们的范例从一个数组开始，其中有3个元素，分别保存一支球队的名称、获胜场次和失利场次。这个数组的声明可能像这样：

```
String[] row = new String[3];
```

而使用它的代码则可能像这样：

```
row [0] = "Liverpool";
row [1] = "15";

String name = row[0];
int wins = Integer.parseInt(row[1]);
```

为了将数组变成对象，我首先建立一个对应的类：

```
class Performance {}
```

然后为它声明一个public字段，用以保存原先数组。（我知道public字段十恶不赦，请放心，稍后我便让它改邪归正。）

```
public String[] _data = new String[3];
```

现在，我要找到创建和访问数组的地方。在创建地点，我将它替换为下列代码：

Performance row = new **Performance**();

对于数组使用地点，我将它替换为以下代码：

```
row._data [0] = "Liverpool";
row._data [1] = "15";

String name = row._data[0];
int wins = Integer.parseInt(row._data[1]);
```

然后我要逐一为数组元素加上有意义的取值/设值函数。首先从"球队名称"开始：

```
class Performance...
  public String getName() {
```

```
      return _data[0];
    }
    public void setName(String arg) {
      _data[0] = arg;
    }
}
```

然后修改使用row对象的代码，让它们改用这些函数来访问球队名称：

```
row.setName("Liverpool");
row._data [1] = "15";

String name = row.getName();
int wins = Integer.parseInt(row._data[1]);
```

第二个元素也如法炮制。为了简单起见，我还可以把数据类型的转换也封装起来：

```
class Performance...
  public int getWins() {
    return Integer.parseInt(_data[1]);
  }
  public void setWins(String arg) {
    _data[1] = arg;
  }

....
client code...
  row.setName("Liverpool");
  row.setWins("15");

  String name = row.getName();
  int wins = row.getWins();
```

处理完所有元素之后，我就可以将保存该数组的字段声明为private了。

```
private String[] _data = new String[3];
```

现在，本次重构最重要的部分（接口修改）已经完成。但是"将对象内的数组替换掉"的过程也同样重要。我可以针对每个数组元素，在Performance类建立一个类型相当的字段，然后修改该数组元素的访问函数，令它直接访问新建字段，从而完全摆脱对数组元素的依赖。

```
class Performance...
  public String getName() {
    return _name;
  }
  public void setName(String arg) {
    _name = arg;
  }
  private String _name;
```

对数组中的每一个元素都如法炮制。全部处理完毕后，我就可以将数组从Performance类中删掉了。

8.6 Duplicate Observed Data（复制"被监视数据"）

你有一些领域数据置身于GUI控件中，而领域函数需要访问这些数据。

将该数据复制到一个领域对象中。建立一个Observer模式，用以同步领域对象和GUI对象内的重复数据。

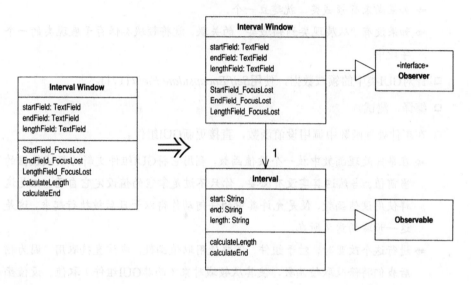

动机

一个分层良好的系统，应该将处理用户界面和处理业务逻辑的代码分开。之所以这样做，原因有以下几点：(1)你可能需要使用不同的用户界面来表现相同的业务逻辑，如果同时承担两种责任，用户界面会变得过分复杂；(2)与GUI隔离之后，领域对象的维护和演化都会更容易，你甚至可以让不同的开发者负责不同部分的开发。

尽管可以轻松地将"行为"划分到不同部位，"数据"却往往不能如此。同一项数据有可能既需要内嵌于GUI控件，也需要保存于领域模型里。自从MVC（Model-View-Controller，模型–视图–控制器）模式出现后，用户界面框架都使用多层系统来提供某种机制，使你不但可以提供这类数据，并保持它们同步。

如果你遇到的代码是以两层方式开发，业务逻辑被内嵌于用户界面之中，你就有必要将行为分离出来。其中的主要工作就是函数的分解和搬移。但数据就不同了：你不能仅仅只是移动数据，必须将它复制到新的对象中，并提供相应的同步机制。

做法[①]

- 修改展现类，使其成为领域类的Observer[GoF]。

    ⇒ 如果尚未有领域类，就建立一个。

    ⇒ 如果没有"从展现类到领域类"的关联，就将领域类保存于展现类的一个字段中。

- 针对GUI类中的领域数据，使用*Self Encapsulate Field* (171)。

- 编译，测试。

- 在事件处理函数中调用设值函数，直接更新GUI组件。

    ⇒ 在事件处理函数中放一个设值函数，利用它将GUI组件更新为领域数据的当前值。当然这其实没有必要，你只不过是拿它的值设定它自己。但是这样使用设值函数，便是允许其中的任何动作得以于日后被执行起来，这是这一步骤的意义所在。

    ⇒ 进行这个改变时，对于组件，不要使用取值函数，应该直接取用，因为稍后我们将修改取值函数，使其从领域对象（而非GUI组件）取值。设值函数也将做类似修改。

    ⇒ 确保测试代码能够触发新添加的事件处理机制。

- 编译，测试。

- 在领域类中定义数据及其相关访问函数。

    ⇒ 确保领域类中的设值函数能够触发Observer模式的通报机制。

    ⇒ 对于被观察的数据，在领域类中使用与展现类所用的相同类型（通常是字符串）来保存。后续重构中你可以自由改变这个数据类型。

- 修改展现类中的访问函数，将它们的操作对象改为领域对象（而非GUI组件）。

- 修改Observer的update()，使其从相应的领域对象中将所需数据复制给GUI组件。

- 编译，测试。

---

① 这个重构手法特别复杂建议搭配范例阅读。——译者注

范例

我们的范例从图8-1所示窗口开始。其行为非常简单：当用户修改文本框中的数值，另两个文本框就会自动更新。如果你修改Start或End，Length就会自动成为两者计算所得的长度；如果你修改Length，End就会随之变动。

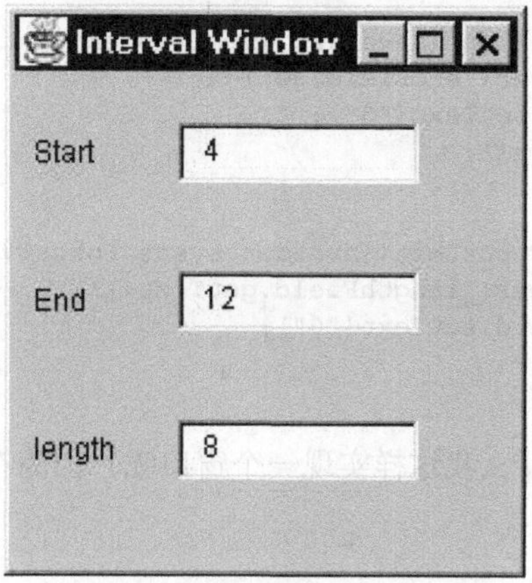

图8-1 一个简单的GUI窗口

一开始，所有函数都放在InterverWindow类中。所有文本框都能够响应"失去焦点"这一事件。

```java
public class IntervalWindow extends Frame...
  java.awt.TextField _startField;
  java.awt.TextField _endField;
  java.awt.TextField _lengthField;

  class SymFocus extends java.awt.event.FocusAdapter
  {
    public void focusLost(java.awt.event.FocusEvent event)
    {
      Object object = event.getSource();
      if (object == _startField)
        StartField_FocusLost(event);
      else if (object == _endField)
        EndField_FocusLost(event);
      else if (object == _lengthField)
        LengthField_FocusLost(event);
    }
  }
```

当Start文本框失去焦点，事件监听器调用`StartField_FocusLost()`。另两个文本框的处理也类似。事件处理函数大致如下：

```java
void StartField_FocusLost(java.awt.event.FocusEvent event) {
    if (isNotInteger(_startField.getText()))
        _startField.setText("0");
    calculateLength();
}

void EndField_FocusLost(java.awt.event.FocusEvent event) {
    if (isNotInteger(_endField.getText()))
        _endField.setText("0");
    calculateLength();
}

void LengthField_FocusLost(java.awt.event.FocusEvent event) {
    if (isNotInteger(_lengthField.getText()))
        _lengthField.setText("0");
    calculateEnd();
}
```

你也许会奇怪，为什么我这样实现一个窗口呢？因为在我的集成开发环境Cafe中，这是最简单的方式。

如果文本框内的字符串无法转换为一个整数，那么该文本框的内容将变成0。而后，调用相关计算函数：

```java
void calculateLength() {
    try {
        int start = Integer.parseInt(_startField.getText());
        int end = Integer.parseInt(_endField.getText());
        int length = end - start;
        _lengthField.setText(String.valueOf(length));
    } catch (NumberFormatException e) {
        throw new RuntimeException("Unexpected Number Format Error");
    }
}
void calculateEnd() {
    try {
        int start = Integer.parseInt(_startField.getText());
        int length = Integer.parseInt(_lengthField.getText());
        int end = start + length;
        _endField.setText(String.valueOf(end));
    } catch (NumberFormatException e) {
        throw new RuntimeException("Unexpected Number Format Error");
    }
}
```

我的任务就是将与展现无关的计算逻辑从GUI中分离出来。基本上这就意味将`calculateLength()`和`calculateEnd()`移到一个独立的领域类去。为了这一目的，我需要能够在不引用窗口类的前提下获取Start、End和Length三个文本框的值。

唯一办法就是将这些数据复制到领域类中，并保持与GUI类数据同步。这就是 *Duplicate Observed Data* (189)的任务。

截至目前我还没有一个领域类，所以要着手建立一个（空的）：

```
class Interval extends Observable {}
```

`IntervalWindow`类需要与此崭新的领域类建立一个关联：

```
private Interval _subject;
```

然后，我需要合理地初始化`_subject`字段，并把`IntervalWindow`变成`Interval`的一个`Observer`。这很简单，只需把下列代码放进`IntervalWindow`构造函数中就可以了：

```
_subject = new Interval();
_subject.addObserver(this);
update(_subject, null);
```

我喜欢把这段代码放在整个构造过程的最后。其中对`update()`的调用可以确保：当我把数据复制到领域类后，GUI将根据领域类进行初始化。`update()`是在`java.util.Observer`接口中声明的，因此我必须让`IntervalWindow`实现这一接口：

```
public class IntervalWindow extends Frame implements Observer
```

然后我还需要为`IntervalWindow`类建立一个`update()`。此刻我先给它一个空的实现：

```
public void update(Observable observed, Object arg) {
}
```

现在我可以编译并测试了。到目前为止我还没有做出任何真正的修改。呵呵，小心驶得万年船。

接下来，我把注意力转移到文本框。一如往常，我每次只改动一个字段。为了卖弄一下我的英语能力[①]，我就从End文本框开始。第一件要做的事就是实施*Self Encapsulate Field* (171)。文本框的更新是通过`getText()`和`setText()`两函数实现的，因此我所建立的访问函数需要调用这两个函数：

```
String getEnd() {
    return _endField.getText();
}

void setEnd (String arg) {
    _endField.setText(arg);
}
```

---

① "I'll start with the end fieldy." 作者意指在这句话中一下子使用了start和end这两个反义词。

——译者注

然后，找出 _endField的所有引用点，将它们替换为适当的访问函数：

```
void calculateLength() {
  try {
    int start = Integer.parseInt(_startField.getText());
    int end = Integer.parseInt(getEnd());
    int length = end - start;
    _lengthField.setText(String.valueOf(length));
  } catch (NumberFormatException e) {
    throw new RuntimeException("Unexpected Number Format Error");
  }
}

void calculateEnd() {
  try {
    int start = Integer.parseInt(_startField.getText());
    int length = Integer.parseInt(_lengthField.getText());
    int end = start + length;
    setEnd(String.valueOf(end));
  } catch (NumberFormatException e) {
    throw new RuntimeException("Unexpected Number Format Error");
  }
}

void EndField_FocusLost(java.awt.event.FocusEvent event) {
  if (isNotInteger(getEnd()))
    setEnd("0");
  calculateLength();
}
```

这是*Self Encapsulate Field*(171)的标准过程。然而当你处理GUI时，情况还更复杂些：用户可以直接（通过GUI）修改文本框内容，不必调用setEnd()。因此我需要在GUI 的事件处理函数中调用setEnd()。这个动作把End文本框设定为其当前值。当然，这没带来什么影响，但是通过这样的方式，可以确保用户的输入确实是通过设值函数进行的：

```
void EndField_FocusLost(java.awt.event.FocusEvent event) {
  setEnd(_endField.getText());
  if (isNotInteger(getEnd()))
    setEnd("0");
  calculateLength();
}
```

上述调用动作中，我并没有使用前面的getEnd()取得End文本框当前内容，而是直接访问文本框。之所以这样做是因为，随后的重构将使getEnd()从领域对象（而非文本框）身上取值。那时如果这里用的是getEnd()函数，每当用户修改文本框内容，这里就会将文本框又改回原值。所以我必须使用直接访问文本框的方式获取当前值。现在我可以编译并测试字段封装后的行为了。

现在，在领域类中加入_end字段：

```
class Interval...
    private String _end = "0";
```

在这里，我给它的初值和GUI给它的初值是一样的。然后我再加入取值／设值函数：

```
class Interval...

  String getEnd() {
    return _end;
  }
  void setEnd (String arg) {
    _end = arg;
    setChanged();
    notifyObservers();
  }
}
```

由于使用了Observer模式，我必须在设值函数中发出通告。我把_end声明为一个字符串，而不是一个看似更合理的整数，这是因为我希望将修改量减至最少。将来成功复制数据完毕后，我可以轻松地在领域类内部把_end声明为整数。

现在，我可以再编译并测试一次。我希望通过所有这些预备工作，将下面这个较为棘手的重构步骤的风险降至最低。

首先，修改`IntervalWindow`类的访问函数，令它们改用`Interval`对象：

```
class IntervalWindow...
  String getEnd() {
    return _subject.getEnd();
  }
  void setEnd (String arg) {
    _subject.setEnd(arg);
  }
}
```

同时也修改`update()`函数，确保GUI对`Interval`对象发来的通告做出响应：

```
class IntervalWindow...
    public void update(Observable observed, Object arg) {
      _endField.setText(_subject.getEnd());
    }
```

这是另一个需要直接访问文本框的地点。如果我调用的是设值函数，程序将陷入无限递归调用。

现在，我可以编译并测试。数据都恰如其分地被复制了。

另两个文本框也如法炮制。完成之后，我可以使用 *Move Method* (142) 将 calculateEnd() 和 calculateLength() 搬到 Interval 去。这么一来，我就拥有一个包容所有领域行为和领域数据、并与 GUI 分离的领域类了。

如果上述工作都完成了，我就会考虑彻底摆脱这个 GUI 类。如果它是个较为老旧的 AWT 类，我会考虑将它换成一个比较好看的 Swing 类，而且后者的坐标定位能力也比较强。我可以在领域类之上建立一个 Swing GUI。这样，只要我高兴，随时可以去掉老旧的 GUI。

使用事件监听器

如果你使用事件监听器而不是 Observer/Observable 模式，仍然可以实施 *Duplicate Observed Data* (189)。这种情况下，你需要在领域模型中建立一个监听器类和一个事件类（如果你不在意依赖关系的话，也可以使用 AWT 类）。然后，你需要对领域对象注册监听器，就像前例对 observable 对象注册 observer 一样。每当领域对象发生变化（类似上例的 update() 函数被调用），就向监听器发送一个事件。IntervalWindow 可以利用一个内嵌类来实现监听器接口，并在适当时候调用适当的 update() 函数。

8.7 Change Unidirectional Association to Bidirectional （将单向关联改为双向关联）

两个类都需要使用对方特性，但其间只有一条单向连接。

添加一个反向指针，并使修改函数[1]能够同时更新两条连接。

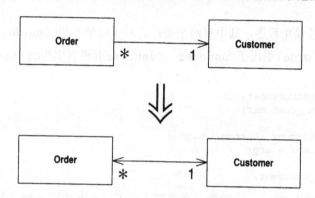

动机

开发初期，你可能会在两个类之间建立一条单向连接，使其中一个类可以引用另一个类。随着时间推移，你可能发现被引用类需要得到其引用者以便进行某些处理。也就是说，它需要一个反向指针。但指针是一种单向连接，你不可能反向操作它。通常你可以绕道而行，虽然会耗费一些计算时间，成本还算合理，然后你可以在被引用类中建立一个函数专门负责此一行为。但是，有时候想绕过这个问题并不容易，此时就需要建立双向引用关系，或称为反向指针。如果使用不当，反向指针很容易造成混乱；但只要你习惯了这种手法，它们其实并不是太复杂。

"反向指针"手法有点棘手，所以在你能够自如运用之前，应该有相应的测试。通常我不花心思去测试访问函数，因为普通访问函数的风险没有高到需要测试的地步，但本重构要求测试访问函数，所以它是极少数需要添加测试的重构手法之一。

本重构运用反向指针实现双向关联。其他技术（例如连接对象）需要其他重构手法。

做法

- ❑ 在被引用类中增加一个字段，用以保存反向指针。
- ❑ 决定由哪个类——引用端还是被引用端——控制关联关系。

---

① modifier，指改变双方关系的函数。——译者注

- □ 在被控端建立一个辅助函数，其命名应该清楚指出它的有限用途。
- □ 如果既有的修改函数在控制端，让它负责更新反向指针。
- □ 如果既有的修改函数在被控端，就在控制端建立一个控制函数，并让既有的修改函数调用这个新建的控制函数。

范例

下面是一段简单程序，其中有两个类：表示"订单"的Order和表示"客户"的Customer。Order引用了Customer，Customer并没有引用Order：

```
class Order...
Customer getCustomer() {
    return _customer;
}
void setCustomer (Customer arg) {
    _customer = arg;
}
Customer _customer;
```

首先，我要为Customer添加一个字段。由于一个客户可以拥有多份订单，所以这个新增字段应该是个集合。我不希望同一份订单在同一个集合中出现一次以上，所以这里适合使用set：

```
class Customer {
private Set _orders = new HashSet();
```

现在，我需要决定由哪一个类负责控制关联关系。我比较喜欢让单个类来操控，因为这样就可以将所有处理关联关系的逻辑集中安置于一地。我将按照下列步骤做出这一决定。

1. 如果两者都是引用对象，而其间的关联是"一对多"关系，那么就由"拥有单一引用"的那一方承担"控制者"角色。以本例而言，如果一个客户可拥有多份订单，那么就由Order类（订单）来控制关联关系。

2. 如果某个对象是组成另一对象的部件，那么由后者负责控制关联关系。

3. 如果两者都是引用对象s，而其间的关联是"多对多"关系，那么随便其中哪个对象来控制关联关系，都无所谓。

本例之中，由于Order负责控制关联关系，所以我必须为Customer添加一个辅助函数，让Order可以直接访问_orders（订单）集合。Order的修改函数将使用这个辅助函数对指针两端对象进行同步控制。我将这个辅助函数命名为friendOrders()，表示这个函数只能在这种特殊情况下使用。此外，如果Order和Customer位在同一个包内，我还会将friendOrders()声明为包内可见①，使其可见程度降到最低。但如果这两个类不在同一个包内，我就只好把friendOrders()声明为public了。

```
class Customer...
  Set friendOrders() {
  /** should only be used by Order when modifying the association */
    return _orders;
}
```

现在，我要改变修改函数，令它同时更新反向指针：

```
class Order...
  void setCustomer(Customer arg) {
      if (_customer != null)
      _customer.friendOrders().remove(this);
      _customer = arg;
      if (_customer != null)
      _customer.friendOrders().add(this);
  }
```

类之间的关联关系是各式各样的，因此修改函数的代码也会随之有所差异。如果_customer的值不可能是null，那么可以拿掉上述的第一个null检查，但仍然需要检查传入参数是否为null。不过，基本形式总是相同的：先让对方删除指向你的指针，再将你的指针指向一个新对象，最后让那个新对象把它的指针指向你。

如果你希望在Customer中也能修改连接，就让它调用控制函数：

```
class Customer...
  void addOrder(Order arg) {
    arg.setCustomer(this);
  }
```

如果一份订单也可以对应多个客户，那么你所面临的就是一个"多对多"情况，重构后的函数可能是下面这样：

```
class Order... //controlling methods
  void addCustomer(Customer arg) {
      arg.friendOrders().add(this);
      _customers.add(arg);
  }
  void removeCustomer(Customer arg) {
      arg.friendOrders().remove(this);
      _customers.remove(arg);
  }

class Customer...
  void addOrder(Order arg) {
      arg.addCustomer(this);
  }
  void removeOrder(Order arg) {
      arg.removeCustomer(this);
  }
```

_____

① 即不加任何修饰符的默认访问级别。——译者注

8.8　Change Bidirectional Association to Unidirectional （将双向关联改为单向关联）

两个类之间有双向关联，但其中一个类如今不再需要另一个类的特性。

去除不必要的关联。

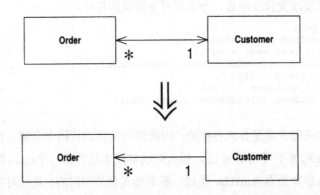

动机

　　双向关联很有用，但你也必须为它付出代价，那就是维护双向连接、确保对象被正确创建和删除而增加的复杂度。而且，由于很多程序员并不习惯使用双向关联，它往往成为错误之源。

　　大量的双向连接也很容易造成"僵尸对象"：某个对象本来已经该死亡了，却仍然保留在系统中，因为对它的引用还没有完全清除。

　　此外，双向关联也迫使两个类之间有了依赖：对其中任一个类的任何修改，都可能引发另一个类的变化。如果这两个类位于不同的包，这种依赖就是包与包之间的相依。过多的跨包依赖会造就紧耦合系统，使得任何一点小小改动都可能造成许多无法预知的后果。

　　只有在真正需要双向关联的时候，才应该使用它。如果发现双向关联不再有存在价值，就应该去掉其中不必要的一条关联。

做法

- ❑ 找出保存"你想去除的指针"的字段，检查它的每一个用户，判断是否可以去除该指针。

　　⇒ 不但要检查直接访问点，也要检查调用这些直接访问点的函数。

⇒ 考虑有无可能不通过指针取得被引用对象。如果有可能，你就可以对取值函数使用*Substitute Algorithm* (139)，从而让客户在没有指针的情况下也可以使用该取值函数。

⇒ 对于使用该字段的所有函数，考虑将被引用对象作为参数传进去。

❑ 如果客户使用了取值函数，先运用*Self Encapsulate Field* (171)将待删除字段自我封装起来，然后使用*Substitute Algorithm* (139)对付取值函数，令它不再使用该字段。然后编译、测试。

❑ 如果客户并未使用取值函数，那就直接修改待删除字段的所有被引用点：改以其他途径获得该字段所保存的对象。每次修改后，编译并测试。

❑ 如果已经没有任何函数使用待删除字段，移除所有对该字段的更新逻辑，然后移除该字段。

⇒ 如果有许多地方对此字段赋值，先运用*Self Encapsulate Field* (171)使这些地点改用同一个设值函数。编译、测试。而后将这个设值函数的本体清空。再编译、再测试。如果这些都可行，就可以将此字段和其设值函数，连同对设值函数的所有调用，全部移除。

❑ 编译，测试。

范例

本例从*Change Unidirectional Association to Bidirectional* (197)留下的代码开始进行，其中Customer和Order之间有双向关联：

```
class Order...
  Customer getCustomer() {
      return _customer;
  }
  void setCustomer(Customer arg) {
      if (_customer != null)
      _customer.friendOrders().remove(this);
      _customer = arg;
      if (_customer != null)
      _customer.friendOrders().add(this);
  }
  private Customer _customer;

class Customer...
  void addOrder(Order arg) {
      arg.setCustomer(this);
  }
  private Set _orders = new HashSet();
  Set friendOrders() {
      /** should only be used by Order */
      return _orders;
  }
```

后来我发现，除非先有Customer对象，否则不会存在Order对象。因此我想将从Order到Customer的连接移除掉。

对于本项重构来说，最困难的就是检查可行性。如果我知道本项重构是安全的，那么重构手法自身十分简单。问题在于是否有任何代码依赖_customer字段存在。如果确实有，那么在删除这个字段之后，必须提供替代品。

首先，我需要研究所有读取这个字段的函数，以及所有使用这些函数的函数。我是否能找到另一条途径来提供Customer对象——这通常意味着将Customer对象作为参数传递给用户。下面是一个简化例子：

```
class Order...
  double getDiscountedPrice() {
      return getGrossPrice() * (1 - _customer.getDiscount());
  }
```

改变为：

```
class Order...
  double getDiscountedPrice(Customer customer) {
      return getGrossPrice() * (1 - customer.getDiscount());
  }
```

如果待改函数是被Customer对象调用的，那么这样的修改方案特别容易实施，因为Customer对象将自己作为参数传给函数很容易。所以下列代码：

```
class Customer...
  double getPriceFor(Order order) {
      Assert.isTrue(_orders.contains(order)); // see Introduce Assertion (267)
      return order.getDiscountedPrice();
```

变成了：

```
class Customer...
  double getPriceFor(Order order) {
      Assert.isTrue(_orders.contains(order));
      return order.getDiscountedPrice(this);
  }
```

另一种做法就是修改取值函数，使其在不使用_customer字段的前提下返回一个Customer对象。如果这行得通，就可以使用*Substitute Algorithm* (139)修改Order.getCustomer()函数算法。我有可能这样修改代码：

```
Customer getCustomer() {
  Iterator iter = Customer.getInstances().iterator();
  while (iter.hasNext()) {
      Customer each = (Customer) iter.next();
      if (each.containsOrder(this)) return each;
  }
  return null;
}
```

这段代码比较慢，不过确实可行。而且，在数据库环境下，如果我需要使用数据库查询语句，这段代码对系统性能的影响可能并不显著。如果Order类中有些函数使用_customer字段，我可以实施*Self Encapsulate Field* (171)令它们转而改用上述的getCustomer()函数。

如果我要保留上述的取值函数，那么Order和Customer的关联从接口上看虽然仍是双向的，但实现上已经是单向关系了。虽然我移除了反向指针，但两个类彼此之间的依赖关系仍然存在。

既然要替换取值函数，那么我就专注地替换它，其他部分留待以后处理。我会逐一修改取值函数的调用者，让它们通过其他来源取得Customer对象。每次修改后都编译并测试。实际工作中这一过程往往相当快。如果这个过程让我觉得很棘手很复杂，我会放弃本项重构。

一旦消除了_customer字段的所有读取点，我就可以着手处理对此字段赋值的函数了。很简单，只要把这些赋值动作全部移除，再把字段一并删除就行了。由于已经没有任何代码需要这个字段，所以删掉它并不会带来任何影响。

8

8.9　Replace Magic Number with Symbolic Constant （以字面常量取代魔法数）

你有一个字面数值，带有特别含义。

创造一个常量，根据其意义为它命名，并将上述的字面数值替换为这个常量。

```
double potentialEnergy(double mass, double height) {
    return mass * 9.81 * height;
}
```

```
double potentialEnergy(double mass, double height) {
    return mass * GRAVITATIONAL_CONSTANT * height;
}
static final double GRAVITATIONAL_CONSTANT = 9.81;
```

动机

在计算科学中，魔法数（magic number）是历史最悠久的不良现象之一。所谓魔法数是指拥有特殊意义，却又不能明确表现出这种意义的数字。如果你需要在不同的地点引用同一个逻辑数，魔法数会让你烦恼不已，因为一旦这些数发生改变，你就必须在程序中找到所有魔法数，并将它们全部修改一遍，这简直就是一场噩梦。就算你不需要修改，要准确指出每个魔法数的用途，也会让你颇费脑筋。

许多语言都允许你声明常量。常量不会造成任何性能开销，却可以大大提高代码的可读性。

进行本项重构之前，你应该先寻找其他替换方案。你应该观察魔法数如何被使用，而后你往往会发现一种更好的使用方式。如果这个魔法数是个类型码，请考虑使用*Replace Type Code with Class* (218)；如果这个魔法数代表一个数组的长度，请在遍历该数组的时候，改用`Array.length()`。

做法

- 声明一个常量，令其值为原本的魔法数值。

- 找出这个魔法数的所有引用点。

- 检查是否可以使用这个新声明的常量来替换该魔法数。如果可以，便以此常量替换之。

- 编译。

- 所有魔法数都被替换完毕后，编译并测试。此时整个程序应该运转如常，就像没有做任何修改一样。

⇒ 有个不错的测试办法：检查现在的程序是否可以被你轻松地修改常量值（这可能意味某些预期结果将有所改变，以配合这一新值。实际工作中并非总是可以进行这样的测试）。如果可行，这就是一个不错的手法。

8.10 Encapsulate Field（封装字段）

你的类中存在一个public字段。

将它声明为private，并提供相应的访问函数。

```
public String _name;
```

```
private String _name;
public String getName() {return _name;}
public void setName(String arg) {_name = arg;}
```

动机

面向对象的首要原则之一就是封装，或者称为"数据隐藏"。按此原则，你绝不应该将数据声明为public，否则其他对象就有可能访问甚至修改这项数据，而拥有该数据的对象却毫无察觉。于是，数据和行为就被分开了——这可不是件好事。

数据声明为public被看作是一种不好的做法，因为这样会降低程序的模块化程度。数据和使用该数据的行为如果集中在一起，一旦情况发生变化，代码的修改就会比较简单，因为需要修改的代码都集中于同一块地方，而不是星罗棋布地散落在整个程序中。

Encapsulate Field (206)是封装过程的第一步。通过这项重构手法，你可以将数据隐藏起来，并提供相应的访问函数。但它毕竟只是第一步。如果一个类除了访问函数外不能提供其他行为，它终究只是一个哑巴类。这样的类并不能享受对象技术带来的好处。而你知道，浪费任何一个对象都是很不好的。实施*Encapsulate Field* (206)之后，我会尝试寻找用到新建访问函数的代码，看看是否可以通过简单的*Move Method* (142)轻快地将它们移到新对象去。

做法

- 为public字段提供取值/设值函数。

- 找到这个类以外使用该字段的所有地点。如果客户只是读取该字段，就把引用替换为对取值函数的调用；如果客户修改了该字段值，就将此引用点替换为对设值函数的调用。

  ⇒ 如果这个字段是个对象，而客户只不过是调用该对象的某个函数，那么无论该函数是否改变对象状态，都只能算是读取该字段。只有当客户为该字段赋值时，才能将其替换为设值函数。

- 每次修改之后，编译并测试。

- 将字段的所有用户修改完毕后，把字段声明为private。

- 编译，测试。

8.11　Encapsulate Collection（封装集合）

有个函数返回一个集合。

让这个函数返回该集合的一个只读副本，并在这个类中提供添加/移除集合元素的函数。

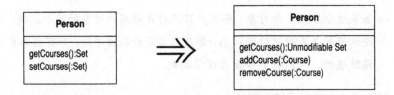

动机

我们常常会在一个类中使用集合（collection，可能是array、list、set或vector）来保存一组实例。这样的类通常也会提供针对该集合的取值/设值函数。

但是，集合的处理方式应该和其他种类的数据略有不同。取值函数不该返回集合自身，因为这会让用户得以修改集合内容而集合拥有者却一无所悉。这也会对用户暴露过多对象内部数据结构的信息。如果一个取值函数确实需要返回多个值，它应该避免用户直接操作对象内所保存的集合，并隐藏对象内与用户无关的数据结构。至于如何做到这一点，视你使用的Java版本不同而有所不同。

另外，不应该为这整个集合提供一个设值函数，但应该提供用以为集合添加／移除元素的函数。这样，集合拥有者（对象）就可以控制集合元素的添加和移除。

如果你做到以上几点，集合就被很好地封装起来了，这便可以降低集合拥有者和用户之间的耦合度。

做法

❑ 加入为集合添加/移除元素的函数。

❑ 将保存集合的字段初始化为一个空集合。

❑ 编译。

❑ 找出集合设值函数的所有调用者。你可以修改那个设值函数，让它使用上述新建立的"添加／移除元素"函数；也可以直接修改调用端，改让它们调用上述新建立的"添加/移除元素"函数。

⇒ 两种情况下需要用到集合设值函数：(1)集合为空时；(2)准备将原有集合替换为另一个集合时。

⇒ 你或许会想运用 *Rename Method* (273)为集合设值函数改名：从 `setXxx()`改为 `initializeXxx()`或 `replaceXxx()`。

❑ 编译，测试。

❑ 找出所有"通过取值函数获得集合并修改其内容"的函数。逐一修改这些函数，让它们改用添加／移除函数。每次修改后，编译并测试。

❑ 修改完上述所有"通过取值函数获得集合并修改集合内容"的函数后，修改取值函数自身，使它返回该集合的一个只读副本。

⇒ 在Java 2中，你可以使用 `Collection.unmodifiableXxx()`得到该集合的只读副本。

⇒ 在Java 1.1中，你应该返回集合的一份副本。

❑ 编译，测试。

❑ 找出取值函数的所有用户，从中找出应该存在于集合所属对象内的代码。运用 *Extract Method* (110)和 *Move Method* (142)将这些代码移到宿主对象去。

⇒ 如果你使用Java 2，那么本项重构到此为止。如果你使用Java 1.1，那么用户也许会喜欢使用枚举。为了提供这个枚举，你应该像如下这样做。

❑ 修改现有取值函数的名字，然后添加一个新取值函数，使其返回一个枚举。找出旧取值函数的所有被使用点，将它们都改为使用新取值函数。

❑ 如果这一步跨度太大，你可以先使用 *Rename Method* (273)修改原取值函数的名称；再建立一个新取值函数用以返回枚举；最后再修改所有调用者，使其调用新取值函数。

❑ 编译，测试。

范例

Java 2提供了全新的集合类——并非仅仅加入一些新类，而是完全改变了集合的风格。所以在Java 1.1和Java 2中，封装集合的方式也完全不同。我首先讨论Java 2的方式，因为我认为功能更强大的Java 2 会取代Java 1.1 的地位。

范例：Java 2

假设有个人要去上课。我们用一个简单的Course来表示"课程"：

```
class Course...
  public Course (String name, boolean isAdvanced) {...};
  public boolean isAdvanced() {...};
```

我不关心课程其他细节。我感兴趣的是表示"人"的Person：

```
class Person...
  public Set getCourses() {
      return _courses;
  }
  public void setCourses(Set arg) {
      _courses = arg;
  }
  private Set _courses;
```

有了这个接口，我们就可以这样为某人添加课程：

```
Person kent = new Person();
Set s = new HashSet();
s.add(new Course ("Smalltalk Programming", false));
s.add(new Course ("Appreciating Single Malts", true));
kent.setCourses(s);
Assert.equals (2, kent.getCourses().size());
Course refact = new Course ("Refactoring", true);
kent.getCourses().add(refact);
kent.getCourses().add(new Course ("Brutal Sarcasm", false));
Assert.equals (4, kent.getCourses().size());
kent.getCourses().remove(refact);
Assert.equals (3, kent.getCourses().size());
```

如果想了解高级课程，可以这么做：

```
Iterator iter = person.getCourses().iterator();
int count = 0;
while (iter.hasNext()) {
    Course each = (Course) iter.next();
    if (each.isAdvanced()) count ++;
}
```

我要做的第一件事就是为Person中的集合建立合适的修改函数（即添加/移除函数），如下所示，然后编译：

```
class Person
  public void addCourse (Course arg) {
      _courses.add(arg);
  }
  public void removeCourse (Course arg) {
      _courses.remove(arg);
  }
```

如果像下面这样初始化_courses字段，我的人生会轻松得多：

```
private Set _courses = new HashSet();
```

接下来，我需要观察设值函数的调用者。如果有许多地点大量运用了设值函数，就需要修改设值函数，令它调用添加/移除函数。这个过程的复杂度取决于设值函数的被使用方式。设值函数的用法有两种，最简单的情况就是：它被用来初始化集合。换句话说，设值函数被调用之前，_courses是个空集合。这种情况下只需修改设值函数，令它调用添加函数就行了：

```
class Person...
  public void setCourses(Set arg) {
      Assert.isTrue(_courses.isEmpty());
      Iterator iter = arg.iterator();
      while (iter.hasNext()) {
          addCourse((Course) iter.next());
      }
  }
```

修改完毕后，最好以*Rename Method* (273)更明确地展示这个函数的意图。

```
public void initializeCourses(Set arg) {
    Assert.isTrue(_courses.isEmpty());
    Iterator iter = arg.iterator();
    while (iter.hasNext()) {
        addCourse((Course) iter.next());
    }
}
```

更普通的情况下[1]，我必须首先调用移除函数将集合中的所有元素全部移除，然后再调用添加函数将元素一一添加进去。不过我发现这种情况很少出现（唔，愈是普通的情况，愈少出现）。

---

① 指非上述所言对空集合设初值。——译者注

如果我知道初始化时，除了添加元素，不会再有其他行为，那么我可以不使用循环，直接调用addAll()函数：

```
public void initializeCourses(Set arg) {
    Assert.isTrue(_courses.isEmpty());
    _courses.addAll(arg);
}
```

我不能直接把传入的set赋值给_courses字段，就算原本这个字段是空的也不行。因为万一用户在把set传递给Person对象之后又去修改set中的元素，就会破坏封装。我必须像上面那样创建set的一个副本。

如果用户仅仅只是创建一个set，然后使用设值函数①，我可以让它们直接使用添加/移除函数，并将设值函数完全移除。于是，以下代码：

```
Person kent = new Person();
Set s = new HashSet();
s.add(new Course ("Smalltalk Programming", false));
s.add(new Course ("Appreciating Single Malts", true));
kent.initializeCourses(s);
```

就变成了：

```
Person kent = new Person();
kent.addCourse(new Course ("Smalltalk Programming", false));
kent.addCourse(new Course ("Appreciating Single Malts", true));
```

接下来，我开始观察取值函数的使用情况。首先处理"通过取值函数修改集合元素"的情况，例如：

```
kent.getCourses().add(new Course ("Brutal Sarcasm", false));
```

这种情况下我必须加以改变，使它调用新的修改函数：

```
kent.addCourse(new Course ("Brutal Sarcasm", false));
```

修改完所有此类情况之后，我可以让取值函数返回一个只读副本，用以确保没有任何一个用户能够通过取值函数修改集合：

```
public Set getCourses() {
    return Collections.unmodifiableSet(_courses);
}
```

这样我就完成了对集合的封装。此后，不通过Person提供的添加/移除函数，谁也不能修改集合内的元素。

---

① 目前已改名为initializeCourses()。——译者注

将行为移到这个类中

我拥有了合理的接口。现在开始观察取值函数的用户，从中找出应该属于Person的代码。下面这样的代码就应该搬移到Person去：

```
Iterator iter = person.getCourses().iterator();
int count = 0;
while (iter.hasNext()) {
    Course each = (Course) iter.next();
    if (each.isAdvanced()) count ++;
}
```

因为以上只使用了属于Person的数据。首先我使用*Extract Method* (110)将这段代码提炼为一个独立函数：

```
int numberOfAdvancedCourses(Person person) {
    Iterator iter = person.getCourses().iterator();
    int count = 0;
    while (iter.hasNext()) {
        Course each = (Course) iter.next();
        if (each.isAdvanced()) count++;
    }
    return count;
}
```

然后使用*Move Method* (142)将这个函数搬移到Person中：

```
class Person...
  int numberOfAdvancedCourses() {
      Iterator iter = getCourses().iterator();
      int count = 0;
      while (iter.hasNext()) {
          Course each = (Course) iter.next();
          if (each.isAdvanced()) count++;
      }
      return count;
  }
```

下列代码是一个常见的例子：

```
kent.getCourses().size()
```

可以将其修改成更具可读性的样子，像这样：

```
kent.numberOfCourses()
class Person...
  public int numberOfCourses() {
      return _courses.size();
  }
```

数年以前，我曾经担心将这样的行为搬移到Person中会导致Person变得臃肿。但是在实际工作经验中，我发现这通常并不成为问题。

范例：Java 1.1

在很多地方，Java 1.1的情况和Java 2非常相似。这里我使用同一个范例，不过集合改为vector[①]：

```
class Person...
  public Vector getCourses() {
      return _courses;
  }
  public void setCourses(Vector arg) {
      _courses = arg;
  }
  private Vector _courses;
```

同样地，我首先建立修改函数，并初始化_courses字段，如下所示：

```
class Person
  public void addCourse(Course arg) {
      _courses.addElement(arg);
  }
  public void removeCourse(Course arg) {
      _courses.removeElement(arg);
  }
  private Vector _courses = new Vector();
```

我可以修改setCourses()来初始化这个vector：

```
public void initializeCourses(Vector arg) {
    Assert.isTrue(_courses.isEmpty());
    Enumeration e = arg.elements();
    while (e.hasMoreElements()) {
        addCourse((Course) e.nextElement());
    }
}
```

然后，我修改取值函数调用点，让它们改用新建的修改函数。于是下列代码：

```
kent.getCourses().addElement(new Course ("Brutal Sarcasm", false));
```

就变成了：

```
kent.addCourse(new Course ("Brutal Sarcasm", false));
```

---

① 因为vector属于Java 1.1，不属于Java 2。——译者注

最后一步需要有点改变，因为Java 1.1的Vector类并没有提供"不可修改版"：

```
class Person...
  Vector getCourses() {
      return (Vector) _courses.clone();
  }
```

这样便完成了集合的封装。此后，如果不通过Person提供的函数，谁也不能改变集合的元素。

范例：封装数组

数组经常被使用，特别是对于那些不熟悉集合的程序员而言。我很少使用数组，因为我更喜欢功能更加丰富的集合类。进行封装时，我常把数组换成其他集合。

这次我们的范例从一个字符串数组开始：

```
String[] getSkills() {
    return _skills;
}
void setSkills (String[] arg) {
    _skills = arg;
}
String[] _skills;
```

同样地，首先要提供一个修改函数。由于用户有可能修改数组中某一特定位置上的值，所以我提供的setSkill()必须能对任何特定位置上的元素赋值：

```
void setSkill(int index, String newSkill) {
    _skills[index] = newSkill;
}
```

如果我需要对整个数组赋值，可以使用下列函数：

```
void setSkills(String[] arg) {
    _skills = new String[arg.length];
    for (int i = 0; i < arg.length; i++)
        setSkill(i, arg[i]);
}
```

如果需要处理从数组中移除元素，就会有些困难。如果作为参数传入的数组和原数组长度不同，情况也会比较复杂。这也是我优先选择集合的原因之一。

现在，我需要观察取值函数的调用者。我可以把下列代码：

```
kent.getSkills()[1] = "Refactoring";
```

改成：

```
kent.setSkill(1,"Refactoring");
```

完成这一系列修改之后，我可以修改取值函数，令它返回一份数组副本：

```
String[] getSkills() {
    String[] result = new String[_skills.length];
    System.arraycopy(_skills, 0, result, 0, _skills.length);
    return result;
}
```

现在，是把数组换成list的时候了：

```
class Person...
  String[] getSkills() {
      return (String[]) _skills.toArray(new String[0]);
  }
  void setSkill(int index, String newSkill) {
      _skills.set(index,newSkill);
  }
  List _skills = new ArrayList();
```

8.12　Replace Record with Data Class（以数据类取代记录）

你需要面对传统编程环境中的记录结构。

为该记录创建一个"哑"数据对象。

动机

记录型结构是许多编程环境的共同性质。有一些理由使它们被带进面向对象程序之中：你可能面对的是一个遗留程序，也可能需要通过一个传统API来与记录结构交流，或是处理从数据库读出的记录。这些时候你就有必要创建一个接口类，用以处理这些外来数据。最简单的做法就是先建立一个看起来类似外部记录的类，以便日后将某些字段和函数搬移到这个类之中。一个不太常见但非常令人注目的情况是：数组中的每个位置上的元素都有特定含义，这种情况下应该使用*Replace Array with Object* (186)。

做法

- ❑ 新建一个类，表示这个记录。

- ❑ 对于记录中的每一项数据，在新建的类中建立对应的一个private字段，并提供相应的取值/设值函数。

现在，你拥有了一个"哑"数据对象。这个对象现在还没有任何有用的行为，但是更进一步的重构会解决这个问题。

8.13　Replace Type Code with Class（以类取代类型码）

类之中有一个数值类型码，但它并不影响类的行为。

以一个新的类替换该数值类型码。

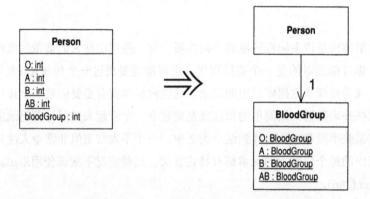

动机

在以 C 为基础的编程语言中，类型码或枚举值很常见。如果带着一个有意义的符号名，类型码的可读性还是不错的。问题在于，符号名终究只是个别名，编译器看见的、进行类型检验的，还是背后那个数值。任何接受类型码作为参数的函数，所期望的实际上是一个数值，无法强制使用符号名。这会大大降低代码的可读性，从而成为 bug 之源。

如果把那样的数值换成一个类，编译器就可以对这个类进行类型检验。只要为这个类提供工厂函数，你就可以始终保证只有合法的实例才会被创建出来，而且它们都会被传递给正确的宿主对象。

但是，在使用 *Replace Type Code with Class* (218) 之前，你应该先考虑类型码的其他替换方式。只有当类型码是纯粹数据时（也就是类型码不会在 switch 语句中引起行为变化时），你才能以类来取代它。Java 只能以整数作为 switch 语句的判断依据，不能使用任意类，因此那种情况下不能够以类替换类型码。更重要的是：任何 switch 语句都应该运用 *Replace Conditional with Polymorphism* (255) 去掉。为了进行那样的重构，你首先必须运用 *Replace Type Code with Subclasses* (223) 或 *Replace Type Code with State/Strategy* (227)，把类型码处理掉。

即使一个类型码不会因其数值的不同而引起行为上的差异，宿主类中的某些行为还是有可能更适合置放于类型码类中，因此你还应该留意是否有必要使用*Move Method* (142)将一两个函数搬过去。

做法

□ 为类型码建立一个类。

⇒ 这个类需要一个用以记录类型码的字段，其类型应该和类型码相同，并应该有对应的取值函数。此外还应该用一组静态变量保存允许被创建的实例，并以一个静态函数根据原本的类型码返回合适的实例。

□ 修改源类实现，让它使用上述新建的类。

⇒ 维持原先以类型码为基础的函数接口，但改变静态字段，以新建的类产生代码。然后，修改类型码相关函数，让它们也从新建的类中获取类型码。

□ 编译，测试。

⇒ 此时，新建的类可以对类型码进行运行期检查。

□ 对于源类中每一个使用类型码的函数，相应建立一个函数，让新函数使用新建的类。

⇒ 你需要建立"以新类实例为自变量"的函数，用以替换原先"直接以类型码为参数"的函数。你还需要建立一个"返回新类实例"的函数，用以替换原先"直接返回类型码"的函数。建立新函数前，你可以使用*Rename Method* (273)修改原函数名称，明确指出哪些函数仍然使用旧式的类型码，这往往是个明智之举。

□ 逐一修改源类用户，让它们使用新接口。

□ 每修改一个用户，编译并测试。

⇒ 你也可能需要一次性修改多个彼此相关的函数，才能保持这些函数之间的一致性，才能顺利地编译、测试。

□ 删除使用类型码的旧接口，并删除保存旧类型码的静态变量。

□ 编译，测试。

范例

每个人都拥有四种血型中的一种。我们以Person来表示"人",以其中的类型码表示"血型":

```java
class Person {

  public static final int O = 0;
  public static final int A = 1;
  public static final int B = 2;
  public static final int AB = 3;

  private int _bloodGroup;

  public Person(int bloodGroup) {
      _bloodGroup = bloodGroup;
  }

  public void setBloodGroup(int arg) {
      _bloodGroup = arg;
  }

  public int getBloodGroup() {
      return _bloodGroup;
  }
}
```

首先,我建立一个新的BloodGroup类,用以表示"血型",并在这个类实例中保存原本的类型码数值:

```java
class BloodGroup {
  public static final BloodGroup O = new BloodGroup(0);
  public static final BloodGroup A = new BloodGroup(1);
  public static final BloodGroup B = new BloodGroup(2);
  public static final BloodGroup AB = new BloodGroup(3);
  private static final BloodGroup[] _values = { O, A, B, AB };

  private final int _code;

  private BloodGroup(int code) {
      _code = code;
  }

  public int getCode() {
      return _code;
  }

  public static BloodGroup code(int arg) {
      return _values[arg];
  }
}
```

然后，我把Person中的类型码改为使用BloodGroup类：

```
class Person {

    public static final int O = BloodGroup.O.getCode();
    public static final int A = BloodGroup.A.getCode();
    public static final int B = BloodGroup.B.getCode();
    public static final int AB = BloodGroup.AB.getCode();

    private BloodGroup _bloodGroup;

    public Person(int bloodGroup) {
        _bloodGroup = BloodGroup.code(bloodGroup);
    }

    public int getBloodGroup() {
        return _bloodGroup.getCode();
    }

    public void setBloodGroup(int arg) {
        _bloodGroup = BloodGroup.code(arg);
    }
}
```

现在，我因为BloodGroup类而拥有了运行期检验能力。为了真正从这些改变中获利，我还必须修改Person的用户，让它们以BloodGroup对象表示类型码，而不再使用整数。

首先，我使用*Rename Method*(273)修改类型码访问函数的名称，说明当前情况：

```
class Person...
    public int getBloodGroupCode() {
        return _bloodGroup.getCode();
    }
```

然后我为Person加入一个新的取值函数，其中使用BloodGroup：

```
public BloodGroup getBloodGroup() {
    return _bloodGroup;
}
```

另外，我还要建立新的构造函数和设值函数，让它们也使用BloodGroup：

```
public Person (BloodGroup bloodGroup ) {
    _bloodGroup = bloodGroup;
}

public void setBloodGroup(BloodGroup arg) {
    _bloodGroup = arg;
}
```

现在，我要继续处理Person用户。此时应该注意，每次只处理一个用户，这样才可以保持小步前进。每个用户需要的修改方式可能不同，这使得修改过程更加棘手。对Person内的静态变量的所有引用点也需要修改。因此，下列代码：

```
Person thePerson = new Person(Person.A)
```

就变成了：

```
Person thePerson = new Person(BloodGroup.A);
```

原来调用取值函数的代码必须改为调用BloodGroup的取值函数。因此，下列代码：

```
thePerson.getBloodGroupCode()
```

变成了：

```
thePerson.getBloodGroup().getCode()
```

设值函数也一样。因此，下列代码：

```
thePerson.setBloodGroup(Person.AB)
```

变成了：

```
thePerson.setBloodGroup(BloodGroup.AB)
```

修改完毕Person的所有用户之后，我就可以删掉原本使用整数类型的那些旧的取值函数、构造函数、静态变量和设值函数了：

```
class Person ...
  public static final int O = BloodGroup.O.getCode();
  public static final int A = BloodGroup.A.getCode();
  public static final int B = BloodGroup.B.getCode();
  public static final int AB = BloodGroup.AB.getCode();
  public Person (int bloodGroup) {
    _bloodGroup = BloodGroup.code(bloodGroup);
  }
  public int getBloodGroupCode() {
    return _bloodGroup.getCode();
  }
  public void setBloodGroup(int arg) {
    _bloodGroup = BloodGroup.code (arg);
  }
```

我还可以将BloodGroup中使用整数类型的函数声明为private，因为再没有人会使用它们了：

```
class BloodGroup...
  private int getCode() {
    return _code;
  }

  private static BloodGroup code(int arg) {
    return _values[arg];
  }
```

8.14　Replace Type Code with Subclasses（以子类取代类型码）

你有一个不可变的类型码，它会影响类的行为。

以子类取代这个类型码。

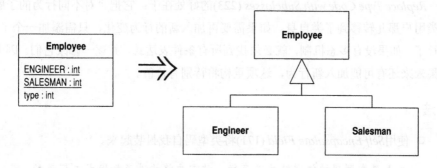

动机

如果你面对的类型码不会影响宿主类的行为，可以使用*Replace Type Code with Class* (218)来处理它们。但如果类型码会影响宿主类的行为，那么最好的办法就是借助多态来处理变化行为。

一般来说，这种情况的标志就是像switch这样的条件表达式。这种条件表达式可能有两种表现形式：switch语句或者if-then-else结构。不论哪种形式，它们都是检查类型码值，并根据不同的值执行不同的动作。这种情况下，你应该以*Replace Conditional with Polymorphism* (255)进行重构。但为了能够顺利进行那样的重构，首先应该将类型码替换为可拥有多态行为的继承体系。这样的一个继承体系应该以类型码的宿主类为基类，并针对每一种类型码各建立一个子类。

为建立这样的继承体系，最简单的办法就是*Replace Type Code with Subclasses* (223)：以类型码的宿主类为基类，针对每种类型码建立相应的子类。

但是以下两种情况你不能那么做：(1) 类型码值在对象创建之后发生了改变；(2) 由于某些原因，类型码宿主类已经有了子类。如果你恰好面临这两种情况之一，就需要使用*Replace Type Code with State/Strategy* (227)。

Replace Type Code with Subclasses (223)的主要作用其实是搭建一个舞台，让*Replace Conditional with Polymorphism* (255)得以一展身手。如果宿主类中并没有出现条件表达式，那么*Replace Type Code with Class* (218)更合适，风险也比较低。

使用*Replace Type Code with Subclasses* (223)的另一个原因就是，宿主类中出现了"只与具备特定类型码之对象相关"的特性。完成本项重构之后，你可以使用*Push Down Method* (328)和*Push Down Field* (329)将这些特性推到合适的子类去，以彰显它们只与特定情况相关这一事实。

Replace Type Code with Subclasses (223)的好处在于：它把"对不同行为的了解"从类用户那儿转移到了类自身。如果需要再加入新的行为变化，只需添加一个子类就行了。如果没有多态机制，就必须找到所有条件表达式，并逐一修改它们。因此，如果未来还有可能加入新行为，这项重构将特别有价值。

做法

❑ 使用*Self Encapsulate Field* (171)将类型码自我封装起来。

　　⇒ 如果类型码被传递给构造函数，就需要将构造函数换成工厂函数。

❑ 为类型码的每一个数值建立一个相应的子类。在每个子类中覆写类型码的取值函数，使其返回相应的类型码值。

　　⇒ 这个值被硬编码于return句中（例如，return 1）。这看起来很肮脏，但只是权宜之计。当所有case子句都被替换后，问题就解决了。

❑ 每建立一个新的子类，编译并测试。

❑ 从超类中删掉保存类型码的字段。将类型码访问函数声明为抽象函数。

❑ 编译，测试。

范例

为简单起见，我还是使用那个恼人又不切实际的"雇员/薪资"例子。我们以Employee表示"雇员"：

```java
class Employee...
  private int _type;
  static final int ENGINEER = 0;
  static final int SALESMAN = 1;
  static final int MANAGER = 2;

  Employee (int type) {
      _type = type;
  }
```

第一步是以*Self Encapsulate Field* (171)将类型码自我封装起来：

```
int getType() {
    return _type;
}
```

由于Employee构造函数接受类型码作为一个参数，所以我必须将它替换为一个工厂函数：

```
static Employee create(int type) {
    return new Employee(type);
}

private Employee (int type) {
    _type = type;
}
```

现在，我可以先建立一个子类Engineer表示"工程师"。首先我建立这个子类，并在其中覆写类型码取值函数：

```
class Engineer extends Employee {

  int getType() {
      return Employee.ENGINEER;
  }
}
```

同时我应该修改工厂函数，令它返回一个合适的对象：

```
class Employee
  static Employee create(int type) {
      if (type == ENGINEER) return new Engineer();
      else return new Employee(type);
  }
```

然后，我继续逐一地处理其他类型码，直到所有类型码都被替换成子类为止。此时我就可以移除Employee中保存类型码的字段，并将getType()声明为一个抽象函数。现在，工厂函数看起来像这样：

```
abstract int getType();

static Employee create(int type) {
    switch (type) {
        case ENGINEER:
```

```
            return new Engineer();
    case SALESMAN:
            return new Salesman();
    case MANAGER:
            return new Manager();
    default:
            throw new IllegalArgumentException("Incorrect type code value");
    }
}
```

当然，我总是避免使用switch语句。但这里只有一处用到switch语句，并且只用于决定创建何种对象，这样的switch语句是可以接受的。

很自然地，在建立了这些子类之后，你就应该使用*Push Down Method* (328)和*Push Down Field* (329)，将只与特定种类雇员相关的函数和字段推到相关的子类去。

8.15 Replace Type Code with State/Strategy （以 State/Strategy 取代类型码）

你有一个类型码，它会影响类的行为，但你无法通过继承手法消除它。

以状态对象取代类型码。

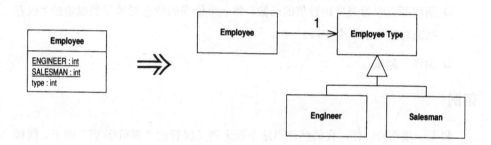

动机

本项重构和*Replace Type Code with Subclasses* (223)很相似，但如果"类型码的值在对象生命期中发生变化"或"其他原因使得宿主类不能被继承"，你也可以使用本重构。本重构使用State模式或Strategy模式[Gang of Four]。

State模式和Strategy模式非常相似，因此无论你选择其中哪一个，重构过程都是相同的。"选择哪一个模式"并非问题关键所在，你只需要选择更适合特定情境的模式就行了。如果你打算在完成本项重构之后再以*Replace Conditional with Polymorphism* (255)简化一个算法，那么选择Strategy模式比较合适；如果你打算搬移与状态相关的数据，而且你把新建对象视为一种变迁状态，就应该选择使用State模式。

做法

❑ 使用*Self Encapsulate Field* (171)将类型码自我封装起来。

❑ 新建一个类，根据类型码的用途为它命名。这就是一个状态对象。

❑ 为这个新类添加子类，每个子类对应一种类型码。

⇒ 比起逐一添加，一次性加入所有必要的子类可能更简单些。

□ 在超类中建立一个抽象的查询函数，用以返回类型码。在每个子类中覆写该函数，返回确切的类型码。

□ 编译。

□ 在源类中建立一个字段，用以保存新建的状态对象。

□ 调整源类中负责查询类型码的函数，将查询动作转发给状态对象。

□ 调整源类中为类型码设值的函数，将一个恰当的状态对象子类赋值给"保存状态对象"的那个字段。

□ 编译，测试。

范例

和上一项重构一样，我仍然使用这个既无聊又弱智的"雇员/薪资"例子。同样地，我以Employee表示"雇员"：

```
class Employee {

    private int _type;
    static final int ENGINEER = 0;
    static final int SALESMAN = 1;
    static final int MANAGER = 2;

    Employee(int type) {
        _type = type;
    }
}
```

下面的代码展示使用这些类型码的条件表达式：

```
int payAmount() {
    switch (_type) {
        case ENGINEER:
            return _monthlySalary;
        case SALESMAN:
            return _monthlySalary + _commission;
        case MANAGER:
            return _monthlySalary + _bonus;
        default:
            throw new RuntimeException("Incorrect Employee");
    }
}
```

假设这是一家激情四溢、积极进取的公司，他们可以将表现出色的工程师擢升为经理。因此，对象的类型码是可变的，所以我不能使用继承方式来处理类型码。和以前一样，我的第一步还是使用 *Self Encapsulate Field* (171)将表示类型码的字段自我封装起来：

```
Employee(int type) {
    setType(type);
}

int getType() {
    return _type;
}

void setType(int arg) {
    _type = arg;
}

int payAmount() {
    switch (getType()) {
        case ENGINEER:
            return _monthlySalary;
        case SALESMAN:
            return _monthlySalary + _commission;
        case MANAGER:
            return _monthlySalary + _bonus;
        default:
            throw new RuntimeException("Incorrect Employee");
    }
}
```

现在，我需要声明一个状态类。我把它声明为一个抽象类，并提供一个抽象函数，用以返回类型码：

```
abstract class EmployeeType {
  abstract int getTypeCode();
}
```

现在，我可以开始创造子类了：

```
class Engineer extends EmployeeType {

  int getTypeCode() {
      return Employee.ENGINEER;
  }
}
```

```
class Manager extends EmployeeType {

    int getTypeCode() {
        return Employee.MANAGER;
    }
}

class Salesman extends EmployeeType {

    int getTypeCode() {
        return Employee.SALESMAN;
    }
}
```

现在进行一次编译。前面所做的修改实在太平淡了，即使对我来说也太简单。现在，我要修改类型码访问函数，实实在在地把这些子类和Employee类联系起来：

```
class Employee...
    private EmployeeType _type;

    int getType() {
        return _type.getTypeCode();
    }

    void setType(int arg) {
        switch (arg) {
        case ENGINEER:
            _type = new Engineer();
            break;
        case SALESMAN:
            _type = new Salesman();
            break;
        case MANAGER:
            _type = new Manager();
            break;
        default:
            throw new IllegalArgumentException("Incorrect Employee Code");
        }
    }
```

这意味我将在这里拥有一个switch语句。完成重构之后，这将是代码中唯一的switch语句，并且只在对象类型发生改变时才会执行。我也可以运用*Replace Constructor with Factory Method* (304)针对不同的case子句建立相应的工厂函数。我还可以立刻再使用*Replace Conditional with Polymorphism* (255)，从而将其他的case子句完全消除。

最后，我喜欢将所有关于类型码和子类的知识都移到新类，并以此结束*Replace Type Code with State/Strategy* (227)。首先，我把类型码的定义复制到EmployeeType

去，在其中建立一个工厂函数以生成适当的EmployeeType对象，并调整Employee中为类型码赋值的函数：

```
class Employee...
  void setType(int arg) {
    _type = EmployeeType.newType(arg);
  }

class EmployeeType...
  static EmployeeType newType(int code) {
      switch (code) {
      case ENGINEER:
          return new Engineer();
      case SALESMAN:
          return new Salesman();
      case MANAGER:
          return new Manager();
      default:
          throw new IllegalArgumentException("Incorrect Employee Code");
      }
  }
  static final int ENGINEER = 0;
  static final int SALESMAN = 1;
  static final int MANAGER = 2;
```

然后，我删掉Employee中的类型码定义，代之以一个指向EmployeeType对象的引用：

```
class Employee...
  int payAmount() {
      switch (getType()) {
      case EmployeeType.ENGINEER:
          return _monthlySalary;
      case EmployeeType.SALESMAN:
          return _monthlySalary + _commission;
      case EmployeeType.MANAGER:
          return _monthlySalary + _bonus;
      default:
          throw new RuntimeException("Incorrect Employee");
      }
  }
```

现在，万事俱备，可以运用*Replace Conditional with Polymorphism* (255)来处理payAmount()函数了。

8.16 Replace Subclass with Fields（以字段取代子类）

你的各个子类的唯一差别只在"返回常量数据"的函数身上。

修改这些函数，使它们返回超类中的某个（新增）字段，然后销毁子类。

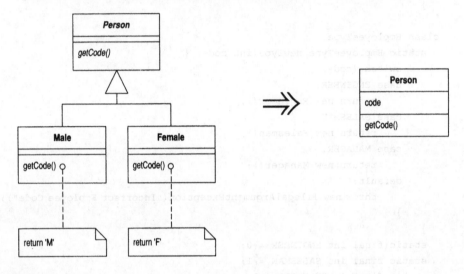

动机

建立子类的目的，是为了增加新特性或变化其行为。有一种变化行为被称为"常量函数"（constant method）[Beck]，它们会返回一个硬编码的值。这东西有其用途：你可以让不同的子类中的同一个访问函数返回不同的值。你可以在超类中将访问函数声明为抽象函数，并在不同的子类中让它返回不同的值。

尽管常量函数有其用途，但若子类中只有常量函数，实在没有足够的存在价值。你可以在超类中设计一个与常量函数返回值相应的字段，从而完全去除这样的子类。如此一来就可以避免因继承而带来的额外复杂性。

做法

❑ 对所有子类使用 *Replace Constructor with Factory Method* (304)。

❑ 如果有任何代码直接引用子类，令它改而引用超类。

❑ 针对每个常量函数，在超类中声明一个final字段。

❑ 为超类声明一个protected构造函数，用以初始化这些新增字段。

□ 新建或修改子类构造函数，使它调用超类的新增构造函数。

□ 编译，测试。

□ 在超类中实现所有常量函数，令它们返回相应字段值，然后将该函数从子类中删掉。

□ 每删除一个常量函数，编译并测试。

□ 子类中所有的常量函数都被删除后，使用 *Inline Method* (117)将子类构造函数内联到超类的工厂函数中。

□ 编译，测试。

□ 将子类删掉。

□ 编译，测试。

□ 重复"内联构造函数、删除子类"过程，直到所有子类都被删除。

范例

本例之中，我以 Person 表示"人"，并针对每种性别建立一个子类：以 Male 子类表示"男人"，以 Female 子类表示"女人"：

```
abstract class Person {

  abstract boolean isMale();
  abstract char getCode();
...

class Male extends Person {
  boolean isMale() {
      return true;
  }
  char getCode() {
      return 'M';
  }
}

class Female extends Person {
  boolean isMale() {
      return false;
  }
  char getCode() {
      return 'F';
  }
}
```

在这里，两个子类之间唯一的区别就是：它们以不同的方式实现了Person所声明的抽象函数getCode()，返回不同的硬编码常量（所以getCode()是个常量函数[Beck]）。我应该将这两个怠惰的子类去掉。

首先我需要使用*Replace Constructor with Factory Method*(304)。在这里，我需要为每个子类建立一个工厂函数：

```
class Person...
static Person createMale() {
    return new Male();
}
static Person createFemale() {
    return new Female();
}
```

然后我把对象创建过程从以下这样：

```
Person kent = new Male();
```

改为这样：

```
Person kent = Person.createMale();
```

将所有调用构造函数的地方都改为调用工厂函数之后，就不应该再有任何对子类的直接引用了。一次全文搜索就可以帮助我证实这一点。然后，我可以把这两个子类都声明为private，这样编译器就可以帮助我，保证至少包外不会有任何代码使用它们。

现在，针对每个常量函数，在超类中声明一个对应的字段：

```
class Person...
  private final boolean _isMale;
  private final char _code;
```

然后为超类加上一个protected构造函数：

```
class Person...
  protected Person (boolean isMale, char code) {
        _isMale = isMale;
        _code = code;
}
```

再为子类加上新构造函数，令它调用超类新增的构造函数：

```
class Male...
  Male() {
      super (true, 'M');
  }
class Female...
  Female() {
      super (false, 'F');
  }
```

　　完成这一步后，编译并测试。所有字段都被创建出来并被赋予初值，但到目前为止，我们还没有使用它们。现在我可以在超类中加入访问这些字段的函数，并删掉子类中的常量函数，从而让这些字段粉墨登场：

```
class Person...
  boolean isMale() {
      return _isMale;
  }
class Male...
  boolean isMale() {
      return true;
  }
```

　　我可以逐一对每个字段、每个子类进行这一步骤的修改。如果我相信自己的运气，也可以采取一次性全部修改的手段。

　　所有字段都处理完毕后，所有子类也都空空如也了，于是可以删除Person中那个抽象函数的abstract修饰符，并以*Inline Method* (117)将子类构造函数内联到超类的工厂函数中：

```
class Person
  static Person createMale() {
      return new Person(true, 'M');
  }
```

　　编译、测试后，我就可以删掉Male类，并对Female类重复上述过程。

8

第 9 章

简化条件表达式

条件逻辑有可能十分复杂,因此本章提供一些重构手法,专门用来简化它们。其中一项核心重构就是*Decompose Conditional* (238),可将一个复杂的条件逻辑分成若干小块。这项重构很重要,因为它使得"分支逻辑"和"操作细节"分离。

本章的其余重构手法可用以处理另一些重要问题:如果你发现代码中的多处测试有相同结果,应该实施*Consolidate Conditional Expression* (240);如果条件代码中有任何重复,可以运用*Consolidate Duplicate Conditional Fragments* (243)将重复成分去掉。

如果程序开发者坚持"单一出口"原则,那么为让条件表达式也遵循这一原则,他往往会在其中加入控制标记。我并不特别在意"一个函数一个出口"的教条,所以我使用*Replace Nested Conditional with Guard Clauses* (250)标示出那些特殊情况,并使用*Remove Control Flag* (245)去除那些讨厌的控制标记。

较之于过程化程序而言,面向对象程序的条件表达式通常比较少,这是因为很多条件行为都被多态机制处理掉了。多态之所以更好,是因为调用者无须了解条件行为的细节,因此条件的扩展更为容易。所以面向对象程序中很少出现switch语句。一旦出现,就应该考虑运用*Replace Conditional with Polymorphism* (255)将它替换为多态。

多态还有一种十分有用但鲜为人知的用途:通过*Introduce Null Object* (260)去除对于null值的检验。

9.1   Decompose Conditional（分解条件表达式）

你有一个复杂的条件（if-then-else）语句。

从`if`、`then`、`else`三个段落中分别提炼出独立函数。

```
if (date.before (SUMMER_START) || date.after(SUMMER_END))
    charge = quantity * _winterRate + _winterServiceCharge;
else charge = quantity * _summerRate;
```

```
if (notSummer(date))
    charge = winterCharge(quantity);
else charge = summerCharge (quantity);
```

动机

程序之中，复杂的条件逻辑是最常导致复杂度上升的地点之一。你必须编写代码来检查不同的条件分支、根据不同的分支做不同的事，然后，你很快就会得到一个相当长的函数。大型函数自身就会使代码的可读性下降，而条件逻辑则会使代码更难阅读。在带有复杂条件逻辑的函数中，代码（包括检查条件分支的代码和真正实现功能的代码）会告诉你发生的事，但常常让你弄不清楚为什么会发生这样的事，这就说明代码的可读性的确大大降低了。

和任何大块头代码一样，你可以将它分解为多个独立函数，根据每个小块代码的用途，为分解而得的新函数命名，并将原函数中对应的代码改为调用新建函数，从而更清楚地表达自己的意图。对于条件逻辑，将每个分支条件分解成新函数还可以给你带来更多好处：可以突出条件逻辑，更清楚地表明每个分支的作用，并且突出每个分支的原因。

做法

□ 将if段落提炼出来，构成一个独立函数。

□ 将then段落和else段落都提炼出来，各自构成一个独立函数。

如果发现嵌套的条件逻辑，我通常会先观察是否可以使用*Replace Nested Conditional with Guard Clauses* (250)。如果不行，才开始分解其中的每个条件。

范例

假设我要计算购买某样商品的总价（总价=数量×单价），而这个商品在冬季和夏季的单价是不同的：

```
if (date.before (SUMMER_START) || date.after(SUMMER_END))
    charge = quantity * _winterRate + _winterServiceCharge;
else charge = quantity * _summerRate;
```

我把每个分支的判断条件都提炼到一个独立函数中，如下所示：

```
    if (notSummer(date))
        charge = winterCharge(quantity);
    else charge = summerCharge (quantity);

private boolean notSummer(Date date) {
    return date.before (SUMMER_START) || date.after(SUMMER_END);
}

private double summerCharge(int quantity) {
    return quantity * _summerRate;
}

private double winterCharge(int quantity) {
    return quantity * _winterRate + _winterServiceCharge;
}
```

通过这段代码可以看出整个重构带来的清晰性。实际工作中，我会逐步进行每一次提炼，并在每次提炼之后编译并测试。

像这样的情况下，许多程序员都不会去提炼分支条件。因为这些分支条件往往非常短，看上去似乎没有提炼的必要。但是，尽管这些条件往往很短，在代码意图和代码自身之间往往存在不小的差距。哪怕在上面这样一个小小例子中，notSummer(date)这个语句也能够比原本的代码更好地表达自己的用途。对于原来的代码，我必须看着它，想一想，才能说出其作用。当然，在这个简单的例子中，这并不困难。不过，即使如此，提炼出来的函数可读性也更高一些——它看上去就像一段注释那样清楚而明白。

9.2　Consolidate Conditional Expression（合并条件表达式）

你有一系列条件测试，都得到相同结果。

将这些测试合并为一个条件表达式，并将这个条件表达式提炼成为一个独立函数。

```
double disabilityAmount() {
    if (_seniority < 2) return 0;
    if (_monthsDisabled > 12) return 0;
    if (_isPartTime) return 0;
    // compute the disability amount
```

```
double disabilityAmount() {
    if (isNotEligibleForDisability()) return 0;
    // compute the disability amount
```

动机

有时你会发现这样一串条件检查：检查条件各不相同，最终行为却一致。如果发现这种情况，就应该使用"逻辑或"和"逻辑与"将它们合并为一个条件表达式。

之所以要合并条件代码，有两个重要原因。首先，合并后的条件代码会告诉你"实际上只有一次条件检查，只不过有多个并列条件需要检查而已"，从而使这一次检查的用意更清晰。当然，合并前和合并后的代码有着相同的效果，但原先代码传达出的信息却是"这里有一些各自独立的条件测试，它们只是恰好同时发生"。其次，这项重构往往可以为你使用 *Extract Method* (110)做好准备。将检查条件提炼成一个独立函数对于厘清代码意义非常有用，因为它把描述"做什么"的语句换成了"为什么这样做"。

条件语句的合并理由也同时指出了不要合并的理由：如果你认为这些检查的确彼此独立，的确不应该被视为同一次检查，那么就不要使用本项重构。因为在这种情况下，你的代码已经清楚表达出自己的意义。

做法

❑ 确定这些条件语句都没有副作用。

⇒ 如果条件表达式有副作用，你就不能使用本项重构。

❑ 使用适当的逻辑操作符，将一系列相关条件表达式合并为一个。

❑ 编译，测试。

❑ 对合并后的条件表达式实施*Extract Method* (110)。

范例：使用逻辑或

请看下列代码：

```
double disabilityAmount() {
    if (_seniority < 2) return 0;
    if (_monthsDisabled > 12) return 0;
    if (_isPartTime) return 0;
    // compute the disability amount
    ...
```

在这段代码中，我们看到一连串的条件检查，它们都做同一件事。对于这样的代码，上述条件检查等价于一个以逻辑或连接起来的语句：

```
double disabilityAmount() {
    if ((_seniority < 2) || (_monthsDisabled > 12) || (_isPartTime)) return 0;
    // compute the disability amount
...
```

现在，我可以观察这个新的条件表达式，并运用*Extract Method* (110)将它提炼成一个独立函数，以函数名称表达该语句所检查的条件：

```
double disabilityAmount() {
    if (isNotEligibleForDisability()) return 0;
    // compute the disability amount
    ...
}

boolean isNotEligibleForDisability() {
    return ((_seniority < 2) || (_monthsDisabled > 12) || (_isPartTime));
}
```

范例：使用逻辑与

上述实例展示了逻辑或的用法。下列代码展示逻辑与的用法：

```
if (onVacation())
    if (lengthOfService() > 10)
        return 1;
return 0.5;
```

这段代码可以变成：

```
if (onVacation() && lengthOfService() > 10) return 1;
else return 0.5;
```

你可能还会发现，某些情况下需要同时使用逻辑或、逻辑与和逻辑非，最终得到的条件表达式可能很复杂，所以我会先使用*Extract Method* (110)将表达式的一部分提炼出来，从而使整个表达式变得简单一些。

如果我所观察的部分只是对条件进行检查并返回一个值，就可以使用三元操作符将这一部分变成一条return语句。因此，下列代码：

```
if (onVacation() && lengthOfService() > 10) return 1;
else return 0.5;
```

就变成了：

```
return (onVacation() && lengthOfService() > 10) ? 1 : 0.5;
```

9.3   Consolidate Duplicate Conditional Fragments （合并重复的条件片段）

在条件表达式的每个分支上有着相同的一段代码。

将这段重复代码搬移到条件表达式之外。

```
if (isSpecialDeal()) {
    total = price * 0.95;
    send();
}
else {
    total = price * 0.98;
    send();
}
```

```
if (isSpecialDeal())
    total = price * 0.95;
else
    total = price * 0.98;
send();
```

动机

有时你会发现，一组条件表达式的所有分支都执行了相同的某段代码。如果是这样，你就应该将这段代码搬移到条件表达式外面。这样，代码才能更清楚地表明哪些东西随条件的变化而变化、哪些东西保持不变。

做法

❏ 鉴别出"执行方式不随条件变化而变化"的代码。

❏ 如果这些共通代码位于条件表达式起始处，就将它移到条件表达式之前。

❏ 如果这些共通代码位于条件表达式尾端，就将它移到条件表达式之后。

❑ 如果这些共通代码位于条件表达式中段，就需要观察共通代码之前或之后的代码是否改变了什么东西。如果的确有所改变，应该首先将共通代码向前或向后移动，移至条件表达式的起始处或尾端，再以前面所说的办法来处理。

❑ 如果共通代码不止一条语句，应该首先使用*Extract Method* (110)将共通代码提炼到一个独立函数中，再以前面所说的办法来处理。

范例

你可能遇到这样的代码：

```
if (isSpecialDeal()) {
    total = price * 0.95;
    send();
}
else {
    total = price * 0.98;
    send();
}
```

由于条件表达式的两个分支都执行了send()函数，所以我应该将send()移到条件表达式的外围：

```
if (isSpecialDeal())
    total = price * 0.95;
else
    total = price * 0.98;
send();
```

我们也可以使用同样的手法来对待异常。如果在try区段内可能引发异常的语句之后，以及所有catch区段之内，都重复执行了同一段代码，就可以将这段重复代码移到final区段。

9.4 Remove Control Flag（移除控制标记）

在一系列布尔表达式中，某个变量带有"控制标记"（control flag）的作用。

以break语句或return语句取代控制标记。

动机

在一系列条件表达式中，你常常会看到用以判断何时停止条件检查的控制标记：

```
set done to false
while not done
  if (condition)
      do something
      set done to true
  next step of loop
```

这样的控制标记带来的麻烦超过了它所带来的便利。人们之所以会使用这样的控制标记，因为结构化编程原则告诉他们：每个子程序只能有一个入口和一个出口。我赞同"单一入口"原则（而且现代编程语言也强迫我们这样做），但是"单一出口"原则会让你在代码中加入讨厌的控制标记，大大降低条件表达式的可读性。这就是编程语言提供break语句和continue语句的原因：用它们跳出复杂的条件语句。去掉控制标记所产生的效果往往让你大吃一惊：条件语句真正的用途会清晰得多。

做法

对控制标记的处理，最显而易见的办法就是使用Java提供的break语句或continue语句。

❑ 找出让你跳出这段逻辑的控制标记值。

❑ 找出对标记变量赋值的语句，代以恰当的break语句或continue语句。

❑ 每次替换后，编译并测试。

在未能提供break和continue语句的编程语言中，可以使用下述办法。

❑ 运用*Extract Method* (110)，将整段逻辑提炼到一个独立函数中。

❑ 找出让你跳出这段逻辑的控制标记值。

❑ 找出对标记变量赋值的语句，代以恰当的return语句。

❑ 每次替换后，编译并测试。

即使在支持break和continue语句的编程语言中，我通常也优先考虑上述第二种方案。因为return语句可以非常清楚地表示：不再执行该函数中的其他任何代码。如果还有这一类代码，你早晚需要将这段代码提炼出来。

请注意标记变量是否会影响这段逻辑的最后结果。如果有影响，使用break语句之后还得保留控制标记值。如果你已经将这段逻辑提炼成一个独立函数，也可以将控制标记值放在return语句中返回。

范例：以 **break** 取代简单的控制标记

下列函数用来检查一系列人名之中是否包含两个可疑人物的名字（这两个人的名字硬编码于代码中）：

```
void checkSecurity(String[] people) {
    boolean found = false;
    for (int i = 0; i < people.length; i++) {
        if (!found) {
            if (people[i].equals("Don")) {
                sendAlert();
                found = true;
            }
            if (people[i].equals("John")) {
                sendAlert();
                found = true;
            }
        }
    }
}
```

这种情况下很容易找出控制标记：当变量found被赋予true时，搜索就结束。我可以逐一引入break语句：

```java
void checkSecurity(String[] people) {
    boolean found = false;
    for (int i = 0; i < people.length; i++) {
        if (!found) {
            if (people[i].equals("Don")) {
                sendAlert();
                break;
            }
            if (people[i].equals("John")) {
                sendAlert();
                found = true;
            }
        }
    }
}
```

直到替换掉所有对found变量赋值的语句：

```java
void checkSecurity(String[] people) {
    boolean found = false;
    for (int i = 0; i < people.length; i++) {
        if (!found) {
            if (people[i].equals("Don")) {
                sendAlert();
                break;
            }
            if (people[i].equals("John")) {
                sendAlert();
                break;
            }
        }
    }
}
```

然后就可以把所有对控制标记的引用都去掉：

```java
void checkSecurity(String[] people) {
    for (int i = 0; i < people.length; i++) {
        if (people[i].equals("Don")) {
            sendAlert();
            break;
        }
        if (people[i].equals("John")) {
            sendAlert();
            break;
        }
    }
}
```

范例：以 return 返回控制标记

本项重构的另一种形式将使用return语句。为了阐述这种用法，我把前面的例子稍加修改，以控制标记记录搜索结果：

```
void checkSecurity(String[] people) {
    String found = "";
    for (int i = 0; i < people.length; i++) {
        if (found.equals("")) {
            if (people[i].equals("Don")) {
                sendAlert();
                found = "Don";
            }
            if (people[i].equals("John")) {
                sendAlert();
                found = "John";
            }
        }
    }
    someLaterCode(found);
}
```

在这里，变量found做了两件事：它既是控制标记，也是运算结果。遇到这种情况，我喜欢先把计算found变量的代码提炼到一个独立函数中：

```
void checkSecurity(String[] people) {
    String found = foundMiscreant(people);
    someLaterCode(found);
}

String foundMiscreant(String[] people) {
    String found = "";
    for (int i = 0; i < people.length; i++) {
        if (found.equals("")) {
            if (people[i].equals("Don")) {
                sendAlert();
                found = "Don";
            }
            if (people[i].equals("John")) {
                sendAlert();
                found = "John";
            }
        }
    }
    return found;
}
```

然后以return语句取代控制标记:

```
String foundMiscreant(String[] people) {
    String found = "";
    for (int i = 0; i < people.length; i++) {
        if (found.equals("")) {
            if (people[i].equals("Don")) {
                sendAlert();
                return "Don";
            }
            if (people[i].equals("John")) {
                sendAlert();
                found = "John";
            }
        }
    }
    return found;
}
```

最后完全去掉控制标记:

```
String foundMiscreant(String[] people) {
    for (int i = 0; i < people.length; i++) {
        if (people[i].equals("Don")) {
            sendAlert();
            return "Don";
        }
        if (people[i].equals("John")) {
            sendAlert();
            return "John";
        }
    }
    return "";
}
```

即使不需要返回某值,也可以用return语句来取代控制标记。这时候你只需要一个空的return语句就行了。

当然,如果以此办法去处理带有副作用的函数,会有一些问题。所以我需要先以*Separate Query from Modifier* (279)将函数副作用分离出去。稍后你会看到这方面的例子。

9.5　Replace Nested Conditional with Guard Clauses
（以卫语句取代嵌套条件表达式）

函数中的条件逻辑使人难以看清正常的执行路径。

使用卫语句表现所有特殊情况。

```
double getPayAmount() {
  double result;
  if (_isDead) result = deadAmount();
  else {
      if (_isSeparated) result = separatedAmount();
      else {
          if (_isRetired) result = retiredAmount();
          else result = normalPayAmount();
      };
  }
return result;
};
```

```
double getPayAmount() {
  if (_isDead) return deadAmount();
  if (_isSeparated) return separatedAmount();
  if (_isRetired) return retiredAmount();
  return normalPayAmount();
};
```

动机

根据我的经验，条件表达式通常有两种表现形式。第一种形式是：所有分支都属于正常行为。第二种形式则是：条件表达式提供的答案中只有一种是正常行为，其他都是不常见的情况。

这两类条件表达式有不同的用途，这一点应该通过代码表现出来。如果两条分支都是正常行为，就应该使用形如if...else...的条件表达式；如果某个条件极其罕见，就应该单独检查该条件，并在该条件为真时立刻从函数中返回。这样的单独检查常常被称为"卫语句"（guard clauses）[Beck]。

Replace Nested Conditional with Guard Clauses (250)的精髓就是：给某一条分支以特别的重视。如果使用if-then-else结构，你对if分支和else分支的重视是同等的。这样的代码结构传递给阅读者的消息就是：各个分支有同样的重要性。卫语句就不同了，它告诉阅读者："这种情况很罕见，如果它真发生了，请做一些必要的整理工作，然后退出。"

"每个函数只能有一个入口和一个出口"的观念，根深蒂固于某些程序员的脑海里。我发现，当我处理他们编写的代码时，经常需要使用*Replace Nested Conditional with Guard Clauses* (250)。现今的编程语言都会强制保证每个函数只有一个入口，至于"单一出口"规则，其实不是那么有用。在我看来，保持代码清晰才是最关键的：如果单一出口能使这个函数更清楚易读，那么就使用单一出口；否则就不必这么做。

做法

- 对于每个检查，放进一个卫语句。

  ⇒ 卫语句要不就从函数中返回，要不就抛出一个异常。

- 每次将条件检查替换成卫语句后，编译并测试。

  ⇒ 如果所有卫语句都导致相同结果，请使用*Consolidate Conditional Expressions* (240)。

范例

想象一个薪资系统，其中以特殊规则处理死亡员工、驻外员工、退休员工的薪资。这些情况不常有，但的确偶尔会出现。

假设我在这个系统中看到下列代码：

```
double getPayAmount() {
    double result;
    if (_isDead) result = deadAmount();
    else {
        if (_isSeparated) result = separatedAmount();
        else {
            if (_isRetired) result = retiredAmount();
            else result = normalPayAmount();
        };
    }
    return result;
};
```

在这段代码中，非正常情况的检查掩盖了正常情况的检查，所以应该用卫语句来取代这些检查，以提高程序清晰度。我可以逐一引入卫语句。让我们从最上面的条件检查动作开始：

```
double getPayAmount() {
  double result;
  if (_isDead) return deadAmount();
  if (_isSeparated) result = separatedAmount();
  else {
      if (_isRetired) result = retiredAmount();
      else result = normalPayAmount();
  };
  return result;
};
```

然后，继续下去，仍然一次替换一个检查动作：

```
double getPayAmount() {
  double result;
  if (_isDead) return deadAmount();
  if (_isSeparated) return separatedAmount();
  if (_isRetired) result = retiredAmount();
  else result = normalPayAmount();
  return result;
};
```

然后是最后一个：

```
double getPayAmount() {
  double result;
  if (_isDead) return deadAmount();
  if (_isSeparated) return separatedAmount();
  if (_isRetired) return retiredAmount();
  result = normalPayAmount();
  return result;
};
```

此时，result变量已经没有价值了，所以我把它删掉：

```
double getPayAmount() {
  if (_isDead) return deadAmount();
  if (_isSeparated) return separatedAmount();
  if (_isRetired) return retiredAmount();
  return normalPayAmount();
};
```

嵌套条件代码往往由那些深信"每个函数只能有一个出口"的程序员写出。我发现那条规则实在有点太简单粗暴了。如果对函数剩余部分不再有兴趣，当然应该立刻退出。引导阅读者去看一个没有用的else区段，只会妨碍他们的理解。

范例：将条件反转

审阅本书初稿时，Joshua Kerievsky指出：你常常可以将条件表达式反转，从而实现*Replace Nested Conditional with Guard Clauses* (250)。为了拯救我可怜的想象力，他还好心帮我想了个例子：

```java
public double getAdjustedCapital() {
  double result = 0.0;
  if (_capital > 0.0) {
    if (_intRate > 0.0 && _duration > 0.0) {
      result = (_income / _duration) * ADJ_FACTOR;
    }
  }
  return result;
}
```

同样地，我逐一进行替换。不过这次在插入卫语句时，我需要将相应的条件反转过来：

```java
public double getAdjustedCapital() {
  double result = 0.0;
  if (_capital <= 0.0) return result;
  if (_intRate > 0.0 && _duration > 0.0) {
    result = (_income / _duration) * ADJ_FACTOR;
  }
  return result;
}
```

下一个条件稍微复杂一点，所以我分两步进行逆反。首先加入一个逻辑非操作：

```java
public double getAdjustedCapital() {
  double result = 0.0;
  if (_capital <= 0.0) return result;
  if (!(_intRate > 0.0 && _duration > 0.0)) return result;
  result = (_income / _duration) * ADJ_FACTOR;
  return result;
}
```

但是在这样的条件表达式中留下一个逻辑非，会把我的脑袋拧成一团乱麻，所以我把它简化成下面这样：

```
public double getAdjustedCapital() {
    double result = 0.0;
    if (_capital <= 0.0) return result;
    if (_intRate <= 0.0 || _duration <= 0.0) return result;
    result = (_income / _duration) * ADJ_FACTOR;
    return result;
}
```

这时候，我比较喜欢在卫语句内返回一个明确值，因为这样我可以一目了然地看到卫语句返回的失败结果。此外，这种时候我也会考虑使用*Replace Magic Number with Symbolic Constant* (204)。

```
public double getAdjustedCapital() {
    double result = 0.0;
    if (_capital <= 0.0) return 0.0;
    if (_intRate <= 0.0 || _duration <= 0.0) return 0.0;
    result = (_income / _duration) * ADJ_FACTOR;
    return result;
}
```

完成替换之后，我同样可以将临时变量移除：

```
public double getAdjustedCapital() {
    if (_capital <= 0.0) return 0.0;
    if (_intRate <= 0.0 || _duration <= 0.0) return 0.0;
    return (_income / _duration) * ADJ_FACTOR;
}
```

9.6 Replace Conditional with Polymorphism（以多态取代条件表达式）

你手上有个条件表达式，它根据对象类型的不同而选择不同的行为。

将这个条件表达式的每个分支放进一个子类内的覆写函数中，然后将原始函数声明为抽象函数。

```
double getSpeed() {
    switch (_type) {
        case EUROPEAN:
            return getBaseSpeed();
        case AFRICAN:
            return getBaseSpeed() - getLoadFactor() * _numberOfCoconuts;
        case NORWEGIAN_BLUE:
            return (_isNailed) ? 0 : getBaseSpeed(_voltage);
    }
    throw new RuntimeException("Should be unreachable");
}
```

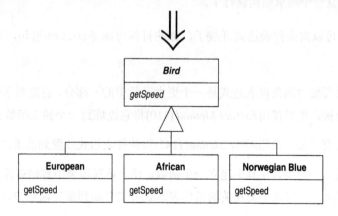

动机

在面向对象术语中，听上去最高贵的词非"多态"莫属。多态最根本的好处就是：如果你需要根据对象的不同类型而采取不同的行为，多态使你不必编写明显的条件表达式。

正因为有了多态，所以你会发现："类型码的switch语句"以及"基于类型名称的if-then-else语句"在面向对象程序中很少出现。

多态能够给你带来很多好处。如果同一组条件表达式在程序许多地点出现，那么使用多态的收益是最大的。使用条件表达式时，如果你想添加一种新类型，就必须查找并更新所有条件表达式。但如果改用多态，只需建立一个新的子类，并在其中提供适当的函数就行了。类的用户不需要了解这个子类，这就大大降低了系统各部分之间的依赖，使系统升级更加容易。

做法

使用 *Replace Conditional with Polymorphism* (255)之前，首先必须有一个继承结构。你可能已经通过先前的重构得到了这一结构。如果还没有，现在就需要建立它。

要建立继承结构，有两种选择：*Replace Type Code with Subclasses* (223)和*Replace Type Code with State/Strategy* (227)。前一种做法比较简单，因此应该尽可能使用它。但如果你需要在对象创建好之后修改类型码，就不能使用继承手法，只能使用 State/Strategy模式。此外，如果由于其他原因，要重构的类已经有了子类，那么也得使用State/Strategy。记住，如果若干switch语句针对的是同一个类型码，你只需针对这个类型码建立一个继承结构就行了。

现在，可以向条件表达式开战了。你的目标可能是switch语句，也可能是if语句。

- 如果要处理的条件表达式是一个更大函数中的一部分，首先对条件表达式进行分析，然后使用 *Extract Method* (110)将它提炼到一个独立函数去。

- 如果有必要，使用 *Move Method* (142)将条件表达式放置到继承结构的顶端。

- 任选一个子类，在其中建立一个函数，使之覆写超类中容纳条件表达式的那个函数。将与该子类相关的条件表达式分支复制到新建函数中，并对它进行适当调整。

 ⇒ 为了顺利进行这一步骤，你可能需要将超类中的某些private字段声明为protected。

- 编译，测试。

- 在超类中删掉条件表达式内被复制了的分支。

- 编译，测试。

□ 针对条件表达式的每个分支，重复上述过程，直到所有分支都被移到子类内的函数为止。

□ 将超类之中容纳条件表达式的函数声明为抽象函数。

范例

请允许我继续使用"员工与薪资"这个简单而又乏味的例子。我的类是从*Replace Type Code with State/Strategy* (227)那个例子中拿来的，因此示意图就如图9-1所示（如果想知道这个图是怎么得到的，请看第8章的范例）。

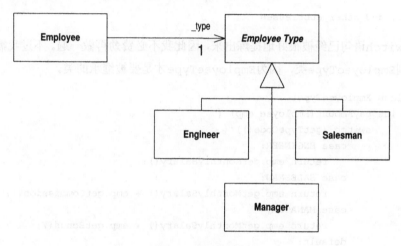

图9-1 继承结构

```
class Employee...
  int payAmount() {
      switch (getType()) {
          case EmployeeType.ENGINEER:
              return _monthlySalary;
          case EmployeeType.SALESMAN:
              return _monthlySalary + _commission;
          case EmployeeType.MANAGER:
              return _monthlySalary + _bonus;
          default:
              throw new RuntimeException("Incorrect Employee");
      }
  }
```

```
    int getType() {
        return _type.getTypeCode();
    }
    private EmployeeType _type;

abstract class EmployeeType...
    abstract int getTypeCode();

class Engineer extends EmployeeType...
    int getTypeCode() {
        return Employee.ENGINEER;
    }

... and other subclasses
```

switch 语句已经被很好地提炼出来，因此我不必费劲再做一遍。不过我需要将它移到 EmployeeType 类，因为 EmployeeType 才是要被继承的类。

```
class EmployeeType...
    int payAmount(Employee emp) {
        switch (getTypeCode()) {
            case ENGINEER:
                return emp.getMonthlySalary();
            case SALESMAN:
                return emp.getMonthlySalary() + emp.getCommission();
            case MANAGER:
                return emp.getMonthlySalary() + emp.getBonus();
            default:
                throw new RuntimeException("Incorrect Employee");
        }
    }
```

由于我需要 Employee 的数据，所以需要将 Employee 对象作为参数传递给 payAmount()。这些数据中的一部分也许可以移到 EmployeeType 来，但那是另一项重构需要关心的问题了。

调整代码，使之通过编译，然后我修改 Employee 中的 payAmount() 函数，令它委托 EmployeeType：

```
class Employee...
    int payAmount() {
        return _type.payAmount(this);
    }
```

现在，我可以处理switch语句了。这个过程有点像淘气小男孩折磨一只昆虫——每次掰掉它一条腿。首先我把switch语句中的Engineer这一分支复制到Engineer类：

```
class Engineer...
    int payAmount(Employee emp) {
        return emp.getMonthlySalary();
    }
```

这个新函数覆写了超类中的switch语句内专门处理Engineer的分支。我是个偏执狂，有时我会故意在case子句中放一个陷阱，检查Engineer子类是否正常工作：

```
class EmployeeType...
    int payAmount(Employee emp) {
        switch (getTypeCode()) {
            case ENGINEER:
                throw new RuntimeException("Should be being overridden");
            case SALESMAN:
                return emp.getMonthlySalary() + emp.getCommission();
            case MANAGER:
                return emp.getMonthlySalary() + emp.getBonus();
            default:
                throw new RuntimeException("Incorrect Employee");
        }
    }
```

接下来，我重复上述过程，直到所有分支都被去除为止：

```
class Salesman...
    int payAmount(Employee emp) {
        return emp.getMonthlySalary() + emp.getCommission();
    }
```

```
class Manager...
    int payAmount(Employee emp) {
        return emp.getMonthlySalary() + emp.getBonus();
    }
```

然后，将超类的payAmount()函数声明为抽象函数：

```
class EmployeeType...
    abstract int payAmount(Employee emp);
```

9.7   Introduce Null Object（引入 Null 对象）

你需要再三检查某对象是否为null。

将null值替换为null对象。

```
if (customer == null) plan = BillingPlan.basic();
else plan = customer.getPlan();
```

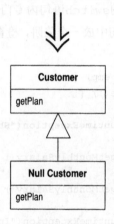

动机

多态的最根本好处在于：你不必再向对象询问"你是什么类型"而后根据得到的答案调用对象的某个行为——你只管调用该行为就是了，其他的一切多态机制会为你安排妥当。当某个字段内容是null 时，多态可扮演另一个较不直观（亦较不为人所知）的用途。让我们先听听Ron Jeffries的故事。

————Ron Jeffries

我们第一次使用Null Object模式，是因为Rich Garzaniti发现，系统在向对象发送一个消息之前，总要检查对象是否存在，这样的检查出现很多次。我们可能会向一个对象索求它所相关的Person对象，然后再问那个对象是否为null。如果对象的确存在，我们才能调用它的rate()函数以查询这个人的薪资级别。我们在好些地方都是这样做的，造成的重复代码让我们很烦心。

所以，我们编写了一个MissingPerson类，让它返回'0'薪资等级[我们也把空对象（null object）称为虚拟对象（missing object）]。很快地，MissingPerson就有了很多函数，rate()自然是其中之一。如今我们的系统有超过80个空对象类。

我们常常在显示信息的时候使用空对象。例如我们想要显示一个Person对象信息，它大约有20个实例变量。如果这些变量可被设为null，那么打印一个Person对象的工作将非常复杂。所以我们不让实例变量被设为null，而是插入各式各样的空对象——它们都知道如何正确地显示自己。这样，我们就可以摆脱大量过程化的代码。

我们对空对象的最聪明运用，就是拿它来表示不存在的Gemstone会话：我们使用Gemstone数据库来保存成品（程序代码），但我们更愿意在没有数据库的情况下进行开发，每过一周左右再把新代码放进Gemstone数据库。然而在代码的某些地方，我们必须登录一个Gemstone会话。当没有Gemstone数据库时，我们就仅仅安插一个"虚构的Gemstone会话"，其接口和真正的Gemstone会话一模一样，使我们无须判断数据库是否存在，就可以进行开发和测试。

空对象的另一个用途是表现出"虚构的箱仓"（missing bin）。所谓"箱仓"，这里是指集合，用来保存某些薪资值，并常常需要对各个薪资值进行加和或遍历。如果某个箱仓不存在，我们就给出一个虚构的箱仓对象，其行为和一个空箱仓一样。这个虚构箱仓知道自己其实不带任何数据，总值为0。通过这种做法，我们就不必为上千位员工每人产生数十来个空箱对象了。

使用空对象时有个非常有趣的性质：系统几乎从来不会因为空对象而被破坏。由于空对象对所有外界请求的响应都和真实对象一样，所以系统行为总是正常的。但这并非总是好事，有时会造成问题的侦测和查找上的困难，因为从来没有任何东西被破坏。当然，只要认真检查一下，你就会发现空对象有时出现在不该出现的地方。

请记住：空对象一定是常量，它们的任何成分都不会发生变化。因此我们可以使用Singleton模式[Gang of Four]来实现它们。例如不管任何时候，只要你索求一个MissingPerson对象，得到的一定是MissingPerson的唯一实例。

关于Null Object模式，你可以在Woolf [Woolf]中找到更详细的介绍。

做法

- ❑ 为源类建立一个子类，使其行为就像是源类的null版本。在源类和null子类中都加上isNull()函数，前者的isNull()应该返回false，后者的isNull()应该返回true。

  ⇒ 下面这个办法也可能对你有所帮助：建立一个不可为null（nullable）接口，将isNull()函数放在其中，让源类实现这个接口。

  ⇒ 另外，你也可以创建一个测试接口，专门用来检查对象是否为null。

- □ 编译。
- □ 找出所有"索求源对象却获得一个null"的地方。修改这些地方，使它们改而获得一个空对象。
- □ 找出所有"将源对象与null做比较"的地方。修改这些地方，使它们调用isNull()函数。
  - ⇒ 你可以每次只处理一个源对象及其客户程序，编译并测试后，再处理另一个源对象。
  - ⇒ 你可以在"不该再出现null"的地方放上一些断言，确保null的确不再出现。这可能对你有所帮助。
- □ 编译，测试。
- □ 找出这样的程序点：如果对象不是null，做A动作，否则做B动作。
- □ 对于每一个上述地点，在null类中覆写A动作，使其行为和B动作相同。
- □ 使用上述被覆写的动作，然后删除"对象是否等于null"的条件测试。编译并测试。

范例

一家公用事业公司的系统以Site表示地点（场所）。庭院宅第（house）和集体公寓（apartment）都使用该公司的服务。任何时候每个地点都拥有（或说都对应于）一个顾客，顾客信息以Customer表示：

```
class Site...
  Customer getCustomer() {
      return _customer;
  }
  Customer _customer;
```

Customer有很多特性，我们只看其中三项：

```
class Customer...
  public String getName() {...}
  public BillingPlan getPlan() {...}
  public PaymentHistory getHistory() {...}
```

本系统又以PaymentHistory表示顾客的付款记录，它也有其自己的特性：

```
public class PaymentHistory...
  int getWeeksDelinquentInLastYear()
```

上面的各种取值函数允许客户取得各种数据。但有时候一个地点的顾客搬走了，新顾客还没搬进来，此时这个地点就没有顾客。由于这种情况有可能发生，所以我们必须保证Customer的所有用户都能够处理"Customer对象等于null"的情况。下面是一些示例片段：

```
        Customer customer = site.getCustomer();
        BillingPlan plan;
        if (customer == null) plan = BillingPlan.basic();
        else plan = customer.getPlan();
...
        String customerName;
        if (customer == null) customerName = "occupant";
        else customerName = customer.getName();
...
        int weeksDelinquent;
        if (customer == null) weeksDelinquent = 0;
        else weeksDelinquent = customer.getHistory().getWeeksDelinquentInLastYear();
```

这个系统中可能有许多地方使用Site和Customer对象，它们都必须检查Customer对象是否等于null，而这样的检查完全是重复的。看来是使用空对象的时候了。

首先新建一个NullCustomer，并修改Customer，使其支持"对象是否为null"的检查：

```
class NullCustomer extends Customer {
  public boolean isNull() {
      return true;
  }
}

class Customer...
  public boolean isNull() {
      return false;
  }
}

protected Customer() {} //needed by the NullCustomer
```

如果你无法修改Customer，可以使用第266页的做法：建立一个新的测试接口。

如果你喜欢，也可以新建一个接口，昭告大家"这里使用了空对象"：

```
interface Nullable {
  boolean isNull();
}

class Customer implements Nullable
```

我还喜欢加入一个工厂函数，专门用来创建NullCustomer对象。这样一来，用户就不必知道空对象的存在了：

```
class Customer...
  static Customer newNull() {
      return new NullCustomer();
  }
```

接下来的部分稍微有点麻烦。对于所有"返回null"的地方,我都要将它改为"返回空对象"。此外,我还要把foo==null这样的检查替换成foo.isNull()。我发现下列办法很有用:查找所有提供Customer对象的地方,将它们都加以修改,使它们不能返回null,改而返回一个NullCustomer对象。

```
class Site...
  Customer getCustomer() {
      return (_customer == null) ?
          Customer.newNull():
          _customer;
  }
```

　　另外,我还要修改所有使用Customer对象的地方,让它们以isNull()函数进行检查,不再使用==null检查方式。

```
Customer customer = site.getCustomer();
BillingPlan plan;
if (customer.isNull()) plan = BillingPlan.basic();
else plan = customer.getPlan();
...
String customerName;
if (customer.isNull()) customerName = "occupant";
else customerName = customer.getName();
...
int weeksDelinquent;
if (customer.isNull()) weeksDelinquent = 0;
else weeksDelinquent = customer.getHistory().getWeeksDelinquentInLastYear();
```

　　毫无疑问,这是本项重构中最需要技巧的部分。对于每一个需要替换的可能等于null的对象,我都必须找到所有检查它是否等于null的地方,并逐一替换。如果这个对象被传播到很多地方,追踪起来就很困难。上述范例中,我必须找出每一个类型为Customer的变量,以及它们被使用的地点。很难将这个过程分成更小的步骤。有时候我发现可能等于null的对象只在某几处被用到,那么替换工作比较简单;但是大多数时候我必须做大量替换工作。还好,撤销这些替换并不困难,因为我可以不太困难地找出对isNull()的调用动作,但这毕竟也是很零乱很恼人的。

　　这个步骤完成之后,如果编译和测试都顺利通过,我就可以宽心地露出笑容了。接下来的动作比较有趣。到目前为止,使用isNull()函数尚未带来任何好处。只有把相关行为移到NullCustomer中并去除条件表达式之后,我才能得到切实的利益。我可以逐一将各种行为移过去。首先从"取得顾客名称"这个函数开始。此时的客户端代码大约如下:

```
String customerName;
if (customer.isNull()) customerName = "occupant";
else customerName = customer.getName();
```

首先为`NullCustomer`加入一个合适的函数，通过这个函数来取得顾客名称：

```
class NullCustomer...
  public String getName(){
      return "occupant";
  }
```

现在，我可以去掉条件代码了：

```
String customerName = customer.getName();
```

接下来我以相同手法处理其他函数，使它们对相应查询做出合适的响应。此外我还可以对修改函数做适当的处理。于是下面这样的客户端程序：

```
if (! customer.isNull())
    customer.setPlan(BillingPlan.special());
```

就变成了这样：

```
customer.setPlan(BillingPlan.special());

class NullCustomer...
  public void setPlan (BillingPlan arg) {}
```

请记住：只有当大多数客户代码都要求空对象做出相同响应时，这样的行为搬移才有意义。注意，我说的是"大多数"而不是"所有"。任何用户如果需要空对象做出不同响应，他们仍然可以使用`isNull()`函数来测试。只要大多数客户端都要求空对象做出相同响应，他们就可以调用默认的`null`行为，而你也就受益匪浅了。

上述范例略带差异的某种情况是，某些客户端使用`Customer`函数的运算结果：

```
if (customer.isNull()) weeksDelinquent = 0;
else weeksDelinquent = customer.getHistory().getWeeksDelinquentInLastYear();
```

我可以新建一个`NullPaymentHistory`类，用以处理这种情况：

```
class NullPaymentHistory extends PaymentHistory...
  int getWeeksDelinquentInLastYear() {
      return 0;
  }
```

并修改`NullCustomer`，让它返回一个`NullPaymentHistory`对象：

```
class NullCustomer...
  public PaymentHistory getHistory() {
    return PaymentHistory.newNull();
  }
```

然后，我同样可以删除这一行条件代码：

```
int weeksDelinquent = customer.getHistory().getWeeksDelinquentInLastYear();
```

你常常可以看到这样的情况：空对象会返回其他空对象。

范例：测试接口

除了定义isNull()之外，你也可以建立一个用以检查"对象是否为null"的接口。

使用这种办法，需要新建一个Null接口，其中不定义任何函数：

```
interface Null {}
```

然后，让空对象实现Null接口：

```
class NullCustomer extends Customer implements Null...
```

然后，我就可以用instanceof操作符检查对象是否为null：

```
aCustomer instanceof Null
```

通常我尽量避免使用instanceof操作符，但在这种情况下，使用它是没问题的。而且这种做法还有另一个好处：不需要修改Customer。这么一来即使无法修改Customer源码，我也可以使用空对象。

其他特殊情况

使用本项重构时，你可以有几种不同的空对象，例如你可以说"没有顾客"（新建的房子和暂时没人住的房子）和"不知名顾客"（有人住，但我们不知道是谁）这两种情况是不同的。果真如此，你可以针对不同的情况建立不同的空对象类。有时候空对象也可以携带数据，例如不知名顾客的使用记录等，于是我们可以在查出顾客姓名之后将账单寄给他。

本质上来说，这是一个比Null Object模式更大的模式：Special Case模式。所谓特例类（special case），也就是某个类的特殊情况，有着特殊的行为。因此表示"不知名顾客"的UnknownCustomer和表示"没有顾客"的NoCustomer都是Customer的特例。你经常可以在表示数量的类中看到这样的"特例类"，例如Java浮点数有"正无穷大"、"负无穷大"和"非数量"（NaN）等特例。特例类的价值是：它们可以降低你的"错误处理"开销，例如浮点运算决不会抛出异常。如果你对NaN做浮点运算，结果也会是个NaN。这和"空对象的访问函数通常返回另一个空对象"是一样的道理。

9.8　Introduce Assertion（引入断言）

某一段代码需要对程序状态做出某种假设。

以断言明确表现这种假设。

```
double getExpenseLimit() {
    // should have either expense limit or a primary project
    return (_expenseLimit != NULL_EXPENSE) ?
        _expenseLimit:
        _primaryProject.getMemberExpenseLimit();
}
```

```
double getExpenseLimit() {
    Assert.isTrue (_expenseLimit != NULL_EXPENSE || _primaryProject != null);
    return (_expenseLimit != NULL_EXPENSE) ?
        _expenseLimit:
        _primaryProject.getMemberExpenseLimit();
}
```

动机

常常会有这样一段代码：只有当某个条件为真时，该段代码才能正常运行。例如平方根计算只对正值才能进行，又例如某个对象可能假设其字段至少有一个不等于null。

这样的假设通常并没有在代码中明确表现出来，你必须阅读整个算法才能看出。有时程序员会以注释写出这样的假设。而我要介绍的是一种更好的技术：使用断言明确标明这些假设。

断言是一个条件表达式，应该总是为真。如果它失败，表示程序员犯了错误。因此断言的失败应该导致一个非受控异常（unchecked exception）。断言绝对不能被系统的其他部分使用。实际上，程序最后的成品往往将断言统统删除。因此，标记"某些东西是个断言"是很重要的。

断言可以作为交流与调试的辅助。在交流的角度上，断言可以帮助程序阅读者理解代码所做的假设；在调试的角度上，断言可以在距离bug最近的地方抓住它们。当我编写自我测试代码的时候发现，断言在调试方面的帮助变得不那么重要了，但我仍然非常看重它们在交流方面的价值。

做法

如果程序员不犯错，断言就应该不会对系统运行造成任何影响，所以加入断言永远不会影响程序的行为。

> ❑ 如果你发现代码假设某个条件始终为真，就加入一个断言明确说明这种情况。

> ⇒ 你可以新建一个Assert类，用于处理各种情况下的断言。

注意，不要滥用断言。请不要使用它来检查"你认为应该为真"的条件，请只使用它来检查"一定必须为真"的条件。滥用断言可能会造成难以维护的重复逻辑。在一段逻辑中加入断言是有好处的，因为它迫使你重新考虑这段代码的约束条件。如果不满足这些约束条件，程序也可以正常运行，断言就不会带给你任何帮助，只会把代码变得混乱，并且有可能妨碍以后的修改。

你应该常常问自己：如果断言所指示的约束条件不能满足，代码是否仍能正常运行？如果可以，就把断言拿掉。

另外，还需要注意断言中的重复代码。它们和其他任何地方的重复代码一样不好闻。你可以大胆使用*Extract Method* (110)去掉那些重复代码。

范例

下面是一个简单例子：开支限制。后勤部门的员工每个月有固定的开支限额；业务部门的员工则按照项目的开支限额来控制自己的开支。一个员工可能没有开支额度可用，也可能没有参与项目，但两者总要有一个（否则就没有经费可用了）。在开支限额相关程序中，上述假设总是成立的，因此：

```
class Employee...
    private static final double NULL_EXPENSE = -1.0;
    private double _expenseLimit = NULL_EXPENSE;
    private Project _primaryProject;
```

```
double getExpenseLimit() {
    return (_expenseLimit != NULL_EXPENSE) ?
        _expenseLimit:
        _primaryProject.getMemberExpenseLimit();
}

boolean withinLimit(double expenseAmount) {
    return (expenseAmount <= getExpenseLimit());
}
```

这段代码包含了一个明显假设：任何员工要么参与某个项目，要么有个人开支限额。我们可以使用断言在代码中更明确地指出这一点：

```
double getExpenseLimit() {
    Assert.isTrue(_expenseLimit != NULL_EXPENSE || _primaryProject != null);
    return (_expenseLimit != NULL_EXPENSE) ?
        _expenseLimit :
        _primaryProject.getMemberExpenseLimit();
}
```

这条断言不会改变程序的任何行为。另外，如果断言中的条件不为真，我就会收到一个运行期异常：也许是在withinLimit()函数中抛出一个空指针异常，也许是在Assert.isTrue()函数中抛出一个运行期异常。有时断言可以帮助程序员找到bug，因为它离出错地点很近。但是，更多时候，断言的价值在于：帮助程序员理解代码正确运行的必要条件。

我常对断言中的条件表达式使用*Extract Method* (110)，也许是为了将若干地方的重复码提炼到同一个函数中，也许只是为了更清楚说明条件表达式的用途。

在Java中使用断言有点麻烦：没有一种简单机制可以协助我们插入这东西[1]。断言可被轻松拿掉，所以它们不可能影响最终成品的性能。编写一个辅助类（例如Assert类）当然有所帮助，可惜的是断言参数中的任何表达式不论什么情况都一定会被执行一遍。阻止它的唯一办法就是使用类似下面的手法：

```
double getExpenseLimit() {
    Assert.isTrue(Assert.ON &&
        (_expenseLimit != NULL_EXPENSE || _primaryProject != null));
    return (_expenseLimit != NULL_EXPENSE) ?
            _expenseLimit
            : _primaryProject.getMemberExpenseLimit();
}
```

---

[1] J2SE 1.4已经支持断言语句。——译者注

或者是这种手法：

```
double getExpenseLimit() {
    if (Assert.ON)
        Assert.isTrue(_expenseLimit != NULL_EXPENSE ||
                _primaryProject != null);
    return (_expenseLimit != NULL_EXPENSE) ?
            _expenseLimit
            : _primaryProject.getMemberExpenseLimit();
}
```

如果Assert.ON是个常量，编译器就会对它进行检查；如果它等于false，就不再执行条件表达式后半段代码。但是，加上这条语句实在有点丑陋，所以很多程序员宁可仅仅使用Assert. isTrue()函数，然后在项目结束前以过滤程序滤掉使用断言的每一行代码（可以使用Perl之类的语言来编写这样的过滤程序）。

Assert类应该有多个函数，函数名称应该帮助程序员理解其功用。除了isTrue()之外，你还可以为它加上equals()和shouldNeverReachHere()等函数。

第10章

简化函数调用

在对象技术中，最重要的概念莫过于"接口"（interface）。容易被理解和被使用的接口，是开发良好面向对象软件的关键。本章将介绍几个使接口变得更简洁易用的重构手法。

最简单也最重要的一件事就是修改函数名称。名称是程序写作者与阅读者交流的关键工具。只要你能理解一段程序的功能，就应该大胆地使用*Rename Method* (273)将你所知道的东西传达给其他人。另外，你也可以（并且应该）在适当时机修改变量名称和类名称。不过，总体来说，修改名称只是相对比较简单的文本替换功夫，所以我没有为它们提供单独的重构项目。

函数参数在接口之中扮演十分重要的角色。*Add Parameter* (275)和*Remove Parameter* (277)都是很常见的重构手法。刚接触面向对象技术的程序员往往使用很长的参数列，这在其他开发环境中是很典型的方式。但是，使用对象技术，你可以保持参数列的简短，以下有一些相关的重构可以帮助你缩短参数列。如果来自同一对象的多个值被当作参数传递，你可以运用*Preserve Whole Object* (288)将它们替换为单一对象，从而缩短参数列。如果此前并不存在这样一个对象，你可以运用*Introduce Parameter Object* (295)将它创建出来。如果函数参数来自该函数可获取的一个对象，则可以使用*Replace Parameter with Method* (292)避免传递参数。如果某些参数被用来在条件表达式中做选择依据，可以实施*Replace Parameter with Explicit Method* (285)。另外，还可以使用*Parameterize Method* (283)为数个相似函数添加参数，将它们合并到一起。

关于缩减参数列的重构手法，Doug Lea对我提出了一个警告：并发编程往往需要使用较长的参数列，因为这样你可以保证传递给函数的参数都是不可被修改的，例如内置型对象和值对象一定是不可变的。通常，你可以使用不可变对象取代这样的长参数列，但另一方面你也必须对此类重构保持谨慎。

多年来，我一直坚守一个很有价值的习惯：明确地将"修改对象状态"的函数（修改函数）和"查询对象状态"的函数（查询函数）分开设计。不知道多少次，我因为将这两种函数混在一起而麻烦缠身；不知道多少次，我看到别人也因为同样的原因而遇到同样的麻烦。因此，如果我看到这两种函数混在一起，就会使用 *Separate Query from Modifier* (279)将它们分开。

良好的接口只向用户展现必须展现的东西。如果一个接口暴露了过多细节，你可以将不必要暴露的东西隐藏起来，从而改进接口的质量。毫无疑问，所有数据都应该隐藏起来（希望你不需要我来告诉你这一点），同时，所有可以隐藏的函数都应该被隐藏起来。进行重构时，你往往需要暂时暴露某些东西，最后再以 *Hide Method* (303)和 *Remove Setting Method* (300)将它们隐藏起来。

构造函数是 Java 和 C++ 中特别麻烦的一个东西，因为它强迫你必须知道要创建的对象属于哪一个类，而你往往并不需要知道这一点。你可以使用 *Replace Constructor with Factory Method* (304)避免了解这不必要的信息。

转型是 Java 程序员心中另一处永远的痛。你应该尽量使用 *Encapsulate Downcast* (308)将向下转型封装隐藏起来，避免让用户做那种动作。

和许多现代编程语言一样，Java 也有异常处理机制，这使得错误处理相对容易一些。不习惯使用异常的程序员，往往会以错误代码表示程序遇到的麻烦。你可以使用 *Replace Error Code with Exception* (310)来运用新的异常特性。但有时候异常也并不是最合适的选择，你应该实施 *Replace Exception with Test* (315)先测试一番。

10.1　Rename Method（函数改名）

函数的名称未能揭示函数的用途。

修改函数名称。

动机

我极力提倡的一种编程风格就是：将复杂的处理过程分解成小函数。但是，如果做得不好，这会使你费尽周折却弄不清楚这些小函数各自的用途。要避免这种麻烦，关键就在于给函数起一个好名称。函数的名称应该准确表达它的用途。给函数命名有一个好办法：首先考虑应该给这个函数写上一句怎样的注释，然后想办法将注释变成函数名称。

生活就是如此。你常常无法第一次就给函数起一个好名称。这时候你可能会想：就这样将就着吧，毕竟只是一个名称而已。当心！这是恶魔的召唤，是通向混乱之路，千万不要被它诱惑！如果你看到一个函数名称不能很好地表达它的用途，应该马上加以修改。记住，你的代码首先是为人写的，其次才是为计算机写的。而人需要良好名称的函数。想想过去曾经浪费的无数时间吧。如果给每个函数都起一个良好的名称，也许你可以节约好多时间。起一个好名称并不容易，需要经验；要想成为一个真正的编程高手，起名的水平是至关重要的。当然，函数签名中的其他部分也一样重要。如果重新安排参数顺序，能够帮助提高代码的清晰度，那就大胆地去做吧，你有 *Add Parameter* (275)和*Remove Parameter* (277)这两项武器。

做法

- ❏ 检查函数签名是否被超类或子类实现过。如果是，则需要针对每份实现分别进行下列步骤。

- ❏ 声明一个新函数，将它命名为你想要的新名称。将旧函数的代码复制到新函数中，并进行适当调整。

- ❏ 编译。

□ 修改旧函数，令它将调用转发给新函数。

⇒ 如果只有少数几个地方引用旧函数，你可以大胆地跳过这一步骤。

□ 编译，测试。

□ 找出旧函数的所有被引用点，修改它们，令它们改而引用新函数。每次修改后，编译并测试。

□ 删除旧函数。

⇒ 如果旧函数是该类 public 接口的一部分，你可能无法安全地删除它。这种情况下，将它保留在原处，并将它标记为 deprecated（建议不使用）。

□ 编译，测试。

范例

我以 getTelephoneNumber() 函数来取得某人的电话号码：

```
public String getTelephoneNumber() {
    return ("(" + _officeAreaCode + ") " + _officeNumber);
}
```

现在，我想把这个函数改名为 getOfficeTelephoneNumber()。首先建立一个新函数，命名为 getOfficeTelephoneNumber()，并将原函数 getTelephone-Number() 的代码复制过来。然后，让旧函数直接调用新函数：

```
class Person...
    public String getTelephoneNumber(){
        return getOfficeTelephoneNumber();
    }
    public String getOfficeTelephoneNumber() {
        return ("(" + _officeAreaCode + ") " + _officeNumber);
    }
```

现在，我需要找到旧函数的所有调用者，将它们全部改为调用新函数。全部修改完后，就可以将旧函数删掉了。

如果需要添加或去除某个参数，过程也大致相同。

如果旧函数的调用者并不多，我可以直接修改这些调用者，令它们调用新函数，不必让旧函数充当中介。如果测试出错，我可以回到起始处，并放慢前进速度。

10.2　Add Parameter（添加参数）

某个函数需要从调用端得到更多信息。

为此函数添加一个对象参数，让该对象带进函数所需信息。

动机

Add Parameter (275)是一个很常用的重构手法，我几乎可以肯定你已经用过它了。使用这项重构的动机很简单：你必须修改一个函数，而修改后的函数需要一些过去没有的信息，因此你需要给该函数添加一个参数。

实际上我比较需要说明的是：不使用本重构的时机。除了添加参数外，你常常还有其他选择。只要可能，其他选择都比添加参数要好，因为它们不会增加参数列的长度。过长的参数列是不好的味道，因为程序员很难记住那么多参数，而且长参数列往往伴随着坏味道Data Clumps。

请看看现有的参数，然后问自己：你能从这些参数得到所需的信息吗？如果回答是否定的，有可能通过某个函数提供所需信息吗？你究竟把这些信息用于何处？这个函数是否应该属于拥有该信息的那个对象所有？看看现有参数，考虑一下，加入新参数是否合适？也许你应该考虑使用*Introduce Parameter Object* (295)。

我并非要你绝对不要添加参数。事实上我自己经常添加参数，但是在添加参数之前你有必要了解其他选择。

10

做法

Add Parameter (275)的做法和*Rename Method* (273)非常相似。

□ 检查函数签名是否被超类或子类实现过。如果是，则需要针对每份实现分别进行下列步骤。

□ 声明一个新函数，名称与原函数同，只是加上新添参数。将旧函数的代码复制到新函数中。

　⇒ 如果需要添加的参数不止一个，将它们一次性添加进去比较容易。

□ 编译。

□ 修改旧函数，令它调用新函数。

　⇒ 如果只有少数几个地方引用旧函数，你大可放心地跳过这一步骤。

　⇒ 此时，你可以给参数提供任意值。但一般来说，我们会给对象参数提供 null，给内置型参数提供一个明显非正常值。对于数值型参数，我建议使用0以外的值，这样你比较容易将来认出它。

□ 编译，测试。

□ 找出旧函数的所有被引用点，将它们全部修改为对新函数的引用。每次修改后，编译并测试。

□ 删除旧函数。

　⇒ 如果旧函数是该类public接口的一部分，你可能无法安全地删除它。这种情况下，请将它保留在原地，并将它标示为deprecated（建议不使用）。

□ 编译，测试。

10.3　Remove Parameter（移除参数）

函数本体不再需要某个参数。

将该参数去除。

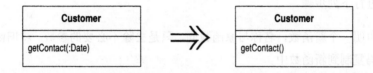

动机

程序员可能经常添加参数，却往往不愿意去掉它们。他们打的如意算盘是：无论如何，多余的参数不会引起任何问题，而且以后还可能用上它。

这也是恶魔的诱惑，一定要把它从脑子里赶出去！参数代表着函数所需的信息，不同的参数值有不同的意义。函数调用者必须为每一个参数操心该传什么东西进去。如果你不去掉多余参数，就是让你的每一位用户多费一份心。是很不划算的，更何况"去除参数"是非常简单的一项重构。

但是，对于多态函数，情况有所不同。这种情况下，可能多态函数的另一份（或多份）实现会使用这个参数，此时你就不能去除它。你可以添加一个独立函数，在这些情况下使用，不过你应该先检查调用者如何使用这个函数，以决定是否值得这么做。如果某些调用者已经知道他们正在处理的是一个特定的子类，并且已经做了额外工作找出自己需要的参数，或已经利用对类体系的了解来避免取到null，那么就值得你建立一个新函数，去除那多余的参数。如果调用者不需要了解该函数所属的类，你也可以继续保持调用者无知而幸福的状态。

做法

Remove Parameter (277)的做法和*Rename Method* (273)、*Add Parameter* (275)非常相似。

- 检查函数签名是否被超类或子类实现过。如果是，则需要针对每份实现分别进行下列步骤。

- 声明一个新函数，名称与原函数同，只是去除不必要的参数。将旧函数的代码复制到新函数中。

  ⇒ 如果需要去除的参数不止一个，将它们一次性去除比较容易。

- 编译。

- 修改旧函数，令它调用新函数。

  ⇒ 如果只有少数几个地方引用旧函数，你大可放心地跳过这一步骤。

- 编译，测试。

- 找出旧函数的所有被引用点，将它们全部修改为对新函数的引用。每次修改后，编译并测试。

- 删除旧函数。

  ⇒ 如果旧函数是该类public接口的一部分，你可能无法安全地删除它。这种情况下，将它保留在原处，并将它标记为deprecated（建议不使用）。

- 编译，测试。

由于添加和去除参数都很简单，所以我经常一次性地添加或去除多个的参数。

10.4　Separate Query from Modifier （将查询函数和修改函数分离）

某个函数既返回对象状态值，又修改对象状态。

建立两个不同的函数，其中一个负责查询，另一个负责修改。

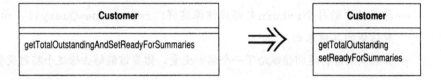

动机

如果某个函数只是向你提供一个值，没有任何看得到的副作用，那么这是个很有价值的东西。你可以任意调用这个函数，也可以把调用动作搬到函数的其他地方。简而言之，需要操心的事情少多了。

明确表现出"有副作用"与"无副作用"两种函数之间的差异，是个很好的想法。下面是一条好规则：任何有返回值的函数，都不应该有看得到的副作用。有些程序员甚至将此作为一条必须遵守的规则[Meyer]。就像对待任何东西一样，我并不绝对遵守它，不过我总是尽量遵守，而它也回报我很好的效果。

如果你遇到一个"既有返回值又有副作用"的函数，就应该试着将查询动作从修改动作中分割出来。

你也许已经注意到了：我使用"看得到的副作用"这种说法。有一种常见的优化办法是：将查询所得结果缓存于某个字段中，这么一来后续的重复查询就可以大大加快速度。虽然这种做法改变了对象的状态，但这一修改是察觉不到的，因为不论如何查询，你总是获得相同结果[Meyer]。

10

做法

❑ 新建一个查询函数，令它返回的值与原函数相同。

⇨ 观察原函数，看它返回什么东西。如果返回的是一个临时变量，找出临时变量的位置。

❑ 修改原函数，令它调用查询函数，并返回获得的结果。

⇨ 原函数中的每个return句都应该像这样：return newQuery()，而不应该返回其他东西。

⇨ 如果调用者将返回值赋给了一个临时变量，你应该能够去除这个临时变量。

❑ 编译，测试。

❑ 将调用原函数的代码改为调用查询函数。然后，在调用查询函数的那一行之前，加上对原函数的调用。每次修改后，编译并测试。

❑ 将原函数的返回值改为void，并删掉其中所有的return语句。

范例

有这样一个函数：一旦有人入侵安全系统，它会告诉我入侵者的名字，并发送一个警报。如果入侵者不止一个，也只发送一条警报：

```
String foundMiscreant(String[] people) {
    for (int i = 0; i < people.length; i++) {
        if (people[i].equals("Don")) {
            sendAlert();
            return "Don";
        }
        if (people[i].equals("John")) {
            sendAlert();
            return "John";
        }
    }
    return "";
}
```

该函数被下列代码调用：

```
void checkSecurity(String[] people) {
    String found = foundMiscreant(people);
    someLaterCode(found);
}
```

为了将查询动作和修改动作分开，我首先建立一个适当的查询函数，使其与修改函数返回相同的值，但不造成任何副作用：

```
String foundPerson(String[] people) {
    for (int i = 0; i < people.length; i++) {
        if (people[i].equals("Don")) {
            return "Don";
        }
        if (people[i].equals("John")) {
            return "John";
        }
    }
    return "";
}
```

然后，我要逐一替换原函数内所有的return语句，改调用新建的查询函数。每次替换后，编译并测试。这一步完成之后，原函数如下所示：

```
String foundMiscreant(String[] people) {
    for (int i = 0; i < people.length; i++) {
        if (people[i].equals("Don")) {
            sendAlert();
            return foundPerson(people);
        }
        if (people[i].equals("John")) {
            sendAlert();
            return foundPerson(people);
        }
    }
    return foundPerson(people);
}
```

现在，我要修改调用者，将原本的单一调用动作替换为两个调用：先调用修改函数，然后调用查询函数：

```
void checkSecurity(String[] people) {
    foundMiscreant(people);
    String found = foundPerson(people);
    someLaterCode(found);
}
```

所有调用都替换完毕后，我就可以将修改函数的返回值改为void：

```
void foundMiscreant(String[] people) {
    for (int i = 0; i < people.length; i++) {
```

10

```
        if (people[i].equals("Don")) {
            sendAlert();
            return;
        }
        if (people[i].equals("John")) {
            sendAlert();
            return;
        }
    }
}
```

现在，为原函数改个名称可能会更好一些：

```
void sendAlert(String[] people) {
    for (int i = 0; i < people.length; i++) {
        if (people[i].equals("Don")) {
            sendAlert();
            return;
        }
        if (people[i].equals("John")) {
            sendAlert();
            return;
        }
    }
}
```

当然，这种情况下，我得到了大量重复代码，因为修改函数之中使用了与查询函数相同的代码。现在我可以对修改函数实施*Substitute Algorithm* (139)，设法让它再简洁一些：

```
void sendAlert(String[] people) {
    if (!foundPerson(people).equals(""))
        sendAlert();
}
```

并发问题

如果你在一个多线程系统中工作，肯定知道这样一个重要的惯用手法：在同一个动作中完成检查和赋值。这是否和*Separate Query from Modifier* (279)互相矛盾呢？我曾经和Doug Lea讨论过这个问题，并得出结论：两者并不矛盾，但你需要做一些额外工作。将查询动作和修改动作分开来仍然是很有价值的。但你需要保留第三个函数来同时做这两件事。这个"查询-修改"函数将调用各自独立的查询函数和修改函数，并被声明为synchronized。如果查询函数和修改函数未被声明为synchronized，那么你还应该将它们的可见范围限制在包级别或private级别。这样，你就可以拥有一个安全、同步的操作，它由两个较易理解的函数组成。这两个较低层函数也可以用于其他场合。

10.5　Parameterize Method（令函数携带参数）

若干函数做了类似的工作，但在函数本体中却包含了不同的值。

建立单一函数，以参数表达那些不同的值。

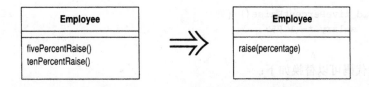

动机

你可能会发现这样的两个函数：它们做着类似的工作，但因少数几个值致使行为略有不同。在这种情况下，你可以将这些各自分离的函数统一起来，并通过参数来处理那些变化情况，用以简化问题。这样的修改可以去除重复的代码，并提高灵活性，因为你可以用这个参数处理更多的变化情况。

做法

❑ 新建一个带有参数的函数，使它可以替换先前所有的重复性函数。

❑ 编译。

❑ 将调用旧函数的代码改为调用新函数。

❑ 编译，测试。

❑ 对所有旧函数重复上述步骤，每次替换后，修改并测试。

也许你会发现，你无法用这种办法处理整个函数，但可以处理函数中的一部分代码。这种情况下，你应该首先将这部分代码提炼到一个独立函数中，然后再对那个提炼所得的函数使用*Parameterize Method* (283)。

范例

下面是一个最简单的例子:

```
class Employee {
  void tenPercentRaise() {
      salary *= 1.1;
}

  void fivePercentRaise() {
      salary *= 1.05;
}
```

这段代码可以替换如下:

```
void raise (double factor) {
  salary *= (1 + factor);
}
```

当然,这个例子实在太简单了,所有人都能做到。

下面是一个稍微复杂的例子:

```
protected Dollars baseCharge() {
    double result = Math.min(lastUsage(), 100) * 0.03;
    if (lastUsage() > 100) {
        result += (Math.min(lastUsage(), 200) - 100) * 0.05;
    }
    if (lastUsage() > 200) {
        result += (lastUsage() - 200) * 0.07;
    }
    return new Dollars(result);
}
```

上述代码可以替换如下:

```
protected Dollars baseCharge() {
    double result = usageInRange(0, 100) * 0.03;
    result += usageInRange(100, 200) * 0.05;
    result += usageInRange(200, Integer.MAX_VALUE) * 0.07;
    return new Dollars(result);
}

protected int usageInRange(int start, int end) {
    if (lastUsage() > start) return Math.min(lastUsage(), end) - start;
    else return 0;
}
```

本项重构的要点在于:以“可将少量数值视为参数”为依据,找出带有重复性的代码。

10.6 Replace Parameter with Explicit Methods（以明确函数取代参数）

你有一个函数，其中完全取决于参数值而采取不同行为。

针对该参数的每一个可能值，建立一个独立函数。

```
void setValue(String name, int value) {
    if (name.equals("height")) {
        _height = value;
        return;
    }
    if (name.equals("width")) {
        _width = value;
        return;
    }
    Assert.shouldNeverReachHere();
}
```

```
void setHeight(int arg) {
    _height = arg;
}
void setWidth(int arg) {
    _width = arg;
}
```

动机

Replace Parameter with Explicit Methods (285)恰恰相反于*Parameterize Method* (283)。如果某个参数有多种可能的值，而函数内又以条件表达式检查这些参数值，并根据不同参数值做出不同的行为，那么就应该使用本项重构。调用者原本必须赋予参数适当的值，以决定该函数做出何种响应。现在，既然你提供了不同的函数给调用者使用，就可以避免出现条件表达式。此外你还可以获得编译期检查的好处，而且接口也更清楚。如果以参数值决定函数行为，那么函数用户不但需要观察该函数，而且还要判断参数值是否合法，而"合法的参数值"往往很少在文档中被清楚地提出。

就算不考虑编译期检查的好处，只是为了获得一个清晰的接口，也值得你执行本项重构。哪怕只是给一个内部的布尔变量赋值，相较之下，Switch.beOn() 也比 Switch.setState(true) 要清楚得多。

但是，如果参数值不会对函数行为有太多影响，你就不应该使用 *Replace Parameter with Explicit Methods* (285)。如果情况真是这样，而你也只需要通过参数为一个字段赋值，那么直接使用设值函数就行了。如果的确需要条件判断的行为，可考虑使用 *Replace Conditional with Polymorphism* (255)。

做法

- ❑ 针对参数的每一种可能值，新建一个明确函数。
- ❑ 修改条件表达式的每个分支，使其调用合适的新函数。
- ❑ 修改每个分支后，编译并测试。
- ❑ 修改原函数的每一个被调用点，改而调用上述的某个合适的新函数。
- ❑ 编译，测试。
- ❑ 所有调用端都修改完毕后，删除原函数。

范例

下列代码中，我想根据不同的参数值，建立 Employee 之下不同的子类。以下代码往往是 *Replace Constructor with Factory Method* (304) 的施行成果：

```
static final int ENGINEER = 0;
static final int SALESMAN = 1;
static final int MANAGER = 2;

static Employee create(int type) {
    switch (type) {
        case ENGINEER:
            return new Engineer();
        case SALESMAN:
            return new Salesman();
        case MANAGER:
            return new Manager();
        default:
            throw new IllegalArgumentException("Incorrect type code value");
    }
}
```

由于这是一个工厂函数，我不能实施 *Replace Conditional with Polymorphism* (255)，因为使用该函数时对象根本还没创建出来。由于可以预见到 Employee 不会有太多新的子类，所以我可以放心地为每个子类建立一个工厂函数，而不必担心工厂函数的数量会剧增。首先，我要根据参数值建立相应的新函数：

```
static Employee createEngineer() {
    return new Engineer();
}
static Employee createSalesman() {
    return new Salesman();
}
static Employee createManager() {
    return new Manager();
}
```

然后把switch语句的各个分支替换为对新函数的调用：

```
static Employee create(int type) {
    switch (type) {
        case ENGINEER:
            return Employee.createEngineer();
        case SALESMAN:
            return new Salesman();
        case MANAGER:
            return new Manager();
        default:
            throw new IllegalArgumentException("Incorrect type code value");
    }
}
```

每修改一个分支，都需要编译并测试，直到所有分支修改完毕为止：

```
static Employee create(int type) {
    switch (type) {
        case ENGINEER:
            return Employee.createEngineer();
        case SALESMAN:
            return Employee.createSalesman();
        case MANAGER:
            return Employee.createManager();
        default:
            throw new IllegalArgumentException("Incorrect type code value");
    }
}
```

接下来，我把注意力转移到旧函数的调用端。我把诸如下面这样的代码：

```
Employee kent = Employee.create(ENGINEER)
```

替换为：

```
Employee kent = Employee.createEngineer()
```

修改完create()函数的所有调用者之后，就可以把create()函数删掉了。同时也可以把所有常量都删掉。

10.7 Preserve Whole Object（保持对象完整）

你从某个对象中取出若干值，将它们作为某一次函数调用时的参数。

改为传递整个对象。

```
int low = daysTempRange().getLow();
int high = daysTempRange().getHigh();
withinPlan = plan.withinRange(low, high);
```

```
withinPlan = plan.withinRange(daysTempRange());
```

动机

有时候，你会将来自同一对象的若干项数据作为参数，传递给某个函数。这样做的问题在于：万一将来被调用函数需要新的数据项，你就必须查找并修改对此函数的所有调用。如果你把这些数据所属的整个对象传给函数，可以避免这种尴尬的处境，因为被调用函数可以向那个参数对象请求任何它想要的信息。

除了可以使参数列更稳固之外，*Preserve Whole Object* (288)往往还能提高代码的可读性。过长的参数列很难使用，因为调用者和被调用者都必须记住这些参数的用途。此外，不使用完整对象也会造成重复代码，因为被调用函数无法利用完整对象中的函数来计算某些中间值。

不过事情总有两面。如果你传的是数值，被调用函数就只依赖于这些数值，而不依赖它们所属的对象。但如果你传递的是整个对象，被调用函数所在的对象就需要依赖参数对象。如果这会使你的依赖结构恶化，那么就不该使用*Preserve Whole Object* (288)。

我还听过另一种不使用*Preserve Whole Object* (288)的理由：如果被调用函数只需要参数对象的其中一项数值，那么只传递那个数值会更好。我并不认同这种观点，因为传递一项数值和传递一个对象，至少在代码清晰度上是等价的（当然对于按值传递的参数来说，性能上可能有所差异）。更重要的考量应该放在对象之间的依赖关系上。

如果被调用函数使用了来自另一个对象的很多项数据，这可能意味该函数实际上应该被定义在那些数据所属的对象中。所以，考虑*Preserve Whole Object* (288)的同时，你也应该考虑*Move Method* (142)。

运用本项重构之前，你可能还没有定义一个完整对象。那么就应该先使用*Introduce Parameter Object* (295)。

还有一种常见情况：调用者将自己的若干数据作为参数，传递给被调用函数。这种情况下，如果该对象有合适的取值函数，你可以使用this取代这些参数值，并且无须操心对象依赖问题。

做法

❑ 对你的目标函数新添一个参数项，用以代表原数据所在的完整对象。

❑ 编译，测试。

❑ 判断哪些参数可被包含在新添的完整对象中。

❑ 选择上述参数之一，将被调用函数中原来引用该参数的地方，改为调用新添参数对象的相应取值函数。

❑ 删除该项参数。

❑ 编译，测试。

❑ 针对所有可从完整对象中获得的参数，重复上述过程。

❑ 删除调用端中那些带有被删除参数的代码。

　⇒ 当然，如果调用端还在其他地方使用了这些参数，就不要删除它们。

❑ 编译，测试。

范例

在以下范例中，我以一个Room对象表示"房间"，它负责记录房间一天中的最高温度和最低温度。然后这个对象需要将实际的温度范围与预先规定的温度控制计划相比较，告诉客户当天温度是否符合计划要求：

```
class Room...
    boolean withinPlan(HeatingPlan plan) {
        int low = daysTempRange().getLow();
        int high = daysTempRange().getHigh();
        return plan.withinRange(low, high);
    }
class HeatingPlan...
    boolean withinRange(int low, int high) {
        return (low >= _range.getLow() && high <= _range.getHigh());
    }
    private TempRange _range;
```

其实我不必将TempRange对象的信息拆开来单独传递，只需将整个对象传递给withinPlan()函数即可。在这个简单的例子中，我可以一次性完成修改。如果相关的参数更多些，我也可以进行小步重构。首先，我为参数列添加新的参数项，用以传递完整的TempRange对象：

```
class HeatingPlan...
    boolean withinRange(TempRange roomRange, int low, int high) {
        return (low >= _range.getLow() && high <= _range.getHigh());
    }

class Room...
    boolean withinPlan(HeatingPlan plan) {
        int low = daysTempRange().getLow();
        int high = daysTempRange().getHigh();
        return plan.withinRange(daysTempRange(), low, high);
    }
```

然后，我以TempRange对象提供的函数来替换low参数：

```
class HeatingPlan...
    boolean withinRange(TempRange roomRange, int high) {
        return (roomRange.getLow() >= _range.getLow() && high <= _range.getHigh());
    }

class Room...
    boolean withinPlan(HeatingPlan plan) {
        int low = daysTempRange().getLow();
        int high = daysTempRange().getHigh();
        return plan.withinRange(daysTempRange(), high);
    }
```

重复上述步骤，直到把所有待处理参数项都去除为止：

```
class HeatingPlan...
  boolean withinRange(TempRange roomRange) {
      return (roomRange.getLow() >= _range.getLow() && roomRange.getHigh()
          <= _range.getHigh());
  }
class Room...
  boolean withinPlan(HeatingPlan plan) {
      int low = daysTempRange().getLow();
      int high = daysTempRange().getHigh();
      return plan.withinRange(daysTempRange());
  }
```

现在，我不再需要low和high这两个临时变量了：

```
class Room...
  boolean withinPlan(HeatingPlan plan) {
      int low = daysTempRange().getLow();
      int high = daysTempRange().getHigh();
      return plan.withinRange(daysTempRange());
  }
```

使用完整对象后不久，你就会发现，可以将某些函数移到TempRange对象中，使它更容易被使用，例如：

```
class HeatingPlan...
  boolean withinRange(TempRange roomRange) {
      return (_range.includes(roomRange));
  }
class TempRange...
  boolean includes(TempRange arg) {
      return arg.getLow() >= this.getLow() && arg.getHigh() <= this.getHigh();
  }
```

10.8 Replace Parameter with Methods（以函数取代参数）

对象调用某个函数，并将所得结果作为参数，传递给另一个函数。

而接受该参数的函数本身也能够调用前一个函数。

让参数接受者去除该项参数，并直接调用前一个函数。

```
int basePrice = _quantity * _itemPrice;
discountLevel = getDiscountLevel();
double finalPrice = discountedPrice (basePrice, discountLevel);
```

```
int basePrice = _quantity * _itemPrice;
double finalPrice = discountedPrice (basePrice);
```

动机

如果函数可以通过其他途径获得参数值，那么它就不应该通过参数取得该值。过长的参数列会增加程序阅读者的理解难度，因此我们应该尽可能缩短参数列的长度。

缩减参数列的办法之一就是：看看参数接收端是否可以通过与调用端相同的计算来取得参数值。如果调用端通过其所属对象内部的另一个函数来计算参数，并在计算过程中未曾引用调用端的其他参数，那么你就应该可以将这个计算过程转移到被调用端内，从而去除该项参数。如果你所调用的函数隶属另一对象，而该对象拥有调用端所属对象的引用，前面所说的这些也同样适用。

但是，如果参数值的计算过程依赖于调用端的某个参数，那么你就无法去掉被调用端的参数，因为每一次调用动作中，该参数值都可能不同（当然，如果你能够运用 *Replace Parameter with Explicit Methods* (285)将该参数替换为一个函数，又另当别论）。另外，如果参数接收端并没有参数发送端对象的引用，而你也不想加上这样一个引用，那么也无法去除参数。

有时候，参数的存在是为了将来的灵活性。这种情况下我仍然会把这种多余参数拿掉。是的，你应该只在必要关头才添加参数，预先添加的参数很可能并不是你所需要的。不过，对于这条规则，也有一个例外：如果修改接口会对整个程序造成非常痛苦的结果（例如需要很长时间来重新构建程序，或需要修改大量代码），那么可以

考虑保留前人预先加入的参数。如果真是这样，你应该首先判断修改接口究竟会造成
多严重的后果，然后考虑是否应该降低系统各部位之间的依赖，以减少修改接口所造
成的影响。稳定的接口确实很好，但是被冻结在一个不良接口上也是有问题的。

做法

- □ 如果有必要，将参数的计算过程提炼到一个独立函数中。
- □ 将函数本体内引用该参数的地方改为调用新建的函数。
- □ 每次替换后，修改并测试。
- □ 全部替换完成后，使用*Remove Parameter* (277)将该参数去掉。

范例

以下代码用于计算订单折扣价格。虽然这么低的折扣不大可能出现在现实生活
中，不过作为一个范例，我们暂不考虑这一点：

```
public double getPrice() {
    int basePrice = _quantity * _itemPrice;
    int discountLevel;
    if (_quantity > 100) discountLevel = 2;
    else discountLevel = 1;
    double finalPrice = discountedPrice (basePrice, discountLevel);
    return finalPrice;
}

private double discountedPrice (int basePrice, int discountLevel) {
    if (discountLevel == 2) return basePrice * 0.1;
    else return basePrice * 0.05;
}
```

首先，我把计算折扣等级（discountLevel）的代码提炼成为一个独立的
getDiscountLevel()函数：

```
public double getPrice() {
    int basePrice = _quantity * _itemPrice;
    int discountLevel = getDiscountLevel();
    double finalPrice = discountedPrice (basePrice, discountLevel);
    return finalPrice;
}

private int getDiscountLevel() {
    if (_quantity > 100) return 2;
    else return 1;
}
```

然后把discountedPrice()函数中对discountLevel参数的所有引用点，替
换为对getDiscountLevel()函数的调用：

```
private double discountedPrice (int basePrice, int discountLevel) {
    if (getDiscountLevel() == 2) return basePrice * 0.1;
    else return basePrice * 0.05;
}
```

此时我就可以使用*Remove Parameter* (277)去掉discountLevel参数了：

```
public double getPrice() {
    int basePrice = _quantity * _itemPrice;
    int discountLevel = getDiscountLevel();
    double finalPrice = discountedPrice (basePrice);
    return finalPrice;
}

private double discountedPrice (int basePrice) {
    if (getDiscountLevel() == 2) return basePrice * 0.1;
    else return basePrice * 0.05;
}
```

接下来可以将discountLevel变量去除掉：

```
public double getPrice() {
    int basePrice = _quantity * _itemPrice;
    double finalPrice = discountedPrice (basePrice);
    return finalPrice;
}
```

现在，可以去掉其他非必要的参数和相应的临时变量。最后获得以下代码：

```
public double getPrice() {
    return discountedPrice ();
}

private double discountedPrice () {
    if (getDiscountLevel() == 2) return getBasePrice() * 0.1;
    else return getBasePrice() * 0.05;
}

private double getBasePrice() {
    return _quantity * _itemPrice;
}
```

最后我还可以针对discountedPrice()函数使用*Inline Method* (117)：

```
private double getPrice () {
    if (getDiscountLevel() == 2) return getBasePrice() * 0.1;
    else return getBasePrice() * 0.05;
}
```

10.9 Introduce Parameter Object（引入参数对象）

某些参数总是很自然地同时出现。

以一个对象取代这些参数。

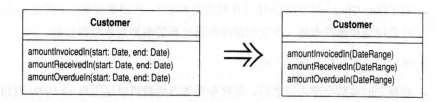

动机

你常会看到特定的一组参数总是一起被传递。可能有好几个函数都使用这一组参数，这些函数可能隶属同一个类，也可能隶属不同的类。这样一组参数就是所谓的Data Clumps（数据泥团），我们可以运用一个对象包装所有这些数据，再以该对象取代它们。哪怕只是为了把这些数据组织在一起，这样做也是值得的。本项重构的价值在于缩短参数列，而你知道，过长的参数列总是难以理解的。此外，新对象所定义的访问函数还可以使代码更具一致性，这又进一步降低了理解和修改代码的难度。

本项重构还可以带给你更多好处。当你把这些参数组织到一起之后，往往很快可以发现一些可被移至新建类的行为。通常，原本使用那些参数的函数对这一组参数会有一些共通的处理，如果将这些共通行为移到新对象中，你可以减少很多重复代码。

做法

❑ 新建一个类，用以表现你想替换的一组参数。将这个类设为不可变的。

❑ 编译。

❑ 针对使用该组参数的所有函数，实施*Add Parameter* (275)，传入上述新建类的实例对象，并将此参数值设为null。

⇒ 如果你所修改的函数被其他很多函数调用，那么可以保留修改前的旧函数，并令它调用修改后的新函数。你可以先对旧函数进行重构，然后逐一修改调用端使其调用新函数，最后再将旧函数删除。

❑ 对于Data Clumps中的每一项（在此均为参数），从函数签名中移除之，并修改调用端和函数本体，令它们都改而通过新的参数对象取得该值。

❑ 每去除一个参数，编译并测试。

❑ 将原先的参数全部去除之后，观察有无适当函数可以运用*Move Method* (142)搬移到参数对象之中。

⇒ 被搬移的可能是整个函数，也可能是函数中的一个段落。如果是后者，首先使用*Extract Method* (110)将该段落提炼为一个独立函数，再搬移这一新建函数。

范例

下面是一个"账目和账项"范例。表示"账项"的Entry实际上只是个简单的数据容器：

```
class Entry...
  Entry(double value, Date chargeDate) {
      _value = value;
      _chargeDate = chargeDate;
  }
  Date getDate() {
      return _chargeDate;
  }
  double getValue() {
      return _value;
  }
  private Date _chargeDate;
  private double _value;
```

我关注的焦点是用以表示"账目"的Account，它保存了一组Entry对象，并有一个函数用来计算两个日期间的账项总量：

```
class Account...
    double getFlowBetween(Date start, Date end) {
        double result = 0;
        Enumeration e = _entries.elements();
        while (e.hasMoreElements()) {
            Entry each = (Entry) e.nextElement();
            if (each.getDate().equals(start) ||
```

```
                each.getDate().equals(end) ||
                (each.getDate().after(start) && each.getDate().before(end)))
            {
                result += each.getValue();
            }
        }
        return result;
    }

    private Vector _entries = new Vector();

client code...
    double flow = anAccount.getFlowBetween(startDate, endDate);
```

我已经记不清有多少次看见代码用一对值来表示一个范围，例如表示日期范围的start和end、表示数值范围的upper和lower，等等。我知道为什么会发生这种情况，毕竟我自己也经常这样做。不过，自从学到Range模式[Fowler，AP]之后，我就尽量以"范围对象"取而代之。我的第一个步骤是声明一个简单的数据容器，用以表示范围：

```
class DateRange {
    DateRange(Date start, Date end) {
        _start = start;
        _end = end;
    }
    Date getStart() {
        return _start;
    }
    Date getEnd() {
        return _end;
    }
    private final Date _start;
    private final Date _end;
}
```

我把DateRange设为不可变，也就是说，其中所有字段都是final，只能由构造函数来赋值，因此没有任何函数可以修改其中任何字段值。这是一个明智的决定，因为这样可以避免别名带来的困扰。Java的函数参数都是按值传递的，不可变类正好能够模仿Java参数的工作方式，因此这种做法对于本项重构是最合适的。

接下来我把DateRange对象加到getFlowBetween()函数的参数列中：

```
class Account...
    double getFlowBetween(Date start, Date end, DateRange range) {
        double result = 0;
        Enumeration e = _entries.elements();
        while (e.hasMoreElements()) {
            Entry each = (Entry) e.nextElement();
            if (each.getDate().equals(start) ||
```

```
                each.getDate().equals(end) ||
                (each.getDate().after(start) && each.getDate().before(end)))
            {
                result += each.getValue();
            }
        }
        return result;
    }
```

client code...
```
    double flow = anAccount.getFlowBetween(startDate, endDate, null);
```

至此，只需编译一下就行了，因为我尚未修改程序的任何行为。

下一个步骤是去除旧参数之一，以新建对象取而代之。首先我删除start参数，并修改getFlowBetween()函数及其调用者，让它们转而使用新对象：

class Account...
```
    double getFlowBetween(Date end, DateRange range) {
        double result = 0;
        Enumeration e = _entries.elements();
        while (e.hasMoreElements()) {
            Entry each = (Entry) e.nextElement();
            if (each.getDate().equals(range.getStart()) ||
                each.getDate().equals(end) ||
                (each.getDate().after(range.getStart()) && each.getDate()
                    .before(end)))
            {
                result += each.getValue();
            }
        }
        return result;
    }
```

client code...
```
    double flow = anAccount.getFlowBetween(endDate, new DateRange
        (startDate,null));
```

然后我将end参数也移除：

class Account...
```
    double getFlowBetween(DateRange range) {
        double result = 0;
        Enumeration e = _entries.elements();
        while (e.hasMoreElements()) {
            Entry each = (Entry) e.nextElement();
            if (each.getDate().equals(range.getStart()) ||
                each.getDate().equals(range.getEnd()) ||
                (each.getDate().after(range.getStart()) && each.getDate()
                    .before(range.getEnd())))
```

```
        {
            result += each.getValue();
        }
    }
    return result;
}

client code...
    double flow = anAccount.getFlowBetween(new DateRange(startDate, endDate));
```

现在，我已经引入了参数对象。我还可以将适当的行为从其他函数移到这个新建对象中，进一步从本项重构获得更大利益。这里，我选定条件表达式中的代码，实施*Extract Method* (110)和*Move Method* (142)，最后得到如下代码：

```
class Account...
    double getFlowBetween(DateRange range) {
        double result = 0;
        Enumeration e = _entries.elements();
        while (e.hasMoreElements()) {
            Entry each = (Entry) e.nextElement();
            if (range.includes(each.getDate())) {
                result += each.getValue();
            }
        }
        return result;
    }

class DateRange...
    boolean includes(Date arg) {
        return (arg.equals(_start) ||
                arg.equals(_end) ||
                (arg.after(_start) && arg.before(_end)));
    }
```

如此单纯的提炼和搬移动作，我通常一步完成。如果在这个过程中出错，我可以回到重构前的状态，然后分成两个较小步骤重新进行。

10.10 Remove Setting Method（移除设值函数）

类中的某个字段应该在对象创建时被设值，然后就不再改变。

去掉该字段的所有设值函数。

动机

如果你为某个字段提供了设值函数，这就暗示这个字段值可以被改变。如果你不希望在对象创建之后此字段还有机会被改变，那就不要为它提供设值函数（同时将该字段设为final）。这样你的意图会更加清晰，并且可以排除其值被修改的可能性——这种可能性往往是非常大的。

如果你保留了间接访问变量的方法，就可能经常有程序员盲目使用它们[Beck]。这些人甚至会在构造函数中使用设值函数！我猜想他们或许是为了代码的一致性，但却忽视了设值函数往后可能带来的混淆。

做法

- ❑ 检查设值函数被使用的情况，看它是否只被构造函数调用，或者被构造函数所调用的另一个函数调用。

- ❑ 修改构造函数，使其直接访问设值函数所针对的那个变量。

  ⇒ 如果某个子类通过设值函数给超类的某个private字段设了值，那么你就不能这样修改。这种情况下你应该试着在超类中提供一个protected函数（最好是构造函数）来给这些字段设值。不论你怎么做，都不要给超类中的函数起一个与设值函数混淆的名字。

- ❑ 编译，测试。

- ❑ 移除这个设值函数，将它所针对的字段设为final。[①]

- ❑ 编译，测试。

---

① 本步骤必须在本重构的最后进行，详情请看 http://www.refactoring.com/catalog/removeSettingMethod.html和稍后的译者注。——译者注

范例

下面是一个简单例子：

```
class Account {

  private String _id;

  Account(String id) {
      setId(id);
  }

  void setId(String arg) {
      _id = arg;
  }
}
```

以上代码可修改为：

```
class Account {
  private final String _id;

  Account(String id) {
      _id = id;
  }
}
```

问题可能以几种不同的形式出现。首先，你可能会在设值函数中对传入参数做运算：

```
class Account {
  private String _id;

  Account(String id) {
      setId(id);
  }

  void setId(String arg) {
      _id = "ZZ" + arg;
  }
}
```

如果对参数的运算很简单（就像上面这样）而且又只有一个构造函数，我可以直接在构造函数中做相同的修改。如果修改很复杂，或者有一个以上的函数调用它，就需要提供一个独立函数。我需要为新函数起个好名字，清楚表达该函数的用途：[1]

```
class Account {
  private final String _id; //译者注：这里的final修饰符必须去掉
```

---

[1] 此时不能将独立函数中要赋值的字段——即此处的_id字段——声明为final，否则不能通过编译。因此这一段所描述的重构手法实际上并不成立：Account在重构后仍然是可变对象。唯一能够得到的好处是：通过修改设值函数的名称，可以让读者明白initializeId函数只应该用于对象构造阶段。——译者注

```
Account(String id) {
    initializeId(id);
}

private void initializeId(String arg) {
    _id = "ZZ" + arg;
}
```

如果子类需要对超类的private变量赋初值，情况就比较麻烦一些：

```
class InterestAccount extends Account...

  private double _interestRate;

  InterestAccount(String id, double rate) {
      setId(id);
      _interestRate = rate;
  }
```

问题是我无法在InterestAccount()中直接访问id变量。最好的解决办法就是使用超类构造函数：

```
class InterestAccount...
  InterestAccount(String id, double rate) {
      super(id);
      _interestRate = rate;
  }
```

如果不能那样做，那么使用一个命名良好的函数就是最好的选择：

```
class InterestAccount...

  InterestAccount(String id, double rate) {
      initializeId(id);
      _interestRate = rate;
  }
```

另一种需要考虑的情况就是对一个集合设值：

```
class Person {
  Vector getCourses() {
      return _courses;
  }
  void setCourses(Vector arg) {
      _courses = arg;
  }
  private Vector _courses;
```

在这里，我希望将设值函数替换为add操作和remove操作。我已经在 *Encapsulate Collection* (208)中谈到了这一点。

10.11 Hide Method（隐藏函数）

有一个函数，从来没有被其他任何类用到。

将这个函数修改为private。

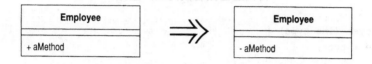

动机

重构往往促使你修改函数的可见度。提高函数可见度的情况很容易想象：另一个类需要用到某个函数，因此你必须提高该函数的可见度。但是要指出一个函数的可见度是否过高，就稍微困难一些。理想状况下，你可以使用工具检查所有函数，指出可被隐藏起来的函数。即使没有这样的工具，你也应该时常进行这样的检查。

一种特别常见的情况是：当你面对一个过于丰富、提供了过多行为的接口时，就值得将非必要的取值函数和设值函数隐藏起来。尤其当你面对的是一个只有简单封装的数据容器时，情况更是如此。随着越来越多行为被放入这个类，你会发现许多取值/设值函数不再需要公开，因此可以把它们隐藏起来。如果你把取值/设值函数设为private，然后在所有地方都直接访问变量，那就可以放心移除取值/设值函数了。

做法

- 经常检查有没有可能降低某个函数的可见度。

  ⇒ 使用lint一类的工具，尽可能频繁地检查。当你在另一个类中移除对某个函数的调用时，也应该进行检查。

  ⇒ 特别对设值函数进行上述的检查。

- 尽可能降低所有函数的可见度。

- 每完成一组函数的隐藏之后，编译并测试。

  ⇒ 如果有不适当的隐藏，编译器很自然会检验出来，因此不必每次修改后都进行编译。如有任何错误出现，很容易被发现。

10.12   Replace Constructor with Factory Method （以工厂函数取代构造函数）

你希望在创建对象时不仅仅是做简单的建构动作。

将构造函数替换为工厂函数。

```
Employee (int type) {
_type = type;
}
```

```
static Employee create(int type) {
return new Employee(type);
}
```

动机

使用 *Replace Constructor with Factory Method* (304) 的最显而易见的动机，就是在派生子类的过程中以工厂函数取代类型码。你可能常常需要根据类型码创建相应的对象，现在，创建名单中还得加上子类，那些子类也是根据类型码来创建。然而由于构造函数只能返回单一类型的对象，因此你需要将构造函数替换为工厂函数 [Gang of Four]。

此外，如果构造函数的功能不能满足你的需要，也可以使用工厂函数来代替它。工厂函数也是 *Change Value to Reference* (179) 的基础。你也可以令你的工厂函数根据参数的个数和类型，选择不同的创建行为。

做法

❑ 新建一个工厂函数，让它调用现有的构造函数。

❑ 将调用构造函数的代码改为调用工厂函数。

□ 每次替换后，编译并测试。

□ 将构造函数声明为private。

□ 编译。

范例：根据整数（实际是类型码）创建对象

又是那个单调乏味的例子：员工薪资系统。我以Employee表示"员工"：

```
class Employee {

    private int _type;
    static final int ENGINEER = 0;
    static final int SALESMAN = 1;
    static final int MANAGER = 2;

    Employee(int type) {
        _type = type;
    }
}
```

我希望为Employee提供不同的子类，并分别给予它们相应的类型码。因此，我需要建立一个工厂函数：

```
static Employee create(int type) {
    return new Employee(type);
}
```

然后，我要修改构造函数的所有调用点，让它们改用上述新建的工厂函数，并将构造函数声明为private：

```
client code...
    Employee eng = Employee.create(Employee.ENGINEER);

class Employee...
    private Employee (int type) {
        _type = type;
    }
```

范例：根据字符串创建子类对象

迄今为止，我还没有获得什么实质收获。目前的好处在于：我把"对象创建请求的接收者"和"被创建对象所属的类"分开了。如果我随后使用*Replace Type Code* *with Subclasses* (223)把类型码转换为Employee的子类，就可以运用工厂函数，将这些子类对用户隐藏起来：

```
static Employee create(int type) {
    switch (type) {
        case ENGINEER:
            return new Engineer();
        case SALESMAN:
            return new Salesman();
        case MANAGER:
            return new Manager();
        default:
            throw new IllegalArgumentException("Incorrect type code value");
    }
}
```

可惜的是，这里面有一个switch语句。如果我添加一个新的子类，就必须记得更新这里的switch语句，而我又偏偏很健忘。

绕过这个switch语句的一个好办法是使用Class.forName()。第一件要做的事是修改参数类型，这从根本上说是*Rename Method* (273)的一种变体。首先我得建立一个函数，让它接收一个字符串参数：

```
static Employee create(String name) {
    try {
        return (Employee) Class.forName(name).newInstance();
    } catch (Exception e) {
        throw new IllegalArgumentException("Unable to instantiate" + name);
    }
}
```

然后让稍早那个"create()函数int版"调用新建的"create()函数String版"：

```
class Employee {
    static Employee create(int type) {
        switch (type) {
            case ENGINEER:
                return create("Engineer");
            case SALESMAN:
                return create("Salesman");
            case MANAGER:
                return create("Manager");
            default:
                throw new IllegalArgumentException("Incorrect type code value");
        }
    }
}
```

然后，我得修改create()函数的调用者，将下列这样的语句：

```
Employee.create(ENGINEER)
```

修改为：

```
Employee.create("Engineer")
```

完成之后，我就可以将"`create()`函数int版"移除了。

现在，当我需要添加新的`Employee`子类时，就不再需要更新`create()`函数了。但我却因此失去了编译期检验，使得一个小小的拼写错误就可能造成运行期错误。如果有必要防止运行期错误，我会使用明确函数来创建对象（见本页下节）。但这样一来，每添加一个新的子类，我就必须添加一个新函数。这就是为了类型安全而牺牲掉的灵活性。还好，即使我做了错误选择，也可以使用*Parameterize Method* (283)或*Replace Parameter with Explicit Methods* (285)撤销决定。

另一个必须谨慎使用`Class.forName()`的原因是：它向用户暴露了子类名称。不过这并不太糟糕，因为你可以使用其他字符串，并在工厂函数中执行其他行为。这也是不使用*Inline Method* (117)去除工厂函数的一个好理由。

范例：以明确函数创建子类

我可以通过另一条途径来隐藏子类——使用明确函数。如果你只有少数几个子类，而且它们都不再变化，这条途径是很有用的。我可能有个抽象的`Person`类，它有两个子类：`Male`和`Female`。首先我在超类中为每个子类定义一个工厂函数：

```
class Person...
  static Person createMale() {
      return new Male();
  }
  static Person createFemale() {
      return new Female();
  }
```

然后我可以把下面的调用：

```
Person kent = new Male();
```

替换成：

```
Person kent = Person.createMale();
```

但是这就使得超类必须知晓子类。如果想避免这种情况，你需要一个更为复杂的设计，例如Product Trader模式[Bäumer and Riehle]。绝大多数情况下你并不需要如此复杂的设计，上面介绍的做法已经绰绰有余。

10.13   Encapsulate Downcast（封装向下转型）

某个函数返回的对象，需要由函数调用者执行向下转型（downcast）。

将向下转型动作移到函数中。

```
Object lastReading() {
return readings.lastElement();
}
```

```
Reading lastReading() {
return (Reading) readings.lastElement();
}
```

动机

在强类型OO语言中，向下转型是最烦人的事情之一。之所以很烦人，是因为从感觉上来说它完全没有必要：你竟然越俎代庖地告诉编译器某些应该由编译器自己计算出来的东西。但是，由于计算对象类型往往比较麻烦，你还是常常需要亲自告诉编译器对象的确切类型。向下转型在Java特别盛行，因为Java没有模板机制，因此如果你想从集合之中取出一个对象，就必须进行向下转型。[①]

向下转型也许是一种无法避免的罪恶，但你仍然应该尽可能少做。如果你的某个函数返回一个值，并且你知道所返回的对象类型比函数签名所昭告的更特化，你便是在函数用户身上强加了非必要的工作。这种情况下你不应该要求用户承担向下转型的责任，应该尽量为他们提供准确的类型。

以上所说的情况，常会在返回迭代器或集合的函数身上发生。此时你就应该观察人们拿这个迭代器干什么用，然后有针对性地提供专用函数。

---

① 自从Java 5加入模板机制以后，非向下转型不可的场合几乎绝迹。读者如果发现自己写出需要向下转型的代码，在考虑使用本重构手法之前，应该首先考虑是否可以代之以模板类。——译者注

做法

- ❑ 找出必须对函数调用结果进行向下转型的地方。

  ⇨ 这种情况通常出现在返回一个集合或迭代器的函数中。

- ❑ 将向下转型动作搬移到该函数中。

  ⇨ 针对返回集合的函数，使用 *Encapsulate Collection* (208)。

范例

下面的例子中，我以 Reading 表示 "书籍"。我还拥有一个名为 lastReading() 的函数，它从一个用于保存 Reading 对象的 vector 中返回其最后一个元素：

```
Object lastReading() {
  return readings.lastElement();
}
```

我应该将这个函数变成：

```
Reading lastReading() {
  return (Reading) readings.lastElement();
}
```

当我拥有一个集合时，上述那么做就很有意义。如果 "保存 Reading 对象" 的集合被放在 Site 类中，并且我看到了如下的客户端代码：

```
Reading lastReading = (Reading) theSite.readings().lastElement()
```

我就可以不再把向下转型的工作推给用户，并得以向用户隐藏集合：

```
Reading lastReading = theSite.lastReading();

class Site...
  Reading lastReading() {
      return (Reading) readings().lastElement();
}
```

如果你修改函数，将其返回类型改为原返回类型的子类，那就是改变了函数签名，但并不会破坏客户端代码，因为编译器知道它总是可以将一个子类自动向上转型为超类。当然你必须确保这个子类不会破坏超类带来的任何契约。

10.14 Replace Error Code with Exception （以异常取代错误码）

某个函数返回一个特定的代码，用以表示某种错误情况。

改用异常。

```
int withdraw(int amount) {
    if (amount > _balance)
        return -1;
    else {
        _balance -= amount;
        return 0;
    }
}
```

```
void withdraw(int amount) throws BalanceException {
    if (amount > _balance) throw new BalanceException();
    _balance -= amount;
}
```

动机

和生活一样，计算机偶尔也会出错。一旦事情出错，你就需要有些对策。最简单的情况下，你可以停止程序运行，返回一个错误码。这就好像因为错过一班飞机而自杀一样（如果真那么做，哪怕我是只猫，我的九条命也早赔光了）。尽管我的油腔滑调企图带来一点幽默，但这种"软件自杀"选择的确是有好处的。如果程序崩溃代价很小，用户又足够宽容，那么就放心终止程序的运行好了。但如果你的程序比较重要，就需要以更认真的方式来处理。

问题在于：程序中发现错误的地方，并不一定知道如何处理错误。当一段子程序发现错误时，它需要让它的调用者知道这个错误，而调用者也可能将这个错误继续沿着调用链传递上去。许多程序都使用特殊输出来表示错误，Unix系统和C-based系统的传统方式就是以返回值表示子程序的成功或失败。

Java有一种更好的错误处理方式：异常。这种方式之所以更好，因为它清楚地将"普通程序"和"错误处理"分开了，这使得程序更容易理解——我希望你如今已经坚信：代码的可理解性应该是我们虔诚追求的目标。

做法

□ 决定应该抛出受控（checked）异常还是非受控（unchecked）异常。

⇒ 如果调用者有责任在调用前检查必要状态，就抛出非受控异常。

⇒ 如果想抛出受控异常，你可以新建一个异常类，也可以使用现有的异常类。

□ 找到该函数的所有调用者，对它们进行相应调整，让它们使用异常。

⇒ 如果函数抛出非受控异常，那么就调整调用者，使其在调用函数前做适当检查。每次修改后，编译并测试。

⇒ 如果函数抛出受控异常，那么就调整调用者，使其在try区段中调用该函数。

□ 修改该函数的签名，令它反映出新用法。

如果函数有许多调用者，上述修改过程可能跨度太大。你可以将它分成下列数个步骤。

□ 决定应该抛出受控异常还是非受控异常。

□ 新建一个函数，使用异常来表示错误状况，将旧函数的代码复制到新函数中，并做适当调整。

□ 修改旧函数的函数本体，让它调用上述新建函数。

□ 编译，测试。

□ 逐一修改旧函数的调用者，令其调用新函数。每次修改后，编译并测试。

□ 移除旧函数。

范例

现实生活中你可以透支你的账户余额，计算机教科书却总是假设你不能这样做，这不是很奇怪吗？不过下面的例子仍然假设你不能这样做：

```
class Account...
  int withdraw(int amount) {
      if (amount > _balance)
          return -1;
      else {
```

```
        _balance -= amount;
        return 0;
    }
}

private int _balance;
```

为了让这段代码使用异常，我首先需要决定使用受控异常还是非受控异常。决策关键在于：调用者是否有责任在取款之前检查存款余额，还是应该由withdraw()函数负责检查。如果"检查余额"是调用者的责任，那么"取款金额大于存款余额"就是一个编程错误。由于这是一个编程错误，所以我应该使用非受控异常。另一方面，如果"检查余额"是withdraw()函数的责任，我就必须在函数接口中声明它可能抛出这个异常，那么也就提醒了调用者注意这个异常，并采取相应措施。

范例：非受控异常

首先考虑非受控异常。使用这个东西就表示应该由调用者负责检查。首先我需要检查调用端的代码，它不应该使用withdraw()函数的返回值，因为该返回值只用来指出程序员的错误。如果我看到下面这样的代码：

```
if (account.withdraw(amount) == -1)
  handleOverdrawn();
else doTheUsualThing();
```

我应该将它替换为这样的代码：

```
if (!account.canWithdraw(amount))
  handleOverdrawn();
else {
  account.withdraw(amount);
  doTheUsualThing();
}
```

每次修改后，编译并测试。

现在，我需要移除错误码，并在程序出错时抛出异常。由于这种行为是异常的、罕见的，所以我应该用一个卫语句检查这种情况：

```
void withdraw(int amount) {
    if (amount > _balance)
        throw new IllegalArgumentException ("Amount too large");
    _balance -= amount;
}
```

由于这是程序员所犯的错误，所以我应该使用断言更清楚地指出这一点：

```
class Account...
  void withdraw(int amount) {
      Assert.isTrue("sufficient funds", amount <= _balance);
      _balance -= amount;
  }

class Assert...
  static void isTrue(String comment, boolean test) {
      if (!test) {
          throw new RuntimeException("Assertion failed: " + comment);
      }
  }
```

范例：受控异常

受控异常的处理方式略有不同。首先我要建立（或使用）一个合适的异常：

```
class BalanceException extends Exception {}
```

然后，调整调用端如下：

```
try {
    account.withdraw(amount);
    doTheUsualThing();
} catch (BalanceException e) {
    handleOverdrawn();
}
```

接下来我要修改withdraw()函数，让它以异常表示错误状况：

```
void withdraw(int amount) throws BalanceException {
    if (amount > _balance) throw new BalanceException();
    _balance -= amount;
}
```

这个过程的麻烦在于：我必须一次性修改所有调用者和被它们调用的函数，否则编译器会报错。如果调用者很多，这个步骤就实在太大了，其中没有编译和测试的保障。

这种情况下，我可以借助一个临时中间函数。我仍然从先前相同的情况出发：

```
if (account.withdraw(amount) == -1)
    handleOverdrawn();
else doTheUsualThing();

class Account ...
    int withdraw(int amount) {
        if (amount > _balance)
            return -1;
        else {
            _balance -= amount;
            return 0;
        }
    }
```

首先，创建一个newWithdraw()函数，让它抛出异常：

```
void newWithdraw(int amount) throws BalanceException {
    if (amount > _balance) throw new BalanceException();
    _balance -= amount;
}
```

然后，调整现有的withdraw()函数，让它调用newWithdraw()：

```
int withdraw(int amount) {
    try {
        newWithdraw(amount);
        return 0;
    } catch (BalanceException e) {
        return -1;
    }
}
```

完成以后，编译并测试。现在我可以逐一将调用旧函数的地方改为调用新函数：

```
try {
    account.newWithdraw(amount);
    doTheUsualThing();
} catch (BalanceException e) {
    handleOverdrawn();
}
```

由于新旧两个函数都存在，所以每次修改后我都可以编译、测试。所有调用者都修改完毕后，旧函数便可移除，并使用*Rename Method* (273)修改新函数名称，使它与旧函数相同。

10.15　Replace Exception with Test（以测试取代异常）

面对一个调用者可以预先检查的条件，你抛出了一个异常。

修改调用者，使它在调用函数之前先做检查。

```
double getValueForPeriod(int periodNumber) {
    try {
        return _values[periodNumber];
    } catch (ArrayIndexOutOfBoundsException e) {
        return 0;
    }
}
```

```
double getValueForPeriod(int periodNumber) {
    if (periodNumber >= _values.length) return 0;
    return _values[periodNumber];
}
```

动机

异常的出现是程序语言的一大进步。运用*Replace Error Code with Exception*
(310)，异常便可协助我们避免很多复杂的错误处理逻辑。但是，就像许多好东西一
样，异常也会被滥用，从而变得不再让人愉快（就连味道极好的Aventinus啤酒，喝
得太多也会让我厌烦[Jackson]）。"异常"只应该被用于异常的、罕见的行为，也就
是那些产生意料之外的错误的行为，而不应该成为条件检查的替代品。如果你可以
合理期望调用者在调用函数之前先检查某个条件，那么就应该提供一个测试，而调
用者应该使用它。

做法

❑ 在函数调用点之前，放置一个测试语句，将函数内catch区段中的代码复制
到测试句的适当if分支中。

❑ 在catch区段起始处加入一个断言，确保catch区段绝对不会被执行。

- 编译，测试。
- 移除所有catch区段，然后将try区段内的代码复制到try之外，然后移除try区段。
- 编译，测试。

范例

下面的例子中，我以一个ResourcePool对象管理一些创建代价高昂而又可以重复使用的资源（例如数据库连接）。这个对象带有两个"池"（pool）：一个用以保存可用资源，一个用以保存已分配资源。当用户请求一份资源时，ResourcePool对象从"可用资源池"中取出一份资源交出，并将这份资源转移到"已分配资源池"。当用户释放一份资源时，ResourcePool对象就将该资源从"已分配资源池"放回"可用资源池"。如果"可用资源池"不能满足用户的请求，ResourcePool对象就创建一份新资源。

资源供应函数可能如下所示：

```java
class ResourcePool
  Resource getResource() {
      Resource result;
      try {
          result = (Resource) _available.pop();
          _allocated.push(result);
          return result;
      } catch (EmptyStackException e) {
          result = new Resource();
          _allocated.push(result);
          return result;
      }
  }
  Stack _available;
  Stack _allocated;
```

在这里，"可用资源用尽"并不是一种意料外的事件，因此我不该使用异常表示这种情况。

为了去掉这里的异常，我首先必须添加一个适当的提前测试，并在其中处理"可用资源池为空"的情况：

```java
Resource getResource() {
    Resource result;
    if (_available.isEmpty()) {
        result = new Resource();
        _allocated.push(result);
        return result;
    }
    else {
        try {
```

```
                result = (Resource) _available.pop();
                _allocated.push(result);
                return result;
            } catch (EmptyStackException e) {
                result = new Resource();
                _allocated.push(result);
                return result;
            }
        }
    }
```

现在getResource()应该绝对不会抛出异常了。我可以添加断言保证这一点：

```
Resource getResource() {
    Resource result;
    if (_available.isEmpty()) {
        result = new Resource();
        _allocated.push(result);
        return result;
    } else {
        try {
            result = (Resource) _available.pop();
            _allocated.push(result);
            return result;
        } catch (EmptyStackException e) {
            Assert.shouldNeverReachHere("available was empty on pop");
            result = new Resource();
            _allocated.push(result);
            return result;
        }
    }
}
```

```
class Assert...
    static void shouldNeverReachHere(String message) {
        throw new RuntimeException(message);
    }
```

编译并测试。如果一切运转正常，就可以将try区段中的代码复制到try区段之外，然后将try区段全部移除：

```
Resource getResource() {
    Resource result;
    if (_available.isEmpty()) {
        result = new Resource();
        _allocated.push(result);
        return result;
    }
    else {
        result = (Resource) _available.pop();
```

```
            _allocated.push(result);
            return result;
        }
    }
```

在这之后我常常发现，可以对条件代码加以整理。本例之中我可以使用 *Consolidate Duplicate Conditional Fragments* (243)：

```
Resource getResource() {
    Resource result;
    if (_available.isEmpty())
        result = new Resource();
    else
        result = (Resource) _available.pop();
    _allocated.push(result);
    return result;
}
```

第 *11* 章

处理概括关系

有一批重构手法专门用来处理类的概括关系（generalization，即继承关系），其中主要是将函数上下移动于继承体系之中。*Pull Up Field* (320)和*Pull Up Method* (322)都用于将特性向继承体系的上端移动，*Push Down Method* (328)和*Push Down Field* (329)则将特性向继承体系的下端移动。构造函数比较难以向上拉动，因此专门有一个*Pull Up Constructor Body* (325)处理它。我们不会将构造函数往下推，因为*Replace Constructor with Factory Method* (304)通常更管用。

如果有若干函数大体上相同，只在细节上有所差异，可以使用*Form Template Method* (345)将它们的共同点和不同点分开。

除了在继承体系中移动特性之外，你还可以建立新类，改变整个继承体系。*Extract Subclass* (330)、*Extract Superclass* (336)和*Extract Interface* (341)都是这样的重构手法，它们在继承体系的不同位置构造出新元素。如果你想在类型系统中标示一小部分函数，*Extract Interface* (341)特别有用。如果你发现继承体系中的某些类没有存在必要，可以使用*Collapse Hierarchy* (344)将它们移除。

有时候你会发现继承并非最佳选择，你真正需要的其实是委托，那么，*Replace Inheritance with Delegation* (352)可以帮助你把继承改为委托。有时候你又会想要做反向修改，此时就可使用*Replace Delegation with Inheritance* (355)。

11

11.1　Pull Up Field（字段上移）

两个子类拥有相同的字段。

将该字段移至超类。

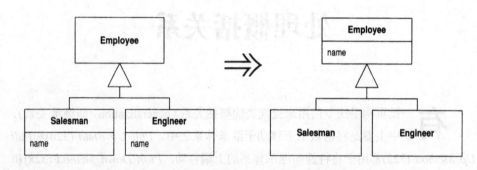

动机

　　如果各子类是分别开发的，或者是在重构过程中组合起来的，你常会发现它们拥有重复特性，特别是字段更容易重复。这样的字段有时拥有近似的名字，但也并非绝对如此。判断若干字段是否重复，唯一的办法就是观察函数如何使用它们。如果它们被使用的方式很相似，你就可以将它们归纳到超类去。

　　本项重构从两方面减少重复：首先它去除了重复的数据声明；其次它使你可以将使用该字段的行为从子类移至超类，从而去除重复的行为。

做法

　　❑ 针对待提升之字段，检查它们的所有被使用点，确认它们以同样的方式被使用。

　　❑ 如果这些字段的名称不同，先将它们改名，使每一个名称都和你想为超类字段取的名称相同。

□ 编译，测试。

□ 在超类中新建一个字段。

⇒ 如果这些字段是private的，你必须将超类的字段声明为protected，这样子类才能引用它。

□ 移除子类中的字段。

□ 编译，测试。

□ 考虑对超类的新建字段使用*Self Encapsulate Field* (171)。

11.2　Pull Up Method（函数上移）

有些函数，在各个子类中产生完全相同的结果。

将该函数移至超类。

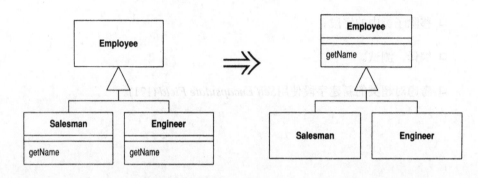

动机

避免行为重复是很重要的。尽管重复的两个函数也可以各自工作得很好，但重复自身只会成为错误的滋生地，此外别无价值。无论何时，只要系统之内出现重复，你就会面临"修改其中一个却未能修改另一个"的风险。通常，找出重复也有一定困难。

如果某个函数在各子类中的函数体都相同（它们很可能是通过复制粘贴得到的），这就是最显而易见的 *Pull Up Method* (322)适用场合。当然，情况并不总是如此明显。你也可以只管放心地重构，再看看测试程序会不会发牢骚，但这就需要对你的测试有充分的信心。我发现，观察这些可能重复的函数之间的差异往往大有收获：它们经常会向我展示那些我忘记测试的行为。

Pull Up Method (322)常常紧随其他重构而被使用。也许你能找出若干个身处不同子类内的函数，而它们又可以通过某种形式的参数调整成为相同的函数。这时候，最简单的办法就是首先分别调整这些函数的参数，然后再将它们概括到超类中。当然，如果你足够自信，也可以一次完成这两个步骤。

有一种特殊情况也需要使用 *Pull Up Method* (322)：子类的函数覆写了超类的函数，但却仍然做相同的工作。

Pull Up Method (322)过程中最麻烦的一点就是：被提升的函数可能会引用只出现于子类而不出现于超类的特性。如果被引用的是个函数，你可以将该函数也一同提升到超类，或者在超类中建立一个抽象函数。在此过程中，你可能需要修改某个函数的签名，或建立一个委托函数。

如果两个函数相似但不相同，你或许可以先借助*Form Template Method* (345)构造出相同的函数，然后再提升它们。

做法

- □ 检查待提升函数，确定它们是完全一致的。

    ⇒ 如果这些函数看上去做了相同的事，但并不完全一致，可使用*Substitute Algorithm* (139)让它们变得完全一致。

- □ 如果待提升函数的签名不同，将那些签名都修改为你想要在超类中使用的签名。

- □ 在超类中新建一个函数，将某一个待提升函数的代码复制到其中，做适当调整，然后编译。

    ⇒ 如果你使用的是一种强类型语言，而待提升函数又调用了一个只出现于子类而未出现于超类的函数，你可以在超类中为被调用函数声明一个抽象函数。

    ⇒ 如果待提升函数使用了子类的一个字段，你可以使用*Pull Up Field* (320)将该字段也提升到超类；或者也可以先使用*Self Encapsulate Field* (171)，然后在超类中把取值函数声明为抽象函数。

- □ 移除一个待提升的子类函数。

- □ 编译，测试。

- □ 逐一移除待提升的子类函数，直到只剩下超类中的函数为止。每次移除之后都需要测试。

- □ 观察该函数的调用者，看看是否可以改为使用超类类型的对象。

范例

我以Customer表示"顾客"，它有两个子类：表示"普通顾客"的Regular-Customer和表示"贵宾"的PreferredCustomer。

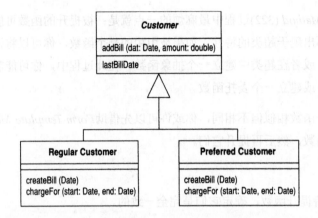

两个子类都有一个createBill()函数，并且代码完全一样：

```
void createBill (date Date) {
  double chargeAmount = chargeFor(lastBillDate, date);
  addBill (date, charge);
}
```

但我不能直接把这个函数上移到超类，因为各个子类的chargeFor()函数并不相同。我必须先在超类中声明chargeFor()抽象函数：

```
class Customer...
  abstract double chargeFor(date start, date end)
```

然后，我就可以将createBill()函数从其中一个子类复制到超类。复制完之后应该编译，然后移除那个子类的createBill()函数，再编译并测试。随后再移除另一个子类的createBill()函数，再次编译并测试：

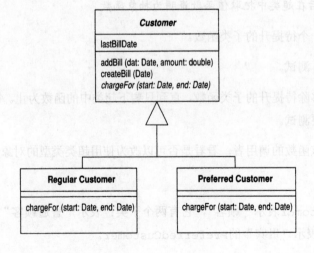

11.3 Pull Up Constructor Body（构造函数本体上移）

你在各个子类中拥有一些构造函数，它们的本体几乎完全一致。

在超类中新建一个构造函数，并在子类构造函数中调用它。

```
class Manager extends Employee...
  public Manager(String name, String id, int grade) {
    _name = name;
    _id = id;
    _grade = grade;
  }
```

```
public Manager(String name, String id, int grade) {
    super(name, id);
    _grade = grade;
}
```

动机

构造函数是很奇妙的东西。它们不是普通函数，使用它们比使用普通函数受到更多的限制。

如果你看见各个子类中的函数有共同行为，第一个念头应该是将共同行为提炼到一个独立函数中，然后将这个函数提升到超类。对构造函数而言，它们彼此的共同行为往往就是"对象的建构"。这时候你需要在超类中提供一个构造函数，然后让子类都来调用它。很多时候，子类构造函数的唯一动作就是调用超类构造函数。这里不能运用*Pull Up Method* (322)，因为你无法在子类中继承超类构造函数。（你可曾痛恨过这个规定？）

如果重构过程过于复杂，你可以考虑转而使用*Replace Constructor with Factory Method* (304)。

做法

□ 在超类中定义一个构造函数。

□ 将子类构造函数中的共同代码搬移到超类构造函数中。

⇒ 被搬移的可能是子类构造函数的全部内容。

⇒ 首先设法将共同代码搬移到子类构造函数起始处,然后再复制到超类构造函数中。

□ 将子类构造函数中的共同代码删掉,改而调用新建的超类构造函数。

⇒ 如果子类构造函数中的所有代码都是一样的,那么子类构造函数就只需要调用超类构造函数。

□ 编译,测试。

⇒ 如果日后子类构造函数再出现共同代码,你可以首先使用*Extract Method* (110)将那一部分提炼到一个独立函数,然后使用*Pull Up Method* (322) 将该函数上移到超类。

范例

下面是一个表示“雇员”的Employee类和一个表示“经理”的Manager类:

```
class Employee...
  protected String _name;
  protected String _id;

class Manager extends Employee...
  public Manager(String name, String id, int grade) {
    _name = name;
    _id = id;
    _grade = grade;
  }

  private int _grade;
```

Employee的字段应该在Employee构造函数中设初值。因此我定义了一个Employee构造函数,并将它声明为protected,表示子类应该调用它:

```
class Employee
  protected Employee (String name, String id) {
    _name = name;
    _id = id;
  }
```

然后，我从子类中调用它：

```
public Manager (String name, String id, int grade) {
    super (name, id);
    _grade = grade;
}
```

后来情况又有些变化，构造函数中出现了共同代码。假如我有以下代码：

```
class Employee...
  boolean isPriviliged() {..}
  void assignCar() {..}
class Manager...
  public Manager(String name, String id, int grade) {
      super(name, id);
      _grade = grade;
      if (isPriviliged()) assignCar(); // every subclass does this
  }
  boolean isPriviliged() {
      return _grade > 4;
  }
```

我不能把调用assignCar()的行为移到超类构造函数中，因为唯有把合适的值赋给_grade字段后才能执行assignCar()。此时我需要使用*Extract Method* (110)和*Pull up Method* (322)。

```
class Employee...
  void initialize() {
      if (isPriviliged()) assignCar();
  }
class Manager...
  public Manager(String name, String id, int grade) {
      super(name, id);
      _grade = grade;
      initialize();
  }
```

11.4 Push Down Method（函数下移）

超类中的某个函数只与部分（而非全部）子类有关。

将这个函数移到相关的那些子类去。

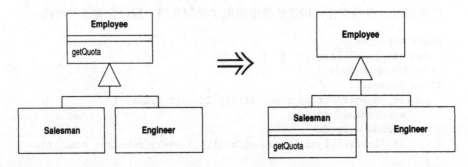

动机

Push Down Method (328)与*Pull Up Method* (322)恰恰相反。当我有必要把某些行为从超类移至特定的子类时，我就使用*Push Down Method* (328)，它通常也只在这种时候有用。使用*Extract Subclass* (330)之后你可能会需要它。

做法

- ❑ 在所有子类中声明该函数，将超类中的函数本体复制到每一个子类函数中。

  ⇒ 你可能需要将超类的某些字段声明为protected，让子类函数也能够访问它们。如果日后你也想把这些字段下移到子类，通常就可以那么做；否则应该使用超类提供的访问函数。如果访问函数并非public，你得将它声明为protected。

- ❑ 删除超类中的函数。

  ⇒ 你可能必须修改调用端的某些变量声明或参数声明，以便能够使用子类。

  ⇒ 如果有必要通过一个超类对象访问该函数，或你不想把该函数从任何子类中移除，再或超类是抽象类，那么你就可以在超类中把该函数声明为抽象函数。

- ❑ 编译，测试。

- ❑ 将该函数从所有不需要它的那些子类中删掉。

- ❑ 编译，测试。

11.5   Push Down Field（字段下移）

超类中的某个字段只被部分（而非全部）子类用到。

将这个字段移到需要它的那些子类去。

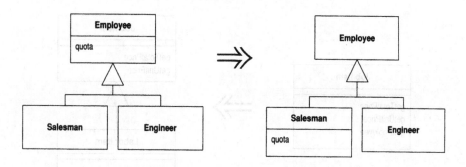

动机

Push Down Field（329）与*Pull Up Field*（320）恰恰相反：如果只有某些（而非全部）子类需要超类内的一个字段，你可以使用本项重构。

做法

- □ 在所有子类中声明该字段。

- □ 将该字段从超类中移除。

- □ 编译，测试。

- □ 将该字段从所有不需要它的那些子类中删掉。

- □ 编译，测试。

11

11.6　Extract Subclass（提炼子类）

类中的某些特性只被某些（而非全部）实例用到。

新建一个子类，将上面所说的那一部分特性移到子类中。

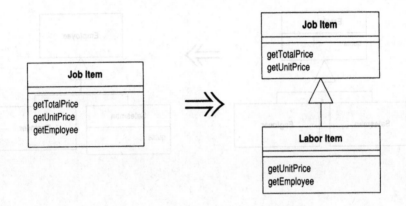

动机

使用*Extract Subclass* (330)的主要动机是：你发现类中的某些行为只被一部分实例用到，其他实例不需要它们。有时候这种行为上的差异是通过类型码区分的，此时你可以使用*Replace Type Code with Subclasses* (223)或*Replace Type Code with State/Strategy* (227)。但是，并非一定要出现了类型码才表示需要考虑使用子类。

Extract Class (149)是*Extract Subclass* (330)之外的另一种选择，两者之间的抉择其实就是委托和继承之间的抉择。*Extract Subclass* (330)通常更容易进行，但它也有限制：一旦对象创建完成，你无法再改变与类型相关的行为。但如果使用*Extract Class* (149)，你只需插入另一个组件就可以改变对象的行为。此外，子类只能用以表现一组变化。如果你希望一个类以几种不同的方式变化，就必须使用委托。

做法

- 为源类定义一个新的子类。

- 为这个新的子类提供构造函数。

  ⇒ 简单的做法是：让子类构造函数接受与超类构造函数相同的参数，并通过super调用超类构造函数。

  ⇒ 如果你希望对用户隐藏子类的存在，可使用*Replace Constructor with Factory Method* (304)。

- 找出调用超类构造函数的所有地点。如果它们需要的是新建的子类，令它们改而调用新构造函数。

  ⇒ 如果子类构造函数需要的参数和超类构造函数的参数不同，可以使用*Rename Method* (273)修改其参数列。如果子类构造函数不需要超类构造函数的某些参数，可以使用*Rename Method* (273)将它们去除。

  ⇒ 如果不再需要直接创建超类的实例，就将超类声明为抽象类。

- 逐一使用*Push Down Method* (328)和*Push Down Field* (329)将源类的特性移到子类去。

  ⇒ 和*Extract Class* (149)不同的是，先处理函数再处理数据，通常会简单一些。

  ⇒ 当一个public函数被下移到子类后，你可能需要重新定义该函数的调用端的局部变量或参数类型，让它们改而调用子类中的新函数。如果忘记进行这一步骤，编译器会提醒你。

- 找到所有这样的字段：它们所传达的信息如今可由继承体系自身传达（这一类字段通常是boolean变量或类型码）。以*Self Encapsulate Field* (171)避免直接使用这些字段，然后将它们的取值函数替换为多态常量函数。所有使用这些字段的地方都应该以*Replace Conditional with Polymorphism* (255)重构。

  ⇒ 任何函数如果位于源类之外，而又使用了上述字段的访问函数，考虑以*Move Method* (142)将它移到源类中，然后再使用*Replace Conditional with Polymorphism* (255)。

- 每次下移之后，编译并测试。

范例

下面是JobItem类，用来决定当地修车厂的工作报价：

```
class JobItem ...
  public JobItem(int unitPrice, int quantity, boolean isLabor, Employee
      employee) {
      _unitPrice = unitPrice;
      _quantity = quantity;
      _isLabor = isLabor;
      _employee = employee;
  }
  public int getTotalPrice() {
      return getUnitPrice() * _quantity;
  }
  public int getUnitPrice() {
      return (_isLabor) ?
          _employee.getRate() :
          _unitPrice;
  }
  public int getQuantity() {
      return _quantity;
  }
  public Employee getEmployee() {
      return _employee;
  }
  private int _unitPrice;
  private int _quantity;
  private Employee _employee;
  private boolean _isLabor;
class Employee...
  public Employee(int rate) {
      _rate = rate;
  }
  public int getRate() {
      return _rate;
  }
  private int _rate;
```

我要提炼出一个LaborItem子类，因为上述某些行为和数据只在按工时（labor）收费的情况下才需要。首先建立这样一个类：

```
class LaborItem extends JobItem {}
```

我需要为LaborItem提供一个构造函数，因为JobItem没有默认构造函数。我把超类构造函数的参数列复制过来：

```
public LaborItem (int unitPrice, int quantity, boolean isLabor, Employee
    employee) {
super (unitPrice, quantity, isLabor, employee);
}
```

这就足以让新的子类通过编译了。但是这个构造函数会造成混淆：某些参数是LaborItem所需要的，另一些不是。稍后我再来解决这个问题。

下一步是要找出对JobItem构造函数的调用，并从中找出可以改用LaborItem构造函数的地方。因此，下列语句：

```
JobItem j1 = new JobItem (0, 5, true, kent);
```

就被修改为：

```
JobItem j1 = new LaborItem (0, 5, true, kent);
```

此时我尚未修改变量类型，只是修改了构造函数所属的类。之所以这样做，是因为我希望只在必要地点才使用新类型。到目前为止，子类还没有专属接口，因此我还不想宣布任何改变。

现在正是清理构造函数参数列的好时机。我将针对每个构造函数使用*Rename Method*(273)。首先处理超类构造函数。我要新建一个构造函数，并把旧构造函数声明为protected（不能直接声明为private，因为子类还需要它）：

```
class JobItem...
protected JobItem (int unitPrice, int quantity, boolean isLabor, Employee
    employee) {
    _unitPrice = unitPrice;
    _quantity = quantity;
    _isLabor = isLabor;
    _employee = employee;
}
public JobItem (int unitPrice, int quantity) {
    this (unitPrice, quantity, false, null)
}
```

现在，外部调用应该使用新构造函数：

```
JobItem j2 = new JobItem (10, 15);
```

编译、测试都通过后，我再使用*Rename Method*(273)修改子类构造函数：

```
class LaborItem
  public LaborItem (int quantity, Employee employee) {
    super (0, quantity, true, employee);
}
```

此时我仍然暂时使用protected的超类构造函数。

现在，我可以将JobItem的特性向下搬移。先从函数开始，我先运用*Push Down Method* (328)对付getEmployee()函数：

```
class LaborItem...
  public Employee getEmployee() {
      return _employee;
  }
class JobItem...
  protected Employee _employee;
```

因为_employee字段也将在稍后被下移到LaborItem，所以我现在先将它声明为protected。

将_employee字段声明为protected之后，我可以再次清理构造函数，让_employee只在即将去达的子类中被初始化：

```
class JobItem...
  protected JobItem (int unitPrice, int quantity, boolean isLabor) {
      _unitPrice = unitPrice;
      _quantity = quantity;
      _isLabor = isLabor;
  }
class LaborItem ...
  public LaborItem (int quantity, Employee employee) {
      super (0, quantity, true);
      _employee = employee;
  }
```

_isLabor字段所传达的信息，现在已经成为继承体系的内在信息，因此我可以移除这个字段了。最好的方式是：先使用*Self Encapsulate Field* (171)，然后再修改访问函数，改用多态常量函数——这样的函数会在不同的子类实现版本中返回不同的固定值：

```
class JobItem...
  protected boolean isLabor() {
      return false;
  }

class LaborItem...
  protected boolean isLabor() {
      return true;
  }
```

然后，我就可以摆脱_isLabor字段了。

现在，我可以观察isLabor()函数的用户，并运用*Replace Conditional with Polymorphism* (255)重构它们。我找到了下列这样的函数：

```
class JobItem...
  public int getUnitPrice(){
      return (isLabor()) ?
          _employee.getRate():
          _unitPrice;
  }
```

将它重构为：

```
class JobItem...
  public int getUnitPrice(){
      return _unitPrice;
  }
class LaborItem...
  public int getUnitPrice(){
      return _employee.getRate();
  }
```

当使用某项字段的函数全被下移至子类后，我就可以使用*Push Down Field* (329)将字段也下移。如果尚无法移动字段，那就表示我需要对函数做更多处理，可能需要实施*Push Down Method* (328)或*Replace Conditional with Polymorphism* (255)。

由于只有按零件收费的工作项才会用到_unitPrice字段，所以我可以再次运用*Extract Subclass* (330)对JobItem提炼出一个子类：PartsItem。完成后，我可以将JobItem声明为抽象类。

11

11.7　Extract Superclass（提炼超类）

两个类有相似特性。

为这两个类建立一个超类，将相同特性移至超类。

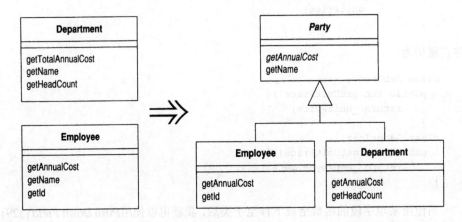

动机

重复代码是系统中最糟糕的东西之一。如果你在不同地方做同一件事情，一旦需要修改那些动作，你就得平白做更多的修改。

重复代码的某种形式就是：两个类以相同的方式做类似的事情，或者以不同的方式做类似的事情。对象提供了一种简化这种情况的机制，那就是继承。但是，在建立这些具有共通性的类之前，你往往无法发现这样的共通性，因此经常会在具有共通性的类出现之后，再开始建立其间的继承结构。

另一种选择就是*Extract Class* (149)。这两种方案之间的选择其实就是继承和委托之间的选择。如果两个类可以共享行为，也可以共享接口，那么继承是比较简单的做法。如果你选错了，也总有*Replace Inheritance with Delegation* (352)这瓶后悔药可吃。

做法

- 为原本的类新建一个空白的抽象超类。

- 运用*Pull Up Field*(320)、*Pull Up Method*(322)和*Pull Up Constructor Body*(325)
  逐一将子类的共同元素上移到超类。

  ⇒ 先搬移字段，通常比较简单。

  ⇒ 如果相应的子类函数有不同的签名，但用途相同，可以先使用*Rename Method*(273)将它们的签名改为相同，然后再使用*Pull Up Method*(322)。

  ⇒ 如果相应的子类函数有相同的签名，但函数本体不同，可以在超类中把它们的共同签名声明为抽象函数。

  ⇒ 如果相应的子类函数有不同的函数本体，但用途相同，可试着使用*Substitute Algorithm*(139)把其中一个函数的函数本体复制到另一个函数中。如果运转正常，你就可以使用*Pull Up Method*(322)。

- 每次上移后，编译并测试。

- 检查留在子类中的函数，看它们是否还有共通成分。如果有，可以使用*Extract Method*(110)将共通部分再提炼出来，然后使用*Pull Up Method*(322)将提炼出的函数上移到超类。如果各个子类中某个函数的整体流程很相似，你也许可以使用*Form Template Method*(345)。

- 将所有共通元素都上移到超类之后，检查子类的所有用户。如果它们只使用共同接口，你就可以把它们请求的对象类型改为超类。

范例

下面例中，我以Employee表示"员工"，以Department表示"部门"：

```
class Employee...
  public Employee(String name, String id, int annualCost) {
      _name = name;
      _id = id;
      _annualCost = annualCost;
  }
  public int getAnnualCost() {
      return _annualCost;
  }
```

```
    public String getId() {
        return _id;
    }
    public String getName() {
        return _name;
    }
    private String _name;
    private int _annualCost;
    private String _id;

public class Department...
    public Department(String name) {
        _name = name;
    }
    public int getTotalAnnualCost() {
        Enumeration e = getStaff();
        int result = 0;
        while (e.hasMoreElements()) {
            Employee each = (Employee) e.nextElement();
            result += each.getAnnualCost();
        }
        return result;
    }
    public int getHeadCount() {
        return _staff.size();
    }
    public Enumeration getStaff() {
        return _staff.elements();
    }
    public void addStaff(Employee arg) {
        _staff.addElement(arg);
    }
    public String getName() {
        return _name;
    }
    private String _name;
    private Vector _staff = new Vector();
```

这里有两处共同点。首先，员工和部门都有名称；其次，它们都有年度成本，只不过计算方式略有不同。我要提炼出一个超类，用以包容这些共通特性。第一步是新建这个超类，并将现有的两个类定义为其子类：

```
abstract class Party {}
class Employee extends Party...
class Department extends Party...
```

然后我开始把特性上移至超类。先实施*Pull up Field* (320)通常会比较简单：

```
class Party...
  protected String _name;
```

然后，我可以使用*Pull Up Method* (322)把这个字段的取值函数也上移至超类：

```
class Party {

  public String getName() {
      return _name;
  }
```

我通常会把这个字段声明为private。不过，在此之前，我需要先使用*Pull Up Constructor Body* (325)，这样才能对_name正确赋值：

```
class Party...
  protected Party(String name) {
      _name = name;
  }
  private String _name;

class Employee...
  public Employee(String name, String id, int annualCost) {
      super(name);
      _id = id;
      _annualCost = annualCost;
  }

class Department...
  public Department(String name) {
      super(name);
  }
```

`Department.getTotalAnnualCost()` 和 `Employee.getAnnualCost()` 两个函数的用途相同，因此它们应该有相同的名称。我先运用*Rename Method* (273)把它们的名称改为相同：

```
class Department extends Party {
  public int getAnnualCost() {
      Enumeration e = getStaff();
      int result = 0;
      while (e.hasMoreElements()) {
          Employee each = (Employee) e.nextElement();
          result += each.getAnnualCost();
      }
      return result;
  }
```

它们的函数本体仍然不同，因此我目前还无法使用*Pull Up Method* (322)。但是我可以在超类中声明一个抽象函数：

```
abstract public int getAnnualCost()
```

这一步修改完成后，我需要观察两个子类的用户，看看是否可以改变它们转而使用新的超类。用户之一就是Department自身，它保存了一个Employee对象集合。Department.getAnnualCost()只调用集合内的元素(对象)的getAnnualCost()函数，而该函数目前是在Party中声明的：

```
class Department...
    public int getAnnualCost() {
        Enumeration e = getStaff();
        int result = 0;
        while (e.hasMoreElements()) {
            Party each = (Party) e.nextElement();
            result += each.getAnnualCost();
        }
        return result;
    }
```

这一行为暗示一种新的可能性：我可以用Composite模式[Gang of Four]来对待Department 和 Employee，这样就可以让一个Department对象包容另一个Department对象。这是一项新功能，所以这项修改严格来说不属于重构范围。如果用户恰好需要Composite模式，我可以修改_staff字段名字，使其更好地表现这一模式。这一修改还会带来其他相应修改：修改addStaff()函数名称，并将该函数的参数类型改为Party。最后还需要把headCount()函数变成一个递归调用。我的做法是在Employee中建立一个headCount()函数，让它返回1；再使用*Substitute Algorithm* (139)修改 Department 的 headCount() 函数，让它加总各部门的headCount()调用结果。

11.8　Extract Interface（提炼接口）

若干客户使用类接口中的同一子集，或者两个类的接口有部分相同。

将相同的子集提炼到一个独立接口中。

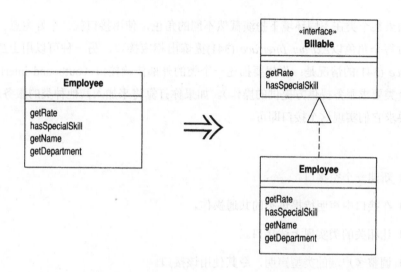

动机

类之间彼此互用的方式有若干种。"使用一个类"通常意味用到该类的所有责任区。另一种情况是，某一组客户只使用类责任区中的一个特定子集。再一种情况则是，这个类需要与所有协助处理某些特定请求的类合作。

对于后两种情况，将真正用到的这部分责任分离出来通常很有意义，因为这样可以使系统的用法更清晰，同时也更容易看清系统的责任划分。如果新的类需要支持上述子集，也比较能够看清子集内有些什么东西。

在许多面向对象语言中，这种责任划分是通过多继承（multiple inheritance）来实现的。你可以针对每组行为建立一个类，再将它们组合于同一个实现中。Java只提供单继承（single inheritance），但你可以运用接口（interface）来昭示并实现上述需求。接口对于Java程序的设计方式有着巨大的影响，就连Smalltalk程序员都认为接口是一大进步！

Extract Superclass (336)和*Extract Interface* (341)之间有些相似之处。*Extract Interface* (341)只能提炼共通接口，不能提炼共通代码。使用*Extract Interface* (341)可能造成难闻的"重复"坏味道，幸而你可以运用*Extract Class* (149)先把共通行为放进一个组件中，然后将工作委托该组件，从而解决这个问题。如果有不少共通行为，*Extract Superclass* (336)会比较简单，但是每个类只能有一个超类。

如果某个类在不同环境下扮演截然不同的角色，使用接口就是个好主意。你可以针对每个角色以*Extract Interface* (341)提炼出相应接口。另一种可以用上*Extract Interface* (341)的情况是：你想要描述一个类的外部依赖接口（outbound interface，即这个类要求服务提供方提供的操作）。如果你打算将来加入其他种类的服务对象，只需要求它们实现这个接口即可。

做法

- ❏ 新建一个空接口。

- ❏ 在接口中声明待提炼类的共通操作。

- ❏ 让相关的类实现上述接口。

- ❏ 调整客户端的类型声明，令其使用该接口。

范例

TimeSheet类表示员工为客户工作的时间表，从中可以计算客户应该支付的费用。为了计算这笔费用，TimeSheet需要知道员工级别，以及该员工是否有特殊技能：

```
double charge(Employee emp, int days) {
    int base = emp.getRate() * days;
    if (emp.hasSpecialSkill())
        return base * 1.05;
    else return base;
}
```

除了提供员工的级别和特殊技能信息外，Employee还有很多其他方面的功能，但本应用程序只需这两项功能。我可以针对这两项功能定义一个接口，从而强调"我只需要这部分功能"的事实：

```
interface Billable {
    public int getRate();
    public boolean hasSpecialSkill();
}
```

然后，我声明让Employee实现这个接口：

```
class Employee implements Billable ...
```

完成以后，我可以修改charge()函数声明，强调该函数只使用Employee的这部分行为：

```
double charge(Billable emp, int days) {
    int base = emp.getRate() * days;
    if (emp.hasSpecialSkill())
        return base * 1.05;
    else return base;
}
```

到目前为止，我们只不过是在文档化方面有一点收获。单就这一个函数而言，这样的收获并没有太大价值；但如果有若干个类都使用Billable接口，它就会很有用。如果我还想计算电脑租金，巨大的收获就显露出来了：要想计算客户租用电脑的费用，我只需让Computer类实现Billable接口，然后就可以把租用电脑的时间也填到时间表上了。

11.9 Collapse Hierarchy（折叠继承体系）

超类和子类之间无太大区别。

将它们合为一体。

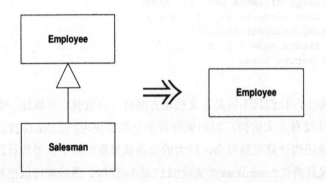

动机

如果你曾经编写过继承体系，就会知道，继承体系很容易变得过分复杂。所谓重构继承体系，往往是将函数和字段在体系中上下移动。完成这些动作后，你很可能发现某个子类并未带来该有的价值，因此需要把超类与子类合并起来。

做法

- 选择你想移除的类：是超类还是子类？

- 使用 *Pull up Field* (320) 和 *Pull up Method* (322)，或者 *Push Down Method* (328) 和 *Push Down Field* (329)，把想要移除的类的所有行为和数据搬移到另一个类。

- 每次移动后，编译并测试。

- 调整即将被移除的那个类的所有引用点，令它们改而引用合并后留下的类。这个动作将会影响变量的声明、参数的类型以及构造函数。

- 移除我们的目标；此时的它应该已经成为一个空类。

- 编译，测试。

11.10　Form Template Method（塑造模板函数）

你有一些子类，其中相应的某些函数以相同顺序执行类似的操作，
但各个操作的细节上有所不同。

将这些操作分别放进独立函数中，并保持它们都有相同的签名，
于是原函数也就变得相同了。然后将原函数上移至超类。

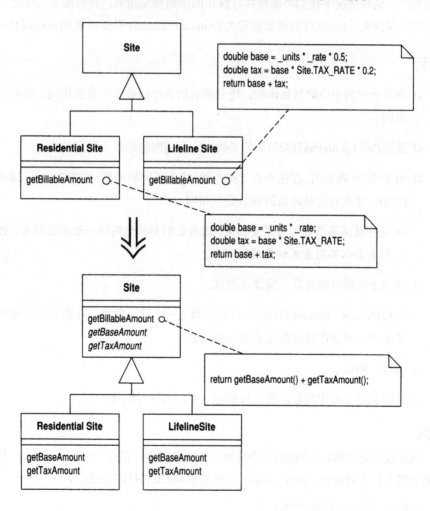

动机

继承是避免重复行为的一个强大工具。无论何时，只要你看见两个子类之中有类似的函数，就可以把它们提升到超类。但是如果这些函数并不完全相同该怎么办？我们仍有必要尽量避免重复，但又必须保持这些函数之间的实质差异。

常见的一种情况是：两个函数以相同顺序执行大致相近的操作，但是各操作不完全相同。这种情况下我们可以将执行操作的序列移至超类，并借助多态保证各操作仍得以保持差异性。这样的函数被称为Template Method（模板函数）[Gang of Four]。

做法

- 在各个子类中分解目标函数，使分解后的各个函数要不完全相同，要不完全不同。

- 运用*Pull Up Method* (322)将各子类内完全相同的函数上移至超类。

- 对于那些（剩余的、存在于各子类内的）完全不同的函数，实施*Rename Method* (273)，使所有这些函数的签名完全相同。

  ⇒ 这将使得原函数变为完全相同，因为它们都执行同样一组函数调用；但各子类会以不同方式响应这些调用。

- 修改上述所有签名后，编译并测试。

- 运用*Pull Up Method* (322)将所有原函数逐一上移至超类。在超类中将那些代表各种不同操作的函数定义为抽象函数。

- 编译，测试。

- 移除其他子类中的原函数，每删除一个，编译并测试。

范例

现在我将完成第1章遗留的那个范例。在此范例中，我有一个Customer，其中有两个用于打印的函数。statement()函数以ASCII码打印报表：

```
public String statement() {
    Enumeration rentals = _rentals.elements();
    String result = "Rental Record for " + getName() + "\n";
    while (rentals.hasMoreElements()) {
        Rental each = (Rental) rentals.nextElement();
```

```
        // show figures for this rental
        result += "\t" + each.getMovie().getTitle() + "\t" +
            String.valueOf(each.getCharge()) + "\n";
    }

    // add footer lines
    result += "Amount owed is " + String.valueOf(getTotalCharge()) + "\n";
    result += "You earned "+ String.valueOf(getTotalFrequentRenterPoints())
        + " frequent renter points";
    return result;
}
```

函数htmlStatement()则以HTML格式输出报表：

```
public String htmlStatement() {
    Enumeration rentals = _rentals.elements();
    String result = "<H1>Rentals for <EM>" + getName() + "</EM></H1><P>\n";
    while (rentals.hasMoreElements()) {
        Rental each = (Rental) rentals.nextElement();
        // show figures for each rental
        result += each.getMovie().getTitle() + ": " +
            String.valueOf(each.getCharge()) + "<BR>\n";
    }
    // add footer lines
    result += "<P>You owe <EM>" + String.valueOf(getTotalCharge())+
        "</EM><P>\n";
    result += "On this rental you earned <EM>" +
        String.valueOf(getTotalFrequentRenterPoints()) +
        "</EM> frequent renter points<P>";
    return result;
}
```

使用*Form Template Method* (345)之前，我需要对上述两个函数做一些整理，使它们成为同一个超类下的子类函数。为了这一目的，我使用函数对象[Beck]针对"报表打印"创建一个独立的策略继承体系，如图11-1所示。

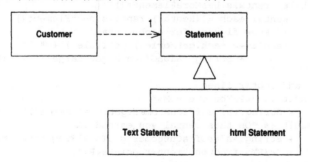

图11-1 针对"报表输出"使用Strategy模式

```
class Statement {}
class TextStatement extends Statement {}
class HtmlStatement extends Statement {}
```

现在，通过*Move Method* (142)，我将两个负责输出报表的函数分别搬移到对应的子类中：

```
class Customer...
public String statement() {
    return new TextStatement().value(this);
}
public String htmlStatement() {
    return new HtmlStatement().value(this);
}
class TextStatement {
  public String value(Customer aCustomer) {
        Enumeration rentals = aCustomer.getRentals();
        String result = "Rental Record for " + aCustomer.getName() + "\n";
        while (rentals.hasMoreElements()) {
            Rental each = (Rental) rentals.nextElement();

            // show figures for this rental
            result += "\t" + each.getMovie().getTitle() + "\t"
                + String.valueOf(each.getCharge()) + "\n";
        }

        // add footer lines
        result += "Amount owed is "
                + String.valueOf(aCustomer.getTotalCharge()) + "\n";
        result += "You earned "
                + String.valueOf(aCustomer.getTotalFrequentRenterPoints())
                + " frequent renter points";
        return result;
    }
}
class HtmlStatement {
  public String value(Customer aCustomer) {
        Enumeration rentals = aCustomer.getRentals();
        String result = "<H1>Rentals for <EM>" + aCustomer.getName()
            + "</EM></H1><P>\n";
        while (rentals.hasMoreElements()) {
            Rental each = (Rental) rentals.nextElement();
            // show figures for each rental
            result += each.getMovie().getTitle() + ": "
                + String.valueOf(each.getCharge()) + "<BR>\n";
        }
        // add footer lines
        result += "<P>You owe <EM>"
            + String.valueOf(aCustomer.getTotalCharge()) + "</EM><P>\n";
        result += "On this rental you earned <EM>"
            + String.valueOf(aCustomer.getTotalFrequentRenterPoints())
            + "</EM> frequent renter points<P>";
        return result;
    }
}
```

搬移之后，我还对这两个函数的名称做了一些修改，使它们更好地适应Strategy模式的要求。我之所以为它们取相同名称，因为两者之间的差异不在于函数，而在于函数所属的类。如果你想试着编译这段代码，还必须在Customer类中添加一个getRentals()函数，并放宽getTotalCharge()函数和getTotalFrequent-RenterPoints()函数的可见度。

面对两个子类中的相似函数，我可以开始实施*Form Template Method* (345)了。本重构的关键在于：运用*Extract Method* (110)将两个函数的不同部分提炼出来，从而将相似的代码和变动的代码分开。每次提炼后，我就建立一个签名相同但本体不同的函数。

第一个例子就是打印报表表头。上述两个函数都通过Customer对象获取信息，但对运算结果字符串的格式化方式不同。我可以将"对字符串的格式化"提炼到独立函数中，并将提炼所得命以相同的签名：

```
class TextStatement...
  String headerString(Customer aCustomer) {
    return "Rental Record for " + aCustomer.getName() + "\n";
  }
  public String value(Customer aCustomer) {
      Enumeration rentals = aCustomer.getRentals();
      String result = headerString(aCustomer);
      while (rentals.hasMoreElements()) {
          Rental each = (Rental) rentals.nextElement();

          // show figures for this rental
          result += "\t" + each.getMovie().getTitle() + "\t"
              + String.valueOf(each.getCharge()) + "\n";
      }

      // add footer lines
      result += "Amount owed is "
          + String.valueOf(aCustomer.getTotalCharge()) + "\n";
      result += "You earned "
          + String.valueOf(aCustomer.getTotalFrequentRenterPoints())
          + " frequent renter points";
      return result;
  }
}

class HtmlStatement...
  String headerString(Customer aCustomer) {
      return "<H1>Rentals for <EM>" + aCustomer.getName() + "</EM></H1><P>\n";
  }
  public String value(Customer aCustomer) {
      Enumeration rentals = aCustomer.getRentals();
      String result = headerString(aCustomer);
      while (rentals.hasMoreElements()) {
          Rental each = (Rental) rentals.nextElement();
          // show figures for each rental
          result += each.getMovie().getTitle() + ": "
              + String.valueOf(each.getCharge()) + "<BR>\n";
      }
      // add footer lines
    result += "<P>You owe <EM>"
```

```
        + String.valueOf(aCustomer.getTotalCharge()) + "</ EM><P>\n";
    result += "On this rental you earned <EM>"
        + String.valueOf(aCustomer.getTotalFrequentRenterPoints())
        + "</EM> frequent renter points<P>";
    return result;
}
```

编译并测试，然后继续处理其他元素。我将逐一对各个元素进行上述过程。下面是整个重构完成后的结果：

```
class TextStatement ...
    public String value(Customer aCustomer) {
        Enumeration rentals = aCustomer.getRentals();
        String result = headerString(aCustomer);
        while (rentals.hasMoreElements()) {
            Rental each = (Rental) rentals.nextElement();
            result += eachRentalString(each);
        }
        result += footerString(aCustomer);
        return result;
    }

    String eachRentalString(Rental aRental) {
        return "\t" + aRental.getMovie().getTitle() + "\t"
            + String.valueOf(aRental.getCharge()) + "\n";
    }

    String footerString(Customer aCustomer) {
        return "Amount owed is " + String.valueOf(aCustomer.getTotalCharge())
            + "\n" + "You earned "
            + String.valueOf(aCustomer.getTotalFrequentRenterPoints())
            + " frequent renter points";
    }

class HtmlStatement…
    public String value(Customer aCustomer) {
        Enumeration rentals = aCustomer.getRentals();
        String result = headerString(aCustomer);
        while (rentals.hasMoreElements()) {
            Rental each = (Rental) rentals.nextElement();
            result += eachRentalString(each);
        }
        result += footerString(aCustomer);
        return result;
    }

    String eachRentalString(Rental aRental) {
        return aRental.getMovie().getTitle() + ": "
            + String.valueOf(aRental.getCharge()) + "<BR>\n";
    }

    String footerString(Customer aCustomer) {
        return "<P>You owe <EM>" + String.valueOf(aCustomer.getTotalCharge())
            + "</EM><P>" + "On this rental you earned <EM>"
            + String.valueOf(aCustomer.getTotalFrequentRenterPoints())
            + "</EM> frequent renter points<P>";
    }
```

所有这些修改都完成后，两个value()函数看上去已经非常相似了，因此我可以使用*Pull up Method* (322)将它们提升到超类中。提升完毕后，我需要在超类中把子类函数声明为抽象函数。

```
class Statement...
   public String value(Customer aCustomer) {
        Enumeration rentals = aCustomer.getRentals();
        String result = headerString(aCustomer);
        while (rentals.hasMoreElements()) {
            Rental each = (Rental) rentals.nextElement();
            result += eachRentalString(each);
        }
        result += footerString(aCustomer);
        return result;
    }

   abstract String headerString(Customer aCustomer);
   abstract String eachRentalString(Rental aRental);
   abstract String footerString(Customer aCustomer);
```

然后我把TextStatement.value()函数拿掉，编译并测试。完成之后再把HtmlStatement.value()也删掉，再次编译并测试。最后结果如图11-2所示。

完成本重构后，处理其他种类的报表就容易多了：你只需为Statement再建一个子类，并在其中覆写3个抽象函数即可。

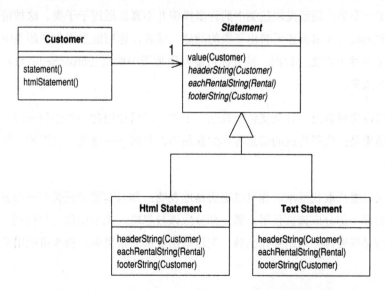

图11-2　Template Method（模板函数）塑造完毕后的类

11.11 Replace Inheritance with Delegation
（以委托取代继承）

某个子类只使用超类接口中的一部分，或是根本不需要继承而来的数据。

在子类中新建一个字段用以保存超类；调整子类函数，
令它改而委托超类；然后去掉两者之间的继承关系。

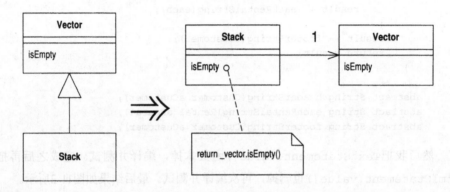

动机

继承是个好东西，但有时候它并不是你要的。你常常会遇到这样的情况：一开始继承了一个类，随后发现超类中的许多操作并不真正适用于子类。这种情况下，你所拥有的接口并未真正反映出子类的功能。或者，你可能发现你从超类中继承了一大堆子类并不需要的数据，抑或你可能发现超类中的某些protected函数对子类并没有什么意义。

你可以选择容忍，并接受传统说法：子类可以只使用超类功能的一部分。但这样做的结果是：代码传达的信息与你的意图南辕北辙——这是一种混淆，你应该将它去除。

如果以委托取代继承，你可以更清楚地表明：你只需要受托类的一部分功能。接口中的哪一部分应该被使用，哪一部分应该被忽略，完全由你主导控制。这样做的成本则是需要额外写出委托函数，但这些函数都非常简单，极少可能出错。

做法

□ 在子类中新建一个字段，使其引用超类的一个实例，并将它初始化为this。

□ 修改子类内的所有函数，让它们不再使用超类，转而使用上述那个受托字段。
   每次修改后，编译并测试。

　⇒ 你不能这样修改子类中通过super调用超类函数的代码，否则它们会陷入
   无限递归。这种函数只有在继承关系被打破后才能修改。

□ 去除两个类之间的继承关系，新建一个受托类的对象赋给受托字段。

□ 针对客户端所用的每一个超类函数，为它添加一个简单的委托函数。

□ 编译，测试。

范例

　　滥用继承的一个经典范例就是让Stack类继承Vector类——Java 1.1的工具库
（java.util）恰好就是这样做的。（这些淘气的孩子啊!）不过，作为范例，我只给出
一个比较简单的形式：

```
class MyStack extends Vector {

    public void push(Object element) {
        insertElementAt(element, 0);
    }

    public Object pop() {
        Object result = firstElement();
        removeElementAt(0);
        return result;
    }
}
```

　　只要看看MyStack的用户，我就会发现，用户只要它做4件事：push()、pop()、
size()和isEmpty()。后两个函数是从vector继承来的。

我要把这里的继承关系改为委托关系。首先，我要在MyStack中新建一个字段，用以保存受托的Vector对象。一开始我把这个字段初始化为this，这样在重构进行过程中，我就可以同时使用继承和委托：

```
private Vector _vector = this;
```

现在，我开始修改MyStack的函数，让它们使用委托关系。首先从push()开始：

```
public void push(Object element) {
    _vector.insertElementAt(element,0);
}
```

此时我可以编译并测试，一切都将运转如常。现在轮到pop()：

```
public Object pop() {
    Object result = _vector.firstElement();
    _vector.removeElementAt(0);
    return result;
}
```

修改完所有子类函数后，我可以打破与超类之间的联系了：

```
class MyStack extends Vector
    private Vector _vector = new Vector();
```

然后，对于Stack客户端可能用到的每一个Vector函数，我都必须在MyStack中添加一个简单的委托函数：

```
public int size() {
    return _vector.size();
}

public boolean isEmpty() {
    return _vector.isEmpty();
}
```

现在我可以编译并测试。如果我忘记加入某个委托函数，编译器会告诉我。

11.12 Replace Delegation with Inheritance （以继承取代委托）

你在两个类之间使用委托关系，并经常为整个接口
编写许多极简单的委托函数。

让委托类继承受托类。

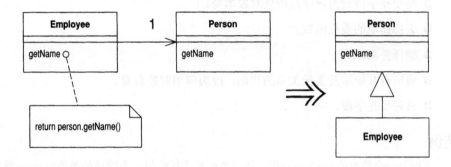

动机

本重构与*Replace Inheritance with Delegation* (352)恰恰相反。如果你发现自己需要使用受托类中的所有函数，并且费了很大力气编写所有极简的委托函数，本重构可以帮助你轻松回头使用继承。

两条告诫需牢记于心。首先，如果你并没有使用受托类的**所有**函数，那么就不应该使用*Replace Delegation With Inheritance* (355)，因为子类应该总是遵循超类的接口。如果过多的委托函数让你烦心，你有别的选择：你可以通过*Remove Middle Man* (160)让客户端自己调用受托函数，也可以使用*Extract Superclass* (336)将两个类接口相同的部分提炼到超类中，然后让两个类都继承这个新的超类；你还可以用类似的手法使用*Extract Interface* (341)。

另一种需要当心的情况是：受托对象被不止一个其他对象共享，而且受托对象是可变的。在这种情况下，你就不能将委托关系替换为继承关系，因为这样就无法再共享数据了。数据共享是必须由委托关系承担的一种责任，你无法把它转给继承关系。如果受托对象是不可变的，数据共享就不成问题，因为你大可放心地复制对象，谁都不会知道。

做法

- ☐ 让委托端成为受托端的一个子类。
- ☐ 编译。

  ⇒ 此时，某些函数可能会发生冲突：它们可能有相同的名称，但在返回类型、异常指定或可见程度方面有所差异。你可以使用 *Rename Method* (273)解决此类问题。

- ☐ 将受托字段设为该字段所处对象本身。
- ☐ 去掉简单的委托函数。
- ☐ 编译并测试。
- ☐ 将所有其他涉及委托关系的代码，改为调用对象自身。
- ☐ 移除受托字段。

范例

下面是一个简单的Employee类，将一些函数委托给另一个同样简单的Person类：

```
class Employee {
  Person _person = new Person();

  public String getName() {
      return _person.getName();
  }
  public void setName(String arg) {
      _person.setName(arg);
  }
  public String toString() {
      return "Emp: " + _person.getLastName();
  }
}

class Person {
  String _name;

  public String getName() {
      return _name;
  }
  public void setName(String arg) {
      _name = arg;
  }
  public String getLastName() {
      return _name.substring(_name.lastIndexOf(' ') + 1);
  }
}
```

第一步，只需声明两者之间的继承关系：

```
class Employee extends Person
```

此时，如果有任何函数发生冲突，编译器会提醒我。如果某几个函数的名称相同，但返回类型不同，或抛出不同的异常，它们之间就会出现冲突。所有此类问题都可以通过*Rename Method* (273)加以解决。为求简化，我没有在范例中列出这些麻烦情况。

下一步要将受托字段设值为该字段所处对象自身。同时，我必须先删掉所有简单的委托函数（例如getName()和setName()）。如果留下这种函数，就会因为无限递归而引起系统调用栈溢出。在此范例中，我应该把Employee的getName()和setName()拿掉。

一旦Employee可以正常工作了，我就修改其中用到委托函数的代码，让它们直接调用从超类继承而来的函数：

```
public String toString () {
return "Emp: " + getLastName();
}
```

摆脱所有涉及委托关系的函数后，我也就可以摆脱_person这个受托字段了。

11

第 *12* 章

大 型 重 构

——Kent Beck和Martin Fowler

前 面的章节已经向读者展示了各个单项重构的步骤，但读者恐怕还是只见树木不见森林。你之所以进行重构，必定是为了达到某个目的，而不仅仅是为了看起来有所动作（起码大多数时候你的重构是为了达到某个目的）。那么，这整个游戏究竟是怎么玩的呢？

这场游戏的特点

以下介绍的重构手法中，你肯定会注意到一件事：重构步骤的描述，不再如前面那么仔细。这是因为在大型重构中，情况有很多变化，我们无法告诉你准确的重构步骤。如果没有看到实际情况，任谁都无法确切知道该怎么做。当你为某个函数添加参数时，做法可以很仔细而清楚，因为重构范围很清楚；但是当你分解一个继承体系时，由于每个继承体系都是不同的，所以我们无法告诉你确切的重构步骤。

另外，对于这些大型重构，还有一件事需要注意：它们会耗费相当长的时间。第6～11章所介绍的重构手法，都可以在几分钟（至多一小时）内完成；但是我们曾经进行过的一些大型重构，却需要数月甚至数年的时间。如果你需要给一个运行中的系统添加功能，你不可能说服经理把系统停止运行两个月让你进行重构。你只能一点一点地做你的工作，今天一点点，明天一点点。

在这个过程中，你应该根据需要安排自己的工作，只在需要添加新功能或修补错误时才进行重构。你不必一开始就完成整个系统的重构，重构程度只要能满足其他任务的需要就行了。反正明天你还可以回来重构。

12

本章范例也反映出这样的哲学。如果要向你展示本书中所有的重构，轻易就能耗去上百页篇幅。我们很清楚这一点，因为Martin的确尝试过。所以，我们把范例压缩至几张概略图的尺度。

由于大型重构可能需要花费相当长的时间，因此它们并不像其他章节介绍的重构那样，能够立刻让人满意。你必须有那么一点小小的信仰：你每天都在使你自己的程序世界更安全。

进行大规模重构时，有必要为整个开发团队建立共识，这是小型重构所不需要的。大型重构为许许多多的修改指定了方向。整个团队都必须意识到：有一个大型重构正在进行，每个人都应该相应地安排自己的行动。说到这里，我想给大家讲个故事。两个家伙的车子在山顶附近抛锚了，于是他俩走下车，一人走到车的一头，开始推车。经过毫无成果的半小时之后，车头那家伙开口说道："我从来不知道把车推下山这么难！"另一个家伙答道："嘿，你说'推下山'是什么意思？难道我们不是想把车推上山吗？"我猜你一定不想让这个故事在你的开发团队中重演，对吧！

大型重构的重要性

我们已经看到，使那些小型重构突显价值的质量（可预测的结果、可观察的过程、立竿见影的满足等），在大型重构中往往并不存在。既然如此，为什么大型重构还那么重要，以至于我们想要把它们放进本书？那是因为如果没有它们，我们就可能面临这样的风险：投入了大把时间学习重构，在实际工作中却无法获得实在的利益。这对我们来说是非常糟糕的，我们不能容忍这种事情发生。

更重要的是，你之所以需要重构，决不会是因为它很好玩，而是因为你希望它能对你的程序有所帮助，让你能够做一些重构之前无法做的事情。

正如水草会堵塞河道一样，在一知半解的情况下做出的设计决策，一旦堆积起来，也会使你的程序陷于瘫痪。通过重构，你可以保证随时在程序中反映出完整的设计思路。正如水草会迅速蔓延一样，对系统理解不够完整的设计决策，也会很快地将它们的影响蔓延到整个程序中。要根除这种错误，一个、两个，甚至十个单独的行为都是不够的，只有持续而无处不在的重构才有可能竟其功。

四个大型重构

本章之中，我们将介绍四个大型重构实例。这些仅仅是例子，我们并没有打算覆盖所有领域。迄今为止，绝大多数关于重构的研究和实践都集中于比较小的重构手法上，以这种方式谈论大型重构，是一种非常新鲜的做法，这主要来自于Kent的经验。在大规模重构方面，Kent的经验比其他所有人都要丰富。

Tease Apart Inheritance (362)用于处理混乱的继承体系——这种继承体系往往以一种令人迷惑的方式组合了多个不同方面的变化。*Convert Procedural Design to Objects* (368)可以帮助你解决一个经典问题：如何处理过程式代码？许多使用面向对象语言的程序员，其实并没有真正理解面向对象技术，因此你常会需要使用这项重构。如果你看到以传统的两层结构（two-tier，用户界面和数据库）方式编写的代码，你可能需要使用*Separate Domain from Presentation* (370)将业务逻辑与用户界面隔离开来。经验丰富的面向对象开发人员发现：对于一个长时间、大负荷运转的系统来说，这样的分离是至关重要的。*Extract Hierarchy* (375)则可以将过于复杂的类转变为一群子类，从而简化系统。

12.1 Tease Apart Inheritance（梳理并分解继承体系）

某个继承体系同时承担两项责任。

建立两个继承体系，并通过委托关系让其中一个可以调用另一个。

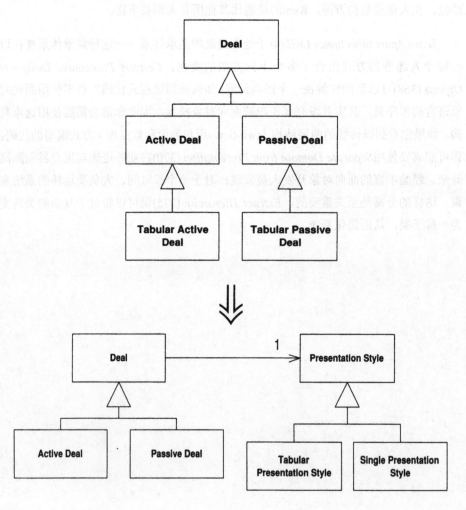

动机

继承是个好东西，它可以明显减少子类中的代码量。函数的重要性可能并不和它的大小成比例——在继承体系之中尤然。

不过，先别急着为这个强大的工具欢呼雀跃，因为继承也很容易被误用，并且这种误用还很容易在开发人员之间蔓延。今天你为了一项小小任务而加入一个小小的子类，明天又为另一项任务在继承体系的另一个地方加入另一个子类。一个星期（或者一个月，一年）之后，你就会发现自己身陷泥淖，而且连一根拐杖都没有。

混乱的继承体系是一个严重的问题，因为它会导致重复代码，而后者正是程序员生涯的致命毒药。它还会使修改变得困难，因为特定问题的解决策略被分散到了整个继承体系。最终，你的代码将非常难以理解。你无法简单地说："这就是我的继承体系，它能计算结果。"而必须说"它会计算出结果……呃，这些是用以表现不同表格形式的子类，每个子类又有一些子类针对不同的国家。"

要指出继承体系是否承担了两项不同的责任并不困难：如果继承体系中的某一特定层级上的所有类，其子类名称都以相同的形容词开始，那么这个体系很可能就是承担着两项不同的责任。

做法

- 首先识别出继承体系所承担的不同责任，然后建立一个二维表格（或者三维乃至四维表格，如果你的继承体系够混乱而你的绘图工具够酷的话），并以坐标轴标示出不同的任务。我们将重复运用本重构，处理两个或两个以上的维度（当然，每次只处理一个维度）。

- 判断哪一项责任更重要些，并准备将它留在当前的继承体系中。准备将另一项责任移到另一个继承体系中。

- 使用 *Extract Class* (149)从当前的超类提炼出一个新类，用以表示重要性稍低的责任，并在原超类中添加一个实例变量，用以保存新类的实例。

- 对应于原继承体系中的每个子类，创建上述新类的一个子类。在原继承体系的子类中，将前一步骤所添加的实例变量初始化为新建子类的实例。

- 针对原继承体系中的每个子类，使用 *Move Method* (142)将其中的行为搬移到与之对应的新建子类中。

- 当原继承体系中的某个子类不再有任何代码时，就将它去除。

- 重复以上步骤，直到原继承体系中的所有子类都被处理过为止。观察新继承体系，看看是否有可能对它实施其他重构手法，例如 *Pull Up Method* (322)或 *Pull Up Field* (320)。

12

范例

让我们来看一个混乱的继承体系（如图12-1所示）。

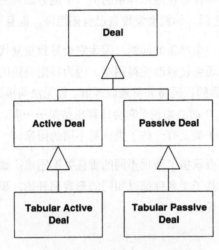

图12-1　一个混乱的继承体系

这个继承体系之所以混乱，因为一开始Deal类只被用来显示单笔交易。后来，某个人突发奇想地用它来显示一张交易表格。只要稍稍用过ActiveDeal子类就会发现，继承这个类，不必做太多工作就可以显示一张表格了。哦，还要"被动交易"（PassiveDeal）表格是吗？没问题，再加一个子类就行了。

两个月过去，表格相关代码变得越来越复杂，你却没有一个好地方可以放它们，因为时间太紧了。（咳，老戏码！）现在你将很难向系统加入新的交易种类，因为"交易处理"与"数据显示"两块逻辑已经纠结难分了。

按照本重构提出的处方笺，第一步工作是识别出这个继承体系所承担的各项责任。这个继承体系的职责之一是捕捉不同交易种类间的差异，职责之二是捕捉不同显示风格之间的差异。因此，我们可以得到下列表格：

Deal	Active Deal	Passive Deal
Tabular Deal		

下一步要判断哪一项职责更重要。很明显，"交易种类"比"显示风格"重要，因此我们把前者留在原地，把后者提炼到另一个继承体系中。不过，实际工作中，我们可能需要将代码较多的职责留在原地，这样一来需要搬移的代码数量会比较少。

然后，我们应该使用*Extract Class*(149)提炼出一个单独的`PresentationStyle`类，用以表示"显示风格"（如图12-2所示）。

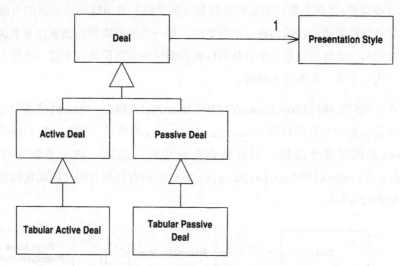

图12-2 添加`PresentationStyle`，用以表示"显示风格"

接下来，我们需要针对原继承体系中的每个子类，建立`PresentationStyle`的一个一个子类（如图12-3所示），并将`Deal`类中用来保存`PresentationStyle`实例的那个实例变量初始化为适当的子类实例：

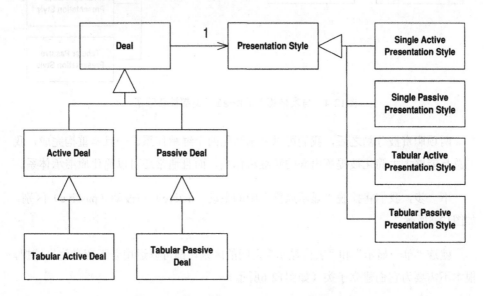

图12-3 为`PresentationStyle`添加子类

12

```
ActiveDeal constructor
    ...presentation= new SingleActivePresentationStyle();...
```

你可能会说："这不是比原先的类数量还多了吗？难道这还能让我的生活更舒服？"生活往往如此：以退为进，走得更远。对一个纠结成团的继承体系来说，被提炼出来的另一个继承体系几乎总是可以再戏剧性地大量简化。不过，比较安全的态度是一次一小步，不要过于躁进。

现在，我们要使用*Move Method* (142)和*Move Field* (146)，将Deal子类中与显示逻辑相关的函数和变量搬移到PresentationStyle相应的子类去。我们想不出什么好办法来模拟这个过程，只好请你自己想象。总之，这个步骤完成后，TabularActiveDeal和TabularPassiveDeal不再有任何代码，因此我们将它们移除（如图12-4所示）。

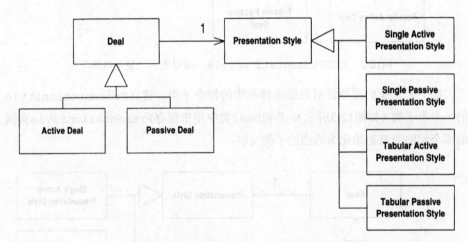

图12-4　与表格相关的Deal子类都被移除了

两项职责被分割之后，我们可以分别简化两个继承体系。一旦本重构完成，我们总是能够大大简化被提炼出来的新继承体系，而且通常还可以简化原继承体系。

下一步，我们将摆脱"显示风格"中的主动（active）与被动（passive）区别，如图12-5所示。

就连"单一显示"和"表格显示"之间的区别，都可以运用若干变量值来捕捉，根本不需要为它们建立子类（如图12-6所示）。

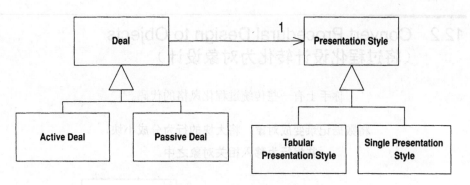

图12-5 继承体系被分割了

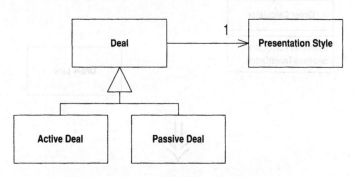

图12-6 显示风格之间的差异可以用变量来表现

12.2　Convert Procedural Design to Objects
（将过程化设计转化为对象设计）

你手上有一些传统过程化风格的代码。

**将数据记录变成对象，将大块的行为分成小块，
并将行为移入相关对象之中。**

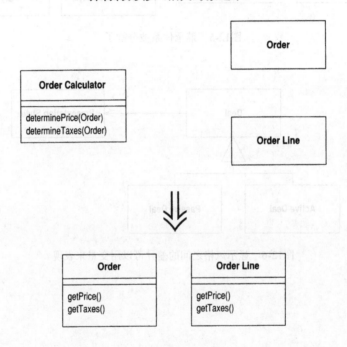

动机

有一次，我们的一位客户在项目开始时给开发者提出了两条必须遵守的条件：
(1) 必须使用Java；(2) 不能使用对象。

这故事固然好笑。不过，尽管Java是面向对象语言，"使用对象"可远不仅仅是
调用构造函数而已。对象的使用也需要花时间去学习。往往你会面对一些过程化风
格的代码所带来的问题，并因而希望它们变得更面向对象一些。典型的情况是：类
中有着长长的过程化函数和极少的数据，旁边则是一堆哑数据对象——除了数据访
问函数外没有其他任何函数。如果你要转换的是一个纯粹的过程化程序，可能连这
些东西都没有。

我们并不是说绝对不应该出现只有行为而几乎没有数据的对象。在Strategy模式中，我们常常使用一些小型的策略对象来改变宿主对象的行为，这些小型的策略对象就只有行为而没有数据。但是这样的对象通常比较小，而且只有在我们特别需要灵活性的时候，才会使用它们。

做法

- □ 针对每一个记录类型，将其转变为只含访问函数的哑数据对象。

  ⇒ 如果你的数据来自关系式数据库，就把数据库中的每个表变成一个哑数据对象。

- □ 针对每一处过程化风格，将该处的代码提炼到一个独立类中。

  ⇒ 你可以把提炼所得的类做成一个Singleton（为了方便重新初始化），或是把提炼所得的函数声明为static。

- □ 针对每一段长长的程序，实施*Extract Method* (110)及其他相关重构将它分解。再以*Move Method* (142)将分解后的函数分别移到它所相关的哑数据类中。

- □ 重复上述步骤，直到原始类中的所有函数都被移除。如果原始类是一个完全过程化的类，将它拿掉将大快人心。

范例

第1章的范例很好地展示了*Convert Procedural Design to Objects* (368)，尤其是第一阶段（对statement()函数的分解和安置）。完成这项重构之后，你就拥有了一个"聪明的"数据对象，可以对它进行其他重构了。

12.3　Separate Domain from Presentation
（将领域和表述/显示分离）

某些GUI类之中包含了领域逻辑。

将领域逻辑分离出来，为它们建立独立的领域类。

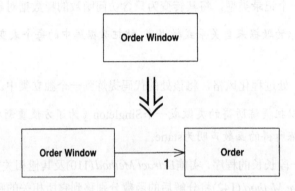

动机

提到面向对象，就不能不提MVC（模型–视图–控制器）模式。在Smalltalk-80环境中，人们以此模式维护GUI（图形用户界面）和领域对象间的关系。

MVC模式最核心的价值在于：它将用户界面代码（即视图；亦即现今常说的"展现层"）和领域逻辑（即模型）分离了。展现类只含用以处理用户界面的逻辑；领域类不含任何与程序外观相关的代码，只含业务逻辑相关代码。将程序中这两块复杂的部分加以分离，程序未来的修改将变得更加容易，同时也使同一业务逻辑的多种展现方式成为可能。那些熟稔面向对象技术的程序员会毫不犹豫地在他们的程序中进行这种分离，并且这种做法也的确证实了它自身的价值。

但是，大多数人并没有在设计中采用这种方式来处理GUI。大多数客户端/服务器结构的GUI应用都采用双层逻辑设计：数据保存在数据库中，业务逻辑放在展现类中。这样的环境往往迫使你也倾向这种风格的设计，使你很难把业务逻辑放在其他地方。

Java是一个真正意义上的面向对象环境，因此你可以创建内含业务逻辑的、与展现逻辑无关的领域对象。但你还是会经常遇到上述双层风格写就的程序。

做法

□ 为每个窗口建立一个领域类。

□ 如果窗口内有一张表格，新建一个类来表示其中的行，再以窗口所对应之领域类中的一个集合来容纳所有的行领域对象。

□ 检查窗口中的数据。如果数据只被用于UI，就把它留着；如果数据被领域逻辑使用，而且不显示于窗口上，我们就以*Move Field* (146)将它搬移到领域类中；如果数据同时被UI和领域逻辑使用，就对它实施*Duplicate Observed Data* (189)，使它同时存在于两处，并保持两处之间的同步。

□ 检查展现类中的逻辑。实施*Extract Method* (110)将展现逻辑从领域逻辑中分开。一旦隔离了领域逻辑，再运用*Move Method* (142)将它移到领域类。

□ 以上步骤完成后，你就拥有了两组彼此分离的类：展现类用以处理GUI，领域类包含所有业务逻辑。此时的领域类组织可能还不够严谨，更进一步的重构将解决这些问题。

范例

下面是一个商品订购程序。其GUI如图12-7所示，其展现类与图12-8所示的关系数据库互动。

所有行为（包括GUI和订单处理）都由OrderWindow类处理。

首先建立一个Order类表示"订单"。然后把Order和OrderWindow联系起来，如图12-9所示。由于窗口中有一个用以显示订单的表格，所以我们还得建立一个OrderLine，用以表示表格中的每一行。

我们将从窗口这边而不是从数据库那边开始重构。当然，一开始就把领域模型建立在数据库基础上，也是一种合理策略，但我们最大的风险源于展现逻辑和领域逻辑之间的混淆，因此我们首先基于窗口将这些分离出来，然后再考虑对其他地方进行重构。

面对这一类程序，在窗口中寻找内嵌的SQL（结构化查询语言）语句，会对你有所帮助，因为SQL语句获取的数据一定是领域数据。

12

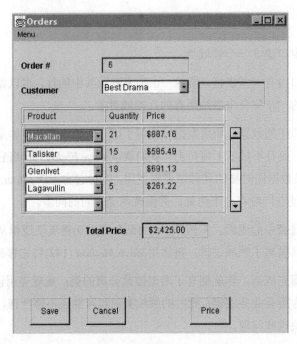

图12-7　启动程序的用户界面

　　最容易处理的领域数据就是那些不直接显示于GUI者。本例数据库的Customers表中有一个codes字段，它并不直接显示于GUI，而是被转换为一个更容易被人理解的短语之后再显示。程序中以简单类型（例如String）保存这个字段值，而非将其放在AWT组件中。我们可以安全地使用*Move Field* (146)将这个字段移到领域类。

　　对于其他字段，我们就没有这么幸运了，因为它们内含AWT组件，既显示于窗口，也被领域对象使用。面对这些字段，我们需要使用*Duplicate Observed Data* (189)，把一个领域字段放进Order类，同时把一个相应的AWT字段放进OrderWindow类。

　　这是一个缓慢的过程，但最终我们还是可以把所有领域逻辑字段都搬到领域类。进行这一步骤时，你可以试着把所有SQL调用都移到领域类，这样你就是同时移动了数据库逻辑和领域数据。最后，你可以在OrderWindow中移除import java.sql之类的语句，这就表示我们的重构告一段落了。在此阶段中你可能需要大量运用*Extract Method* (110)和*Move Method* (142)。

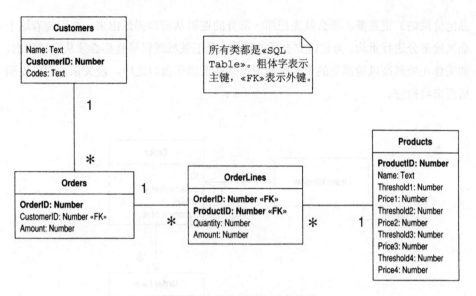

图12-8　订单程序所用的数据库

现在，我们拥有的3个类，如图12-10所示，它们离"组织良好"还有很大的距离。不过这个模型的确已经很好地分离了展现逻辑和领域逻辑。本项重构的进行过程中，你必须时刻留心风险来自何方。如果"展现逻辑和领域逻辑混淆"是最大风险，那么就先把它们完全分开，然后才做其他工作；如果其他方面的事情（例如产

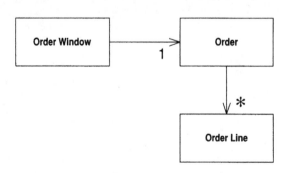

图12-9　OrderWindow类和Order类

第 12 章　大型重构

品定价策略）更重要，那么就先把那一部分的逻辑从窗口提炼出来，并围绕着这个高风险部分进行重构，为它建立合适的结构。反正领域逻辑早晚都必须从窗口移出，如果你在处理高风险部分的重构时会遗留某些逻辑于窗口之中，没关系，你可以稍后再来收拾它。

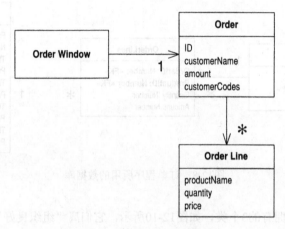

图12-10　将数据安置于领域类中

12.4　Extract Hierarchy（提炼继承体系）

你有某个类做了太多工作，其中一部分工作是以大量条件表达式完成的。

建立继承体系，以一个子类表示一种特殊情况。

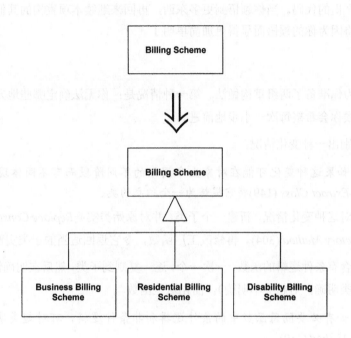

动机

在渐进式设计过程中，常常会有这样的情况：一开始设计者只想以一个类实现一个概念；但随着设计方案的演化，最后却可能一个类实现了两个、三个乃至十个不同的概念。一开始，你建立了这个简单的类。数天或数周之后，你可能发现：只要加入一个标记和一两个测试，就可以在另一个环境下使用这个类；一个月之后你又发现了另一个这样的机会；一年之后，这个类就完全一团糟了：标记变量和条件表达式遍布各处。

当你遇到这种瑞士军刀般的类——不但能够开瓶开罐、砍小树枝、还能在演示会上打出激光强调重点——你就需要一个好策略（亦即本项重构），将它的各个功能梳理并分开。不过，请注意，只有当条件逻辑在对象的整个生命周期保持不变，本重构所导入的策略才适用。否则你可能必须在分离各种状况之前先使用*Extract Class* (149)。

Extract Hierarchy (375)是一项大型重构,如果你一天之内不足以完成它,不要因此失去勇气。将一个极度混乱的设计方案梳理出来,可能需要数周甚至数月的时间。你可以先进行本重构中的一些简易步骤,稍微休息一下,再花几天时间编写一些能体现产出的代码。当你领悟到更多东西,再回来继续本项重构的其他步骤——这些步骤将因为你的领悟而显得更加简单明了。

做法

我们为你准备了两组重构做法。第一种情况是:你无法确定哪些地方会发生变化。这时候你会希望每次一小步地前进。

- ❑ 鉴别出一种变化情况。

  ⇒ 如果这种变化可能在对象生命周期的不同阶段而有不同体现,就运用*Extract Class* (149)将它提炼为一个独立的类。

- ❑ 针对这种变化情况,新建一个子类,并对原始类实施*Replace Constructor with Factory Method* (304)。再修改工厂函数,令它返回适当的子类实例。

- ❑ 将含有条件逻辑的函数,一次一个,逐一复制到子类,然后在明确情况下(对子类明确,对超类不明确),简化这些函数。

  ⇒ 如有必要隔离函数中的条件逻辑和非条件逻辑,可对超类实施*Extract Method* (110)。

- ❑ 重复上述过程,将所有变化情况都分离出来,直到可以将超类声明为抽象类为止。

- ❑ 删除超类中那些被所有子类覆写的函数本体,并将它们声明为抽象函数。

如果你非常清楚原始类会有哪些变化情况,可以使用另一种做法。

- ❑ 针对原始类的每一种变化情况,建立一个子类。

- ❑ 使用*Replace Constructor with Factory Method* (304)将原始类的构造函数转变成工厂函数,并令它针对每一种变化情况返回适当的子类实例。

  ⇒ 如果原始类中的各种变化情况是以类型码标示,先使用*Replace Type Code with Subclasses* (223);如果那些变化情况在对象生命周期的不同阶段会有不同体现,请使用*Replace Type Code with State/Strategy* (227)。

❑ 针对带有条件逻辑的函数，实施*Replace Conditional with Polymorphism* (255)。如果并非整个函数的行为有所变化，而只是函数一部分有所变化，请先运用*Extract Method* (110)将变化部分和不变部分隔开来。

范例

这里所举的例子是变化情况并不明朗的情况。你可以在*Replace Type Code with Subclasses* (223)、*Replace Type Code with State/Strategy* (227)和*Replace Conditional with Polymorphism* (255)等重构结果之上，验证在变化情况已经明朗的情况下如何使用本项重构。

我们以一个电费计算程序为例。这个程序有两个类：表示"消费者"的Customer和表示"计费方案"的BillingScheme，如图12-11所示。

BillingScheme使用大量条件逻辑来计算不同情况下的费用：冬季和夏季的电价不同，私宅用电、小型企业用电、社会救济（包括残障人士）用电的价格也不同。这些复杂的逻辑导致BillingScheme变得复杂。

第一个步骤是，提炼出条件逻辑中经常出现的某种变异性。本例之中可能是"视用户是否为残障人士"而发生的变化。用于标示这种情况的可能是Customer、BillingScheme或其他地方的一个标记变量（flag）。

我们针对这种变异建立一个子类。为了使用这个子类，我们需要确保它被建立并且被使用。因此我们需要处理BillingScheme构造函数：首先对它实施*Replace Constructor with Factory Method* (304)，然后在所得的工厂函数中为残障人士增加一个条件子句，使它在适当时候返回一个DisabilityBillingScheme对象。

然后，我们需要观察BillingScheme的其他函数，寻找那些随着用户是否为残障人士而变化的行为。CreateBill()就是这样一个函数，因此我们将它复制到子类（如图12-12所示）。

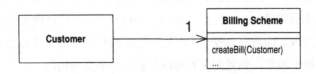

图12-11　Customer和BillingScheme

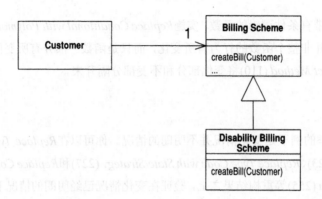

图12-12　为"残障人士"添加一个子类

现在，我们需要检查子类中的createBill()函数。由于现在我们可以肯定该消费者是残障人士，因此可以简化这个函数。所以下列代码：

```
if (disabilityScheme()) doSomething
```

可以变成：

```
doSomething
```

如果规定在"残障人士用电"和"企业用电"之间只能择一，那么我们的方案就可以避免在BusinessBillingScheme中出现任何条件代码。

实施本项重构时，我们希望将可能变化的部分和始终不变的部分分开，为此我们可以使用*Extract Method*(110)和*Decompose Conditional*(238)。本例将对BillingScheme各函数实施这两项重构，直到"是否为残障人士"的所有判断都得到了适当处理。然后我们再以相同过程处理其他变化情况（例如"社会救济用电"）。

然而，当我们处理第二种变化情况时，我们应该观察"社会救济用电"与"残障人士用电"有何不同。我们希望能够针对不同的变化情况建立起这样一组函数：它们意图相同，但针对不同的变化情况采取不同的实际行为。例如上述两种变化情况下的税额计算可能不同。我们希望确保两个子类中的相应函数有相同的签名。这可能意味我们必须修改DisabillityBillingScheme，将这两个子类统一整理一番。通常我们发现，面对更多变化情况时，这种相仿之中略带变化的函数模式会使整个系统结构趋于稳定，使我们更容易添加后续更多变化情况。

第 *13* 章

重构，复用与现实

——William Opdyke

我和Martin Fowler第一次见面，是在温哥华举行的OOPSLA 92大会上。在那之前数个月，我才刚在伊利诺伊大学完成关于"面向对象框架之重构"的博士论文[1]。当时，我一边考虑继续研究重构，一边也在寻找其他方向，例如医学信息学。那时，Martin恰好正在开发一个医学信息应用程序，这便成了我们在温哥华共进早餐时的话题。Martin在本书最前面也说过，我们用了数分钟时间讨论我对重构的研究。当时他对这个题目的兴趣有限。但是正如你现在看到的，他的兴趣已经大大增加了。

乍见之下，重构很像是从理论研究实验室中诞生的。事实上它最初出现于软件开发者阵营之中。在那儿，面向对象程序员以及Smalltalk用户迫切需要一种技术能够更好地支持框架开发过程——或者更普遍地，支持变化过程。如今重构的相关衍生研究已经成熟，我们感觉它已经进入了黄金时期——更多软件从业人员可以体验重构带来的利益。

当Martin给我机会，让我为本书写一章的时候，几种想法就出现在我的脑海中。我可以记述早期的重构研究，当时我和Ralph Johnson有着迥然不同的技术背景，但我们走到一起，致力研究如何支持面向对象软件的变化。我也可以讨论如何为重构提供自动化支持能力，这也是我的研究领域之一，但是与本书关注焦点相去甚远。我还可以与读者分享自己获得的经验：如何把重构和软件业者（特别是那些开发大型项目的软件业者）的日常事务结合起来。

在许多领域，我从重构研究之中获得的许多领悟都很有用，这些领域包括软件技术评估、产品发展策略规划、为电信业开发原型和产品、为产品开发团队提供培训和顾问，等等。

最终，我决定把以上许多问题都简单讲一讲。正如本章标题所暗示，许多关于重构的认识都适用于更具普遍意义的问题，例如软件复用、产品开发、平台选择等。尽管本章的某些部分涉及重构中颇为有趣的理论，但本章关注的焦点，主要还是实际的、现实世界的问题，及其解决方案。

如果你想对重构做更深入的研究，请看本章最后所列的相关资源和参考文献。

13.1　现实的检验

决定攻读博士学位之前，我在贝尔实验室工作了一些年头。那几年我主要是在公司的一个电子交换系统开发部门里工作。那些产品用来处理电话呼叫，对可靠性和速度的要求都非常高。公司已经投资数千个人年到这些系统的开发和持续发展上，产品生命周期长达数十年。在这些系统的开发中，大部分成本并不是花在最初版本，而是花在其后对系统不断的修改和调整上。如果能找到一种方法，使这些修改更容易、成本更低，那么公司将从中大大受益。

由于贝尔实验室出资让我攻读博士，所以我希望我的研究领域不仅能满足自己技术上的兴趣，也能与贝尔实验室的实际业务需求有关。20世纪80年代后期，面向对象技术刚刚诞生于研究性实验室里。当Ralph Johnson提出一个既关注面向对象技术、又关注变化过程和软件进化支持技术的研究题目时，我立刻接受了它作为我的博士研究题目。

曾经有人告诉我，很少人能够在完成博士学业后平静地看待自己的题目。有些人对自己的题目感到极其厌倦，很快转向其他研究；另一些人则保持对原先主题的高度热情。我就属于后面这种人。

当我拿到学位回到贝尔实验室，发生了一件奇怪的事：我周遭几乎没有人像我一样为重构激动不已。

我还清楚记得我在1993年初所做的一个演讲，那是在AT&T贝尔实验室和NCR（那时我们是同一家公司的两个部门）的员工技术交流论坛上。我做了一个45分钟的演讲，主题就是重构。一开始，演讲似乎进行得很顺利，我对这个主题的激情感染了听众。但是演讲结束时，几乎没有人提问。只有一位与会者从后排走过来想多了解一些信息，那是因为他正要开始做毕业设计，正四处查找研究课题。我很希望看到一些项目开发人员能够表现出想在工作中应用重构技术的热情——如果他们真有热情的话，至少那天他们并没有表现出来。

看起来，人们根本不打算接受它。

关于研究，Ralph Johnson给我上了重要的一课：如果有人（文章读者或是演讲会听众）说"我不懂"或者不打算接受它，那就是我们的失败。我们有责任努力发展自己的思想，并将它清楚表达出来。

其后的两年中，在AT&T贝尔实验室的内部论坛上，在外面的研讨会上，我得到了无数次谈论重构的机会。随着与一线开发人员的交谈越来越多，我开始明白为什么以前的演讲不能感染别人。我与听众的距离有一部分是因为面向对象技术自身就很新。那些使用它工作的人多半都还没有完成第一个版本的开发，所以还没有遇到"演化"这个大问题，而这个问题是重构能够帮忙解决的。这是研究人员的典型尴尬处境——技术的发展超前于实践。但是，造成这种距离，还有另一个讨厌的原因。有一些常识性原因影响了开发者，所以即使他们了解重构的好处，也不情愿对自己的程序进行重构。如果要让重构得到开发者的拥抱，首先必须解决这些问题。

13.2　为什么开发者不愿意重构他们的程序

假设你是一位软件开发者。如果你的项目刚刚开始（没有向下兼容的问题），如果你知道系统想要解决的问题，如果你的投资方愿意一直付钱直到你对结果满意，你真够幸运。尽管这无疑是使用面向对象技术的理想情景，但对我们大多数人来说，这是梦中才会出现的情景。

13

更多时候，你需要对既有软件进行扩展，你对自己所做的事情没有完整的了解，你受到生产进度的压力。这种情况下你该怎么办？

你可以重写整个程序。你可以倚赖自己的设计经验来纠正程序中存在的错误，这是创造性的工作，也很有趣。但谁来付钱呢？你又如何保证新的系统能够完成旧系统所做的每一件事呢？

你可以复制、修改现有系统的一部分，以扩展它的功能。这看上去也许很好，甚至可能被看作一种复用方式：你甚至不必理解自己复用的东西。但是，随着时间流逝，错误会不断地被复制、被传播，程序变得臃肿，程序的当初设计开始腐败变质，修改的整体成本逐渐上升。

重构是上述两个极端的中庸之道。通过重新组织软件结构，重构使得设计思路更详尽明确。重构被用于开发框架、抽取可复用组件、使软件架构更清晰、使新功能的增加更容易。重构可以帮助你充分利用以前的投资，减少重复劳动，使程序更简洁有力。

假设你是一位开发者，你也想获得这些好处。你同意Fred Brooks所说的"应对并处理变化，是软件开发的根本复杂性之一"[2]。你也同意，就理论而言，重构能够提供上面所说的各种好处。

为什么还不肯重构你的程序呢？有以下几个可能的原因。

1. 你不知道如何重构。
2. 如果这些利益是长远的，何必现在付出这些努力呢？长远看来，说不定当项目收获这些利益时，你已经不在职位上了。
3. 代码重构是一项额外工作，老板付钱给你，主要是让你编写新功能。
4. 重构可能破坏现有程序。

这些担忧都很正常，我经常听到电信公司和其他高科技公司的员工那么说。这其中有一些技术问题，以及一些管理问题。首先必须解决所有这些问题，然后开发者才会考虑在他们的软件中使用重构技术。现在让我们逐一解决这些问题。

如何重构，在哪里重构

如何才能学会重构呢？有什么工具？有什么技术？如何把这些工具和技术组合

起来做出有用的事？应该何时使用它们？本书定义了好几十条重构做法，这些都是Martin在自己的工作经验中发掘的有用手法。重构如何被用以支持程序重大修改？本书提供了很好的例子。

在伊利诺伊大学的软件重构项目中，我们选择了一条"极简主义"路线。我们定义了较少的一组重构[1],[3]，展示它们的使用方法。我们对重构的收集建立于自己的编程经验上。我们评估好几个面向对象框架（多数以C++开发完成）的结构演化，和几位经验丰富的Smalltalk开发者交谈并阅读他们的回顾记录。我们收集的重构手法大多很低层，例如建立或删除一个类、一个变量或一个函数；修改变量和函数的属性，如访问权限（public或protected），修改函数参数等；或者在类之间移动变量和函数。我们以另一组数量较少的高级重构手法来处理较为复杂的情况，例如建立抽象超类，通过继承和"简化条件"等方式来简化一个类，从现有的类中分解一部分、新建一个可复用的组件类（经常会在继承、委托、聚合之间转换），等等。这些较复杂的重构手法是以低层重构手法定义出来的。之所以采用这种方法，乃是为了自动化支持和安全两方面考量，我将于稍后讨论。

面对一个既有程序，我们该使用哪些重构呢？当然，这取决于你的目标。一个常见的重构原因，同时也是本书关注焦点，是调整程序结构以使（短期内）添加新功能更容易。我将在下一节讨论这一点。除此之外，还有其他理由让你使用重构。

有经验的面向对象程序员和那些受过设计模式等优秀设计技巧训练的人都知道，几种好的程序结构性质量和特征能够为可扩展性和可复用性提供支持[4],[5],[6]。诸如CRC[7]之类的面向对象设计技术也关注定义类和类之间的协议。虽然它们关注的焦点是前期设计，但也可以用这些指导方针来评价一个现有程序。

自动化工具可用来识别程序中的结构缺陷，例如函数参数过多、函数过长等。这些都应该考虑成为重构的对象。自动化工具还可以识别出结构上的相似，这样的相似很可能代表着冗余代码的存在。比如说，如果两个函数几乎相同（这经常是复制/修改第一个函数以获得第二个函数时造成的），自动化工具就会检测到这种相似性，并建议你使用一些重构手法，将相同代码搬到同一个地方去。如果程序中不同位置的两个变量有相同名称，有时你可以使用一个变量替代它们，并在两处继承之。

这些都是非常简单的例子。有了自动化工具，其他很多更复杂的情况都可以被检测出来并被纠正。这些结构上的畸形或结构上的相似并非总是暗示你必须重构，但很多时候它们的确就是这个意思。

对设计模式的很多研究，都集中于良好编程风格以及程序各部分之间有用的交互模式，而这些都可以映射为结构特征和重构手法。例如Template Method模式[8]的"适用性"一节就参考了我们的超类重构手法[9]。

我列出了一些试探法则[1]，可以帮助你识别C++程序中需要重构的地方。John Brant和Don Roberts[10],[11]开发出一个工具，使用更大范围的试探来自动分析Smalltalk程序。这个工具会向开发者建议"可用以改进程序"的重构方法，以及适合使用这些重构方法的地点。

运用这样一个工具来分析你的程序，有点像运用lint来改善C/C++程序。这个工具尚未聪明到能够理解程序意图。它在程序结构分析基础上提出的建议，或许只有一部分是你真正想要做出的修改。作为程序员，决定权在你手上。由你决定把哪些建议用于自己的程序上。这些修改应该改进程序的结构，应该为日后的修改提供更好的支撑。

在程序员说服自己"我应该重构我的代码"之前，他们需要先了解如何重构、在哪里重构。经验是无可替代的。研究过程中，我们得益于经验丰富的面向对象开发者的经验，得到了一些有用的重构做法，以及"该在哪里使用这些重构"的认识。自动化工具可以分析程序结构，建议可能改进程序结构的重构做法。和其他大多数学科一样，工具和技术会带来帮助，但前提是你打算使用它们。重构过程中，程序员自己对重构的理解也会逐渐加深。

重构C++程序

——Bill Opdyke

1989年，我和Ralph Johnson刚开始研究重构的时候，C++正在飞快发展，并日渐在面向对象开发圈中流行起来。Smalltalk用户是最先认识到重构重要性的一群人，而我们认为，如果能够证明重构对C++程序也同样可用，就会使更多面向对象开发者对重构产生兴趣。

C++的某些语言特性（特别是静态类型检查）简化了一部分程序分析和重构工作。但是另一方面，C++语言很复杂也很庞大，这很大程度是历史原因（C++是从C语言演化而来的）。C++允许的某些编程风格，使程序的重构和发展变得困难。

对重构有支持能力的语言特性和编程风格

重构时，你必须找出待重构的这一部分程序被什么地方引用。C++的静态类型特性让你可以比较容易地缩小搜索范围。举个简单而常见的例子，假设你想要给C++类中的一个成员函数改名，为正确完成这个动作，你必须修改函数声明以及对这个函数的所有引用点。如果程序很大，搜索、修改这些引用点会很困难。

和Smalltalk相比，C++的类继承和保护访问级别（public、protected和private）特性，使你更容易判断哪些地方引用了这个将被改名的函数。如果这个函数被声明为private，那么引用它的代码就只可能出现在该函数所属的类内部以及被这个类声明为friend的地方；如果这个函数被声明为protected，那么引用点只可能出现在它所属的类、它的子类（及更低层的子类）内以及它的friend中；如果这个函数被声明为public（限制最少的一种访问级别），引用点也只可能出现在上述protected所列情况，以及对函数所属类及其子孙类实例的操作之上。

在十分庞大的程序中，不同地点有可能声明一些同名函数。有时候，两个或多个同名函数以同一个函数取代可能更好，某些重构手法可用来做这种修改；有时候则应该给两个同名函数中的一个改名，让另一个保持原来名称。如果项目开发成员不止一人，不同的程序员可能给风马牛不相及的函数取相同的名称。在C++中，当你对两个同名函数中的一个改名之后，几乎总是很容易找到哪些引用点针对的是这个被易名函数，哪些引用点针对的是另一个函数。这种分析在Smalltalk中要困难得多。

由于C++以继承方式来实现"子类型"的概念，所以通常可以通过将变量或函数在继承体系中移上移下来扩大（普通化）或缩小（特殊化）其作用域。对程序做这一类分析并进行相应重构，都是很简单的。

如果在最初开发和整个开发过程中一直遵循一些良好的设计原则，那么重构过程会更轻松，软件的进化会更容易。"将所有成员变量和大多数成员函数定义为private或protected"作为一种抽象技术，常常使类的内部重构更简单，因为对程序其他地方造成的影响被减至最低。以继承机制表现"普通化和特殊化"体系（这在C++中很自然），也使日后"泛化或特化成员变量或成员函数"的重构动作更容易进行，你只需在继承体系内上下移动这些成员即可。

C++环境中的很多特性都支持重构。如果程序员在重构时引入错误，C++编译器通常都会指出这个错误。许多C++软件开发环境都提供了强大的交叉参考和代码浏览功能。

增加重构复杂度的语言特性和编程风格

众所周知，C++对C的兼容性是一柄双刃剑。许多程序以C写成，许多程序员受的训练是C风格，所以（至少从表面看来）转移到C++比转移到其他面向对象语言容易些。但是，C++支持许多编程风格，其中一些违反了合理健全的设计原则。

程序如果使用诸如指针、转型操作和sizeof(object)之类的C++特性，将难以重构。指针和转型操作会造成别名，使你很难找到待重构对象的所有被引用点。上述这些特性暴露了对象的内部表现形式，违反了抽象原则。

举个例子，在可执行程序中，C++以V-table机制表现成员变量。从超类继承而来的成员变量首先出现，而后才是自身定义的成员变量。将某个变量移往超类通常是很安全的重构手法，但如果该变量是由超类继承而来，不是子类自身定义出来，它在可执行文件中的物理（实际）位置便有可能因这样的重构而发生改变。当然啦，如果程序中对变量的所有引用都是通过类接口进行，变量的物理位置调整，并不会改变程序行为。

但是，如果程序通过指针算术运算来引用这个变量（例如程序员拥有一个对象指针，而且他知道他想赋值的变量保存于第5个字节，于是他就使用指针算术，直接把一个值赋进对象的第5个字节去），那么将变量移到超类的重构手法就有可能改变程序行为。同样地，如果程序写下if(sizeof(object)==15)这样的条件表达式，然后又对程序进行重构，删除类中未用到的变量，那么这个类的实例大小就会发生改变，导致先前判断为真的条件表达式，如今有可能判断为假。

可曾有人根据对象大小做条件判断？C++提供远为清楚的接口用以访问成员变量，还会有人以指针运算进行访问吗？这样写程序实在太荒唐了，不是吗？我的观点是：C++提供了这些特性（以及其他倚赖对象物理布局的特性），而某些经验丰富的程序员的确使用了它们。毕竟，从C到C++的移植不可能由面向对象程序员或设计师来进行，只能由C程序员来做。

由于C++是一个如此复杂的语言（和Smalltalk以及Java相比），想要建立某种程序结构使之能够协助自动检查某一重构是否安全，并于安全情况下自动执行该重构，就困难得多。

C++在编译期对大多数引用进行决议，所以对一个C++程序进行重构，通常需要至少重新编译程序的某一部分，重新连接并生成可执行文件，然后才能测试修改效果。与之形成鲜明对比的是，Smalltalk和CLOS（Common Lisp Object System）提供解释和增量编译环境。因此尽管在Smalltalk和CLOS中进行一系列渐进式重构是很自然的事，但对C++程序来说，每次迭代（重新编译+测试）的成本却太高了，所以C++程序员往往不太乐意经常做这种小改动。

许多应用程序都用到数据库。如果在C++程序中改变对象结构，可能需要对数据库表结构作相应修改。（我在重构工作中应用的许多思想都来自对面向对象数据库模型演化的研究。）

C++的另一个局限性（这对软件研究者的吸引力可能大于软件开发者）就是：它不支持元程序级别的程序分析和修改。C++缺乏类似CLOS中元对象协议的东西。举个例子，CLOS的元对象协议支持一个有时很有用的重构手法：将选定的对象变成另一个类的实例，并让所有指向旧对象的引用自动指向新对象。幸运的是，只有在极少数情况下才会需要这种特性。

结语

很多时候，重构技术可以（并且已经）应用于C++程序。C++程序员通常希望自己的程序能在未来数年中不断演化进步，而软件演化过程正是最能凸显重构的好处。C++语言提供的某些特性可以简化重构，但另一些特性会使重构变得困难。幸运的是，程序员已经公认：使用诸如指针运算之类的语言特性并不是好主意。大多数优秀的面向对象程序员都会避免使用它们。

非常感谢Ralph Johnson、Mick Murphy、James Roskind以及其他一些人，向我介绍了C++之于重构的威力和复杂性。

重构以求短期利益

要说明重构有哪些中长期好处是比较容易的。但许多公司受到来自投资方日益沉重的压力，不得不追求短期成绩。重构可以在短期之内带来惊喜吗？

那些经验丰富的面向对象开发者，成功运用重构已经有十多年的历史了。在强调代码简洁明了、复用性高的Smalltalk文化中，许多程序员都变得成熟了。在这样的文化中，程序员会投入时间去进行重构，因为他应该这样做。Smalltalk语言和实现使得重构成为可能，这是过去绝大多数语言和开发环境都没有能够做到的。许多

13

早期的Smalltalk程序设计都是在Xerox、PARC这样的研究机构或技术尖端的小型开发团队和顾问公司中进行的。这些团体的价值观和许多产业化软件团队的价值观是有所差异的。Martin和我都知道：如果要让主流软件开发者接受重构思想，重构带来的利益起码有一部分必须能够在短期内体现出来。

我们的研究团队[3],[9],[12]~[15]记录了数个例子，描述重构如何和程序功能的扩展交错进行，最终同时获得短期利益和长期利益。我们的一个例子是Choices文件系统框架。最初这个框架实现了BSD Unix文件系统格式。后来它又被扩展支持Unix System V、MS-DOS、持久化和分布式文件系统。框架开发者采用的办法是：先把实现BSD Linux的部分原样复制一份过来，然后修改它，使它支持System V。系统最终可以有效运作，但充斥大量重复的代码。加入新代码后，框架开发者重构了这些代码，建立抽象超类容纳两个Unix文件系统的共通行为。相同的变量和函数被移到超类中。当两个对应函数几乎但不完全相同时，他们就在子类中定义新函数来包容两者不同之处，然后在原先函数里把这些代码换成对新函数的调用。这样一来，两个子类的代码就逐渐变得越来越相似了。一旦两个函数变得完全相同，就可以将它们搬移到共同的超类去。

这些重构手法为开发者提供了多方面好处，既有短期利益，也有长期利益。短期来看，如果在测试阶段发现共同的代码有错误，只需在一个地方修改就行了。代码总量变少了。"某一文件系统特有的行为"与"两种文件系统共有的行为"清晰地分开了，这使得追踪、修补某种文件系统格式特有的行为更加容易。中期来看，重构得到的抽象层对于定义后续文件系统常常很有帮助。当然，现有的两种文件系统格式的共通行为未必就完全适用于第三种文件格式，但现有的共享基础是一个很有价值的起点。后继的重构动作可以澄清究竟哪些东西真正是所有文件系统共有的。框架开发团队发现：随着时间流逝，支持新文件系统格式越来越省劲。就算新的格式更复杂、开发团队经验更浅，情况也一样。

我还可以找出其他例子来证明重构能够带来短期和长期利益，但是Martin早已做了此事，我不想再延长他的列表。还是拿我们都非常熟悉的一件事来做个比喻吧：我们的身体健康状况。

从很多角度来说，重构就好像运动、吃适当的食物。许多人都知道：我们应该多锻炼身体，应该注意均衡饮食。有些人的生活文化中非常鼓励这些习惯，有些人没有这些好习惯也可以混过一段时间，甚至看不出有什么影响。我们可以找各种借口，但如果一直忽视这些好习惯，那么我们只是在欺骗自己。

有些人之所以运动和均衡饮食，动机着眼于短期利益（例如精力更充沛、身体更灵活、自尊心增强，等等）。几乎所有人都知道这些短期利益非常真实。许多人（但不是所有人）都时断时续做过一些努力，另一些人则是不见棺材不掉泪，不到关键时刻不会有足够动力去做点什么事。

没错，做事应该谨慎。在着手干一件事之前，应该先向专家咨询一下。在开始运动和均衡饮食之前，应该先问问自己的保健医生。在开始重构之前，应该先查找相关资源——你手上这本书和本章引用的其他参考文献都很好。对重构有丰富经验的人可以向你提供更到位的帮助。

我见过的一些人正是健康与重构的典范。我羡慕他们旺盛的精力和超人的工作效率。反面典型则是明显的粗心大意爱忘事，他们的未来和他们开发的软件产品的未来，恐怕都不会很光明。

重构可以带来短期利益，让软件更易修改、更易维护。重构只是一种手段，不是目的。它是"程序员或程序开发团队如何开发并维护自己的软件"这一更宽广场景的一部分[3]。

降低重构带来的开销

"重构是一种需要开销的活动。我付钱是为了让程序员写出新的、能带来收益的软件功能。"对于这种声音，我的回复总结如下。

☐ 目前已有一些工具和技术，可以使重构快速而相对无痛苦地完成。

☐ 一些面向对象程序员的经验显示，重构虽然需要开销，但它能在程序开发的其他阶段降低精力和时间开销，从而补偿它的开销。

☐ 尽管乍见之下重构可能有点笨拙、开销太大，但是当它成为软件开发规则的一部分，人们就不会再觉得它费事，反而开始觉得它是必不可少的。

13

伊利诺伊大学的软件重构团队开发的Smalltalk自动化重构工具也许是目前最成熟的自动化重构工具（参见第14章）。你可以从他们的网站自由下载这个工具。尽管其他语言的重构工具还没能这么方便，但是我们的论文和本书介绍的许多技术，都可以相对简单地套用，只要有一个文本编辑器或一个浏览器就足够了。软件开发环境和浏览器技术已经在最近数年获得了长足发展。我们希望将来能看到更多重构工具投入使用。

Kent Beck和Ward Cunningham都是经验丰富的Smalltalk程序员，他们已经在OOPSLA和其他论坛上提出报告：重构使他们能够更快开发证券交易之类的软件。从C++和CLOS开发者那里，我也听到了同样的消息。本书之中，Martin介绍了重构对于Java程序的好处。我们希望读过本书、使用书中介绍的重构原则的人们，能够给我们带来更多好消息。

从我的经验看来，只要重构成为日常事务的一部分，人们就不会觉得它需要多么高昂的代价。说来容易做来难。对于那些怀疑论者，我的建议就是：只管去做，然后自己决定。但是，请给它一点时间证明它自己。

安全地进行重构

安全性是令人关心的议题，特别对于那些开发、维护大型系统的组织更是如此。许多应用程序背负着财政、法律和道德伦理方面的压力，必须提供不间断的、可靠的、不出错的服务。有许多组织提供大量培训和努力，力图以严谨的开发过程来帮助他们保证产品的安全性。

但是，对很多程序员来说，安全性的问题往往没那么严重。我们总是向孩子们灌输"安全第一"的思想，自己却扮演渴望自由的程序员、西部牛仔和血气方刚的驾驶员的角色，这实在是个莫大讽刺。给我们自由，给我们资源，看我们飞吧。不管怎么说，难道我们真希望公司放弃我们的创造性果实，就为了获得可重复性和一致性吗？

这一节我将讨论安全重构的方法。和Martin在本书先前章节介绍过的方法相比，我关注的方法其结构更组织化、更严格，可因此排除重构可能引入的很多错误。

安全性是一个很难定义的概念。直观的定义是：所谓"安全重构"就是不会对程序造成破坏的重构。由于重构的意图就是在不改变程序行为的前提下修改程序结构，所以重构后的程序行为应该与重构前完全相同。

如何进行安全重构呢？你有以下几种选择。

❑ 相信你自己的编码功力。

❑ 相信你的编译器能捕捉你遗漏的错误。

❑ 相信你的测试套件能捕捉你和编译器都遗漏的错误。

❑ 相信代码复审能捕捉你、编译器和测试套件都遗漏的错误。

Martin在他的重构原则中比较关注前三个选项。大中型公司则常常以代码复审作为前三个步骤的补充。

尽管编译器、测试套件、代码复审、严守纪律的编码风格都很有价值，但所有这些方法还是有下列局限性。

❑ 程序员是可能犯错的，你也一样（我也一样）。

❑ 有一些微妙和不那么微妙的错误，编译器无法捕捉，特别是那些与继承相关的作用域错误[1]。

❑ Perry、Kaiser[16]和其他人已经指出，尽管"将继承作为一种实现技术"的做法让测试工作简单了不少，但由于先前向某个类的实例发出请求的很多操作如今转而向子类发出请求，我们仍然需要大量测试来覆盖这种情况。除非你的测试设计者是全知全能的上帝，或除非他对细节非常谨慎，否则就有可能出现测试套件覆盖不到的情况。是否测试了所有可能的执行路径？这是一个无法以计算判定的问题。换句话说，你无法保证测试套件覆盖所有可能情况。

❑ 和程序员一样，代码复审人员也是可能犯错的。而且复审人员可能因为忙于自己的主要工作，无法彻底检查别人的代码。

我在研究工作中使用的另一种方法是：定义并快速实现一个重构工具的原型，用以检查某项重构是否可以安全地施加于程序身上。如果可以，就重构之。这避免了大量可能因为人为错误而引入的bug。

在这里，我将概括介绍我的安全重构法。这可能是本章最具价值的一部分了。

13

如果你想获得更详细的信息，请看我的论文[1]和本章末尾所列的参考文献，也可以参考第14章。如果你觉得这一部分有点过分偏重技术，不妨跳过本节余下的段落。

我的重构工具的一部分是程序分析器，这是一个用来分析程序结构的程序（被分析的对象是将来打算施加某项重构的一个C++程序）。这个工具可以解答一系列问题，内容涉及作用域、类型和程序语义（程序的意图或用途）等方面。作用域的问题与继承有关，所以这一分析过程比起很多非面向对象程序分析要复杂；但C++的某些语言特性（例如静态类型）又使得这一分析过程比起对Smalltalk等动态类型程序的分析要简单。

举个例子，假设我们的重构是要删除程序中的某个变量。我的工具可以判断程序其他部分是否引用了这个变量。如果有，径自删除这一变量将会造成引用失败，那么这项重构就是不安全的。于是工具用户就会收到一个错误标记。用户可能因此决定放弃进行这次重构，也可能修改程序中对此变量的引用点，使它们不再引用它，然后才进行重构，删除该变量。这个工具还可以进行其他许多检查，其中大多数都和上述检查一样简单，有些稍微复杂。

在我的研究中，我把"安全"定义为：程序属性（包括作用域和类型等）在重构之后仍然保持不变。很多程序属性很像数据库中的完整性约束——修改数据库结构时，完整性约束必须保持不变[17]。每个重构都伴随一组必要前提，如果这些前提得到满足，该重构就能保证程序属性获得维持。一旦确定某次重构的全部过程都安全，我的工具才会执行该次重构。

幸运的是，对于重构安全性进行的检查（尤其是对于数量占绝对优势的低层重构）往往是轻而易举的。为了保证较高层重构、较复杂重构的安全性，我们以低层重构来定义它们。例如"建立一个抽象超类"的复杂重构手法就被定义为几个较小步骤，每个步骤都以较简单的重构完成，像是创建和搬移变量或函数等等。只要证明复杂重构的每一个步骤是安全的，我们就可以确定整个复杂重构也是安全的。

在某些十分罕见的情况下，在工具无法确认时，仍然可以安全施行重构。此时，工具会选择较安全的方式：禁止重构。拿先前例子来说，你想删除程序中的某个变量，但程序其他地方对该变量有引用动作。然而或许这个引用动作所处段落永远不会被执行到，例如它也许出现于条件表达式（如if-then）中，而它所处分支永远不为真。如果肯定这个分支永远不为真，你可以移除它，连同那个影响你重构的引用点一并移除。然后你就可以安全地进行重构，删除想删除的变量或函数了。只不过，一般情况下你无法肯定分支永远为假——如果你继承了别人开发的代码，你有多大把握安全删掉其中某段代码？

重构工具可以标记出这种可能不安全的引用关系，并向用户提出警告。用户可以先把这段代码放在一旁。一旦能够肯定引用点永远不会被执行到，他就可以把这段多余代码移除，而后进行重构。这个工具让用户知道存在这么一个隐藏的引用关系，而不是盲目地进行修改。

这听起来好像有点复杂，作为博士论文的主题倒是不错（博士论文的主要读者——论文评议委员会——比较喜欢理论性题目），但是对于实际重构有用吗？

所有这些安全性检查都可以在重构工具中实现。如果程序员想要重构一个程序，只需以这个工具检查其代码。如果检查结果为"安全"，就执行重构。我的工具只是个研究雏形。Don Roberts、John Brant、Ralph Johnson和我[10]后来实现了一个体质更健壮、功能更齐备的工具（参见第14章），这是我们对于"Smalltalk程序重构"研究的一部分。

重构的安全性可以分为很多级别。有些重构很容易实施，但安全性较低。使用重构工具有很多好处。它可以帮我们做许多简单而乏味的检查，并标记出一些埋藏较深的问题。如果不做这些检查，重构动作有可能导致程序完全崩溃。

编译、测试和代码复审可以指出很多错误，但也会遗漏一些错误，重构工具则可以帮助你抓住漏网之鱼。尽管如此，编译、测试和代码复审仍然是很有价值的，在实时系统的开发和维护中更是如此。这些系统中的程序往往不是孤立运行的，它们是大型通信系统网络中的一部分。有些重构不但把代码清扫干净，而且会让程序跑得更快。然而提升某个程序的速度，可能会在另一个地方造成性能瓶颈。这就好像你升级CPU进而提升了部分系统性能，你需要以类似方法来调整、测试系统整体性能。另一方面，有些重构也可能略微降低系统整体性能。一般说来，重构对性能的影响是微不足道的。

"安全性措施"用来保证重构不会向程序引入新错误。这些措施并不能检查或修复程序重构前就存在的错误。但重构可以使你更容易找到并修复这些错误。

13

13.3　再论现实的检验

如果要让软件开发者接受重构，首先必须解决一些非常实际的问题。下面列出4个最常见的问题。

- ❑ 程序员不知道如何重构。

- ❑ 如果重构利益是长远的，何必现在付出这些努力呢？长远看来，说不定当项目收获这些利益时，你已经不在职位上了。

- ❑ 代码重构是一项额外工作，老板付钱给程序员，主要是为了编写新功能。

- ❑ 重构可能破坏现有程序。

本章中我简单回答了这些问题，并为那些希望更深入钻研的人指出方向。

对于某些项目，以下问题也是需要关心的。

- ❑ 如果代码由多位程序员共同拥有，怎么办？一方面，许多传统的变更管理机制都可以解决这个问题；另一方面，如果软件设计良好，又经过重构，子系统之间就会有效分离，于是很多重构手法都只会影响代码的一小部分。

- ❑ 如果你的代码库中有多个分支版本的代码，怎么办？有些时候，重构和每一个分支相关，这种情况下我们必须在重构前先对所有分支进行安全测试。另一些时候，重构可能只与某些分支相关，那么，检查过程和重构过程就简单多了。如果打算同时管理多个分支变化，通常需要使用许多传统的版本管理技术。如果想将多个分支并入一个新的代码库中，重构也会有所帮助，因为它有可能简化合并工作。

总而言之，"让软件开发者相信重构的实际价值"和"让博士论文评议委员会相信重构研究够得上博士水平"是完全不同的两码事。在写完毕业论文以后，我又花了相当长的时间才对这种差异有了足够充分的认识。

13.4　重构的资源和参考资料

本书至此，我希望你已经开始计划在自己的工作中使用重构技术，并鼓励公司里的其他人也这样做。如果你还犹豫不决，也许你愿意参考以下列出的数据，或是和Martin（Fowler@acm.org）、我或其他有重构经验的人联系。

如果你打算深入研究重构，下列一些参考资料你可能会想看看。正如Martin所说，本书不是重构的第一份书面材料，但是（我希望）它能让更多人关注重构概念和它带来的利益。我的博士论文是这个主题的第一份正式书面材料，但如果读者有兴趣探索重构早期的基础研究，应该先看这几篇文章：参考文献[3]、[9]、[12]、[13]。在OOPSLA 95和OOPSLA 96大会上，重构都是一个教学性主题[14],[15]。至于那些同时对设计模式和重构感兴趣的读者，Brian Foote和我在PLoP 94上发表，并于日后被收入Addison-Wesley出版社之《程序设计的模式语言》（*Pattern Languages of Program Design*）丛书第一卷的第14章"生命周期以及支持演变和复用的重构模式"是个不错的起点。此外，我对重构的研究很大程度建立在Ralph Johnson和Brian关于"面向对象应用程序框架和可复用类的设计"[4]的研究基础上。John Brant、Don Roberts和Ralph Johnson在伊利诺伊大学对重构的研究的主要关注点是Smalltalk程序重构[10],[11]。他们的网站上有其最新的研究成果。最近，面向对象研究社群对重构的兴趣与日俱增。OOPSAL 96会议之中一个主题为"重构与复用"的分会场上也发表了数篇相关文章[18]。

13.5　从重构联想到软件复用和技术传播

前面所提的现实世界问题，并不仅仅存在于重构中。它们广泛存在于软件的演化和复用中。

过去数年，我用了很多时间来关注软件复用性、平台、框架、模式、遗留系统（往往涉及非面向对象软件）的发展相关问题。除了在朗讯和贝尔实验室开发项目，我还参加了其他公司的员工讨论会——他们也曾经与类似问题搏斗过。[19]~[22]

复用方法的现实问题，和重构的相关问题很类似。

❑ 技术人员可能不知道"该复用什么"或"如何复用"。

❑ 技术人员可能对于采用复用方法缺乏动力，除非他们能够获得短期利益。

13

> ❑ 如果要成功适应复用方法，开销、学习曲线和探索成本都必须考虑。

> ❑ 采用复用方法不该引起项目混乱。项目中可能有很大压力：尽管面对遗留系统的束缚，仍应让现有资产或实现发挥作用。新的实现应该与现有系统协同工作，或至少向下兼容于现有系统。

Geoffrey Moore[23]把技术的接纳过程描述为一条钟形曲线：前段包括先行者和早期接受者，中部急剧增加的人群包括早期消费群体和晚期消费群体，后段则是那些行动缓慢者。一个思想或产品如果要成功，必须得到早期消费者和晚期消费者的广泛支持。另一方面，许多对于先行者和早期接受者很有吸引力的想法，最终彻底失败，因为它们没能跨越鸿沟，让早期消费者和晚期消费者接纳它们。之所以有这样的鸿沟是因为，不同的消费人群有着不同的消费动机。先行者和早期接受者感兴趣的是新技术、"范式移转和突破性思想"的愿景。早期和晚期消费群则主要关心成熟度、成本、支持，以及这种新思想或新产品是否被与他们有着相似需求的其他人成功套用。

要打动并说服软件开发者，所需的方式和打动并说服软件研究者是完全不同的。软件研究者通常是Moore所说的"先行者"，软件开发者（尤其是软件经理）则往往是早期或晚期消费者。如果想要让你的思想深入所有人心，了解这一差异是非常重要的。是的，无论软件复用或重构，要想打动软件开发者，这一点都至关重要。

在朗讯和贝尔实验室中我发现，提倡复用及运行其必要平台，得冒一点风险。这需要主管人员精心制定策略、在中阶经理层组织领导会议、与项目开发组协商、通过研讨会和出版物向广大研究人员和开发人员宣扬这些技术的好处。在这整个过程中，很重要的几件事是：对员工进行培训、尽量获取短期利益、减少开销、安全引入新技术。这些见识，都是从我对重构的研究中得来的。

我的论文指导教授Ralph Johnson审查本章草稿时指出：这些原则不仅可应用于重构和软件复用，同时也是技术传播时的常见问题。如果你正试图说服别人重构（或采用其他某种技术或实践），请注意保证自己随时关注这些问题，这样才能深入人心。技术的传播是很困难的，但不是做不到。

13.6 小结

非常感谢你花时间阅读本章。我尝试解决你可能会有的关于重构的一些问题，并尝试让你了解重构的一些现实问题，这些问题亦存在于更广泛的领域中，例如软件演化和复用。希望你阅读本章之后，生出在自己的工作中也使用这些想法的热情。

最后，祝你在软件开发之路一帆风顺。

13.7 参考文献

[1] Opdyke, William F. "Refactoring Object-Oriented Frameworks." Ph.D. diss., University of Illinois at Urbana-Champaign. Also available as Technical Report UIUCDCS-R-92-1759, Department of Computer Science, University of Illinois at Urbana-Champaign.

[2] Brooks, Fred. "No Silver Bullet:Essence and Accidents of Software Engineering." In *Information Processing 1986: Proceedings of the IFIP Tenth World Computing Conference*, edited by H.-L. Kugler. Amsterdam: Elsevier, 1986.

[3] Foote, Brian, and William F. Opdyke. "Lifecycle and Refactoring Patterns That Support Evolution and Reuse." In *Pattern Languages of Program Desig*, edited by J. Coplien and D. Schmidt.Reading, Mass.: Addison-Wesley, 1995.

[4] Johnson, Ralph E., and Brian Foote. "Designing Reusable Classes." *Journal of Object-Oriented Programming* 1(1988): 22-35.

[5] Rochat, Roxanna. "In Search of Good Smalltalk Programming Style." Technical report CR-86-19, Tektronix, 1986.

[6] Lieberherr, Karl J., and Ian M.Holland. "Assuring Good Style For Object-Oriented Programs." *IEEE Software* (September 1989) 38-48.

[7] Wirfs-Brock, Rebecca, Brian Wilkerson, and Luaren Wiener. *Design Object-Oriented Software*. Upper Saddle River, N.J.: Prentice Hall, 1990.

[8] Gamma, Erich, Richard Helm, Ralph Johnson, and John Vlissides. *Design Patterns: Elements of Reusable Object-Oriented Software*. Reading, Mass.: Addison-Wesley, 1985.

[9] Opdyke, William F., and Ralph E. Johnson. "Creating Abstract Superclasses by Refactoring." *In Proceedings of CSC '93: The ACM 1993 Computer Science Conference*. 1993.

13

[10] Roberts, Don, John Brant, Ralph Johnson, and William Opdyke."An Automated Refactoring Tool." In *Proceedings of ICAST 96:12th International Conference on Advanced Science and Technology*. 1996.

[11] Roberts, Don, John Brant, and Ralph E. Johnson. "A Refactoring Tool for Smalltalk." *TAPOS* 3(1997) 39-42.

[12] Opdyke, William F., and Ralph E.Johnson." Refactoring: An Aid in Designing Application Frameworks and Evolving Object-Oriented Systems." *In Proceedings of SOOPPA '90: Symposium on Object-Oriented Programming Emphasizing Practical Applications.* 1990.

[13] Johnson, Ralph E., and William F. OPdyke. "Refactoring and Aggregation." In *Proceedings of ISOTAS '93: International Symposium on Object Technologies for Advanced software.* 1993.

[14] Opdyke, William, and Don Roberts. "Refactoring." Tutorial presented at OOPSLA 95: 10th Annual Conference on Object-Oriented Program Systems, Languages and Applications, Austin, Texas, October 1995.

[15] Opdyke, William, and Don Roberts. "Refactoring Object-Oriented Software to Support Evolution and Reuse." Tutorial presented at OOPSLA 96: 11th Annual Conference on Object-Oriented Program Systems, Languages and Applications, San Jose, California, October 1996.

[16] Perry, Dewayne E., and Gail E.Kaiser. "Adequate Testing and Object-Oriented Programming." *Journal of Object-Oriented Programming* (1990).

[17] Banerjee, Jay, and Won Kim. "Semantics and Implementation of Schema Evolution in Object-Oriented Databases." In *Proceedings of the ACM SIGMOD Conference*, 1987.

[18] Proceedings of OOPSLA 96: Conference on Object-Oriented Programming Systems, Languages and Applications, San Jose, California, October 1996.

[19] Report on WISR'97:Eighth Annual Workshop on Software Reuse, Columbus, Ohio, March 1997. *ACM software Engineering Notes*. (1997).

[20] Beck, Kent, Grady Booch, Jim Coplien, Ralph Johnson, and Bill Opdyke. "Beyond the Hype: Do Patterns and Frameworks Reduce Discovery Costs?" Panel session at OOPSLA 97: 12th Annual Conference on Object-Oriented Program Systems, Languages and Applications, Atlanta, Georgia, October 1997.

[21] Kane, David, William Opdyke, and David Dikel. "Managing Change to Reusable Software." Paper presented at PLoP 97: 4th Annual Conference on the Pattern Languages of Programs, Monticello, Illinois, September 1997.

[22] Davis, Maggie, Martin L. Griss, Luke Hohmann, Ian Hopper, Rebecca Joos and William F. Opdyke. "Software Reuse:Nemesis or Nirvana?" Panel session at OOPSLA 98: 13th Annual Conference on Object-Oriented Program Systems,Languages and Applications, Vancouver, British Columbia, Canada, October 1998.

[23] Moore, Geoffrey A. *Cross the Chasm: Marketing and Selling Technology Products to Mainstream Customers*. New York: HarperBusiness, 1991.

13

第 *14* 章

重 构 工 具

——Don Roberts和John Brant

重构的最大障碍之一就是：几乎没有工具对它提供支持。那些把重构作为文化成分之一的语言（例如Smalltalk）通常都提供了强大的开发环境，其中对代码重构的众多必要特性都提供了支持。但即使是这样的环境，到目前为止，也只是对重构过程提供了部分支持，绝大部分工作仍然得靠手工完成。

14.1 使用工具进行重构

和手工重构相比，自动化工具所支持的重构，给人一种完全不同的感觉。即使有测试套件织成的安全网，手工重构仍然是很耗时的工作。正是这个简单的事实造成很多程序员不愿进行重构，尽管他们知道自己应该重构，但毕竟重构的成本太大了。如果能够把重构变得像调整代码格式那么简单，程序员自然也会乐意像整理代码外观那样去整理系统的设计。而这样的整理对代码的可维护性、可复用性和可理解性，都能够带来深远的正面影响。Kent Beck如是说。

——Kent Beck

Refactoring Browser将会完全改变你的编程思路。以前你可能会想："呃，我应该修改这个名字，但……"现在，所有这些让你烦心的事情都烟消云散了，因为Refactoring Browser里有个菜单选项就是专门用来改名的，你只管放心用它就是了。

刚开始使用这个工具时，我按照以前的节奏，走了大概两小时。我打算进行一项重构，于是抬头望着天空五分钟，然后手工完成重构，然后再一次抬头望天。

14

很快我就发现：我必须学会以更大的范围、更快的节奏来考虑重构。现在，开发过程中我大约以一半时间进行重构，另一半时间输入新代码，两者的进行速度几乎完全相同。

由于有了这种级别的工具支持，重构和编程之间的差异越来越小了。我们几乎不会再说"我正在编程"或"我正在重构"，我们说得更多的是："把这个函数的这一部分提炼出来，把它推到超类去，然后添加一行语句，调用新子类中的新函数——我正在开发的那个函数。"由于自动化重构之后无须测试，因此编程与重构之间的差异、"更换帽子"的过程等尽管仍然存在，但都远不如以前那样明显。

以 *Extract Method* (110)这一重要的重构手法为例。如果你要手工进行此一重构，需要检查的东西相当多。如果使用Refactoring Browser，你只需简单地圈选出要提炼的段落，然后点选菜单选项"Extract Method"就行了。Refactoring Browser会自动检查被圈选的代码段落是否可以提炼。代码无法提炼的原因可能有以下几点：它可能只包含部分标识符声明，或者可能对某个变量赋值而该变量又被其他代码用到。所有这些情况，你都完全不必担心，因为重构工具会帮助你处理这一切。然后，Refactoring Browser会计算出新函数所需的参数，并要求你为新函数取一个名称。你还可以决定新函数参数的排列顺序。所有的准备工作都做完以后，Refactoring Browser会把你圈选的代码从源函数中提炼出来，并在源函数中加上对新函数的调用。随后它会在源函数所属的类中建立新函数，并以用户指定的名称为新函数命名。整个过程只需15秒钟。你可以拿这个时间长短和手工执行 *Extract Method* (110)各步骤所需时间做个比较，看看自动化重构工具的威力。

随着重构成本的降低，设计错误也不再像从前那样带来昂贵代价了。由于弥补设计错误所需的成本降低了，需要预先做的设计也就更少了。预先设计是一项带有预测性质的工作，因为项目激活之时，需求往往还不明朗。由于设计时尚未编写代码，所以正确的设计方式应该是：尽量简化需求尚未明朗的那一部分代码。过去，无论最初的设计方案水平如何，我们都不得不忍受，因为修改设计的代价实在太高了。有了自动化重构工具的帮助，我们可以让设计更具可变性，因为修改设计不再需要付出那么高的代价了。如今，我们可以只对当前完全了解的问题进行设计，因为我们知道以后可以很方便地扩展设计方案以加入额外的灵活性。我们不再需要预测系统未来所有可能的修改。如果发现当前的设计给编程带来麻烦，造成第3章所说的坏味道，我们可以很快修改设计，使代码更干净、更可维护。

工具辅助下的重构工作，也影响了测试。拥有自动化重构工具的辅助之后，所需测试少多了，因为很多重构都可以自动进行，无需再做测试。当然，总有一些重构是无法自动进行的，因此测试步骤永远都不可能被完全忽略。经验显示：在自动化重构工具的协助下，我们每天所需运行的测试数量，和在无自动化重构工具的环境中大致相当，但完成的重构数量则大大增加。

正如Martin指出，Java也需要这样的自动化重构工具。以下我们将提出一些准则——只有满足这些准则的自动化重构工具，才是成功的工具。尽管也提到了技术方面的准则，但我们相信，实用性方面的准则重要得多。

14.2 重构工具的技术标准

重构工具最主要的用途就是让程序员可以不必重新测试，便能对代码进行重构。即使有了自动化测试工具，测试仍然是很费时间的，如果能完全避免测试，将可极大加快重构过程。本节简短讨论重构工具的技术标准。唯有满足这些标准，重构工具才能在保持程序行为的前提下，对程序进行改造。

程序数据库

对于重构工具，最早被人们所认识的需求就是贯穿整个程序搜索各种程序元素的能力。例如，对于某个特定函数，找出其所有可能被调用点；对于某个特定的实例变量，找到读/写该变量的所有函数。在Smalltalk这样紧密集成的环境中，这类信息总是被维护为一种便于搜索的格式。这不是传统意义上的数据库，但的确是一个可搜索的数据库。程序员只需执行一次搜索动作，就可以找到任何程序元素的交叉引用。这种能力主要源自代码的动态编译机制：当任何一个类被修改，就立刻被编译为字节码，而上述的数据库则同时得到更新。在较为静态的开发环境（如Java）中，程序员是把代码输入到文本文件中。这种环境下如果要更新程序数据库，就必须运行一个程序来处理这些文本文件，从中提炼相关信息。这样的更新过程和Java代码自身的编译过程很相似。一些比较先进的开发环境（例如IBM VisualAge for Java）则模仿了Smalltalk的程序数据库动态更新机制。

14

有一种原始的做法是：以诸如grep之类的文本处理工具来进行搜索。这种办法很快就归于失败，因为它无法区分名为foo的变量和名为foo的函数。要建立程序数据库，就必须借助语义分析来判断程序中每个语汇单元在语句中的地位。而且这种分析在类定义和函数定义两层面上都不可少：在类定义层面上，需要以语义分析来区分实例变量和函数；在函数定义层面上，需要以语义分析来区分实例变量和函数引用。

解析树

绝大多数重构都必须处理函数层面下的一部分系统，通常是对被修改程序元素的引用。举个例子，如果某个实例变量被改名，那么其所属类及其子类中对于该实例变量的所有引用都必须更新。有些重构手法则整个运作于函数层面下，例如将某个函数的一部分提炼为一个独立函数。由于对函数的任何修改都必须能够处理函数结构，因此我们需要解析树的帮助。这是一种数据结构，可用以表现函数的内部结构。下面是个简单例子：

```java
public void hello( ){
    System.out.println("Hello World");
}
```

这个函数相应的解析树如图14-1所示。

准确性

由工具实现的重构，必须合理保持程序原有行为。当然，完全的行为保持是不可能达到的，重构总是会给程序带来一些细微改变。例如重构可能会对程序的运行速度带来数个微秒的变化，这算是"完全的行为保持"吗？通常这般微小差异不会对程序造成影响。但如果程序有严格的实时性要求，这一点点差异就可能导致整个程序出错。

即使是传统程序（而非实时系统）也可能被重构破坏。假设你的程序建构了一个字符串，然后使用Java反射API执行以这个字符串命名的函数，那么如果日后你修改这个函数的名称，程序就会抛出一个异常。重构前的程序不会这样做。

然而，对绝大多数程序来说，重构可以相当准确。只要可能破坏重构准确性的因素都被识别出来，重构技术员就可以避免在不适当时候进行重构，也可以避免对

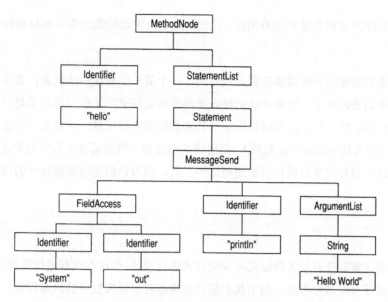

图14-1 hello()函数的解析树

于重构工具无法修补的程序错误地进行手工修补。

14.3 重构工具的实用标准

工具之所以被创造出来，是为了帮助人们完成工作。如果工具不能适应人们的工作方式，人们就不会使用它。重构工具的最重要要求就是：和其他工具共同集成出重构过程。

速度

重构前的分析和必要调整，可能会耗费较多时间，因为它们有可能非常复杂。工具设计者必须考虑这些前期工作对时间和准确性的影响。如果重构前需要大量准备工作，程序员就不会使用自动化重构工具，他们宁可手工进行重构。是的，开发速度总是很重要的。在开发Refactoring Browser的过程中，有数个重构手法并没有被我们实现出来，正是因为我们无法在可被接受的时间内安全实现它们。但是我们的工作仍然颇有成绩，绝大多数重构都可以在极短时间内以极高的准确度完成。计算机科学家总是希望能够覆盖特定方法无法处理的所有边界情况，但事实上绝大多数程序并不涉及那些边界情况。因此，简单而快速的做法便可很好地胜任这些工作。

如果重构前的分析需要花费太长时间，一个简单的解决办法就是：直接询问程序员你所需要的信息。这种办法把保证准确性的责任交给了程序员，于是分析过程可以进行得更快一些。很多时候程序员其实都知道必要信息。尽管这种办法可能不够安全（因为程序员有可能犯错），但出错的责任也一部分落在了程序员肩上。讽刺的是，这竟然使程序员更有可能使用这些工具，因为他们无须倚赖程序的试错来收集信息。

撤销

自动化重构使开发者得以采用探索方式进行设计：你可以试着把代码移到他处，观察新设计方案是否有效。由于我们假设重构都能够保持程序的原本行为，所以反向重构（亦即对原重构的撤销）也应该不影响程序的原本行为。Refactoring Browser的早期版本并没有撤销功能，这使用户无法对重构充满信心。重构的撤销相当困难。但是很多时候我们偏偏必须找出程序重构前的版本，重新开始，这可真够讨厌的。于是我们后来为Refactoring Browser加上了撤销功能，从而又克服了一个障碍。现在，我们可以放心尝试，不会遭受任何惩罚，因为我们总是可以回到原先的任何一个版本。我们可以建立新的类、搬移函数、观察代码的行为，而后又改变想法，走另一个完全不同的方向。这一切都可以非常快速地完成。

与其他工具集成

过去十年以来，集成开发环境（IDE）已经成为绝大多数开发项目的核心工具。IDE将编辑器、编译器、连接器、调试器以及程序开发所需的其他所有工具，都集成于一起，开发者可以在同一个环境中极方便地使用所有这些工具。Refactoring Browser for Smalltalk早期版本是一个独立于标准Smalltalk开发工具之外的工具，我们发现根本没人使用这样的产品，就连我们自己都不用。但是把重构功能直接集成到Smalltalk Browser之后，我们就开始经常使用它。工具是否触手可及造成了这一切的不同。

14.4 小结

我们开发并使用Refactoring Browser有好多年了，已经习惯使用它来重构它自身的代码。Refactoring Browser之所以获得成功，原因之一在于：我们都是程序员，并且一直力图让它满足我们自己的需求。如果我们遇上一个手工执行的重构项，而又觉得它具有普遍意义，就会在Refactoring Browser中实现它。如果哪里运行太慢，我们就把它调快一点；如果哪里的准确性还不够，我们也会改进它。

我们相信：要想控制软件项目演化过程中产生的复杂度，使用自动化重构工具是最好的办法。如果没有合适工具协助我们解决那些复杂度，软件就会变得臃肿不堪、错漏百出、不堪一击。由于Java比那些与它语法相近的语言简单得多，因此开发Java重构工具也容易得多。我们希望这种工具早日出现，我们希望能避免发生于C++身上的缺陷。[①]

14

---

① 以Eclipse和IntelliJ为代表的现代Java IDE已经提供了相当强大的自动化重构功能，读者应该首先去了解它们。——译者注

第15章

总　结

——Kent Beck

现在，你已经拥有了七巧板的每一块：了解了重构的基础，知道了重构的分类，还实践了所有这些重构。同时，你已经很擅长测试了，所以不再畏首畏尾。于是你可能想："我已经知道如何重构了。"不，还没有。

前面列出的技术仅仅是一个起点，是你登堂入室之前的大门。如果没有这些技术，你根本无法对运行中的程序进行任何设计上的改动。有了这些技术，你仍然做不到，但起码可以开始尝试了。

这些技术如此精彩，可它们却仅仅是个开始，这是为什么？答案很简单：因为你还不知道何时应该使用它们、何时不应该使用；何时开始、何时停止；何时前进、何时等待。使重构能够成功的，不是前面各自独立的技术，而是这种节奏。

你又是如何得知什么时候才真正懂得这一切的呢？正是当你开始冷静下来的时候，对自己的重构技艺感到绝对自信——不论别人留下的代码多么杂乱无章，你都可以将它变好，好到足以进行后续的开发——那时你就知道，自己已经"得道"了。

不过，大多数时候，"得道"的标志是：你可以自信地停止重构。在重构者的整场表演中，"停止"正是压轴大戏。一开始你为自己选择一个大目标，例如"去掉一堆不必要的子类"。然后你开始向着这个目标前进，每一步都走得小而坚定，每一步都有备份，保证能够回头。好的，你离目标越来越近，越来越近，现在只剩两个函数需要合并，然后就将大功告成。

就在此时，意想不到的事情发生了：你再也无法前进一步。也许是因为时间太晚，你太疲倦；也许是因为一开始你的判断就出错，实际上不可能去掉所有子类；也许是因为没有足够的测试来支持你。总而言之，你的自信灰飞烟灭，你无法再自信满满地跨出下一步。你认为自己应该没把任何东西搞乱，但也无法确定。

这是该停下来的时候了。如果代码已经比重构之前好，那么就把它集成到系统中，发布你的成果。如果代码并没有变好，就果断放弃这些无用的工作，回到起始点。然后，为自己学到一课而高兴，为这次重构没能成功而抱憾。那么，明天怎么办？

明天，或者后天，或者下个月，甚至可能是明年，灵感总会来的。为了等待进行一项重构的后一半所需的灵感，我最多曾经等过九个月。你可能会明白自己错在哪里，也可能明白自己对在哪里，总之都能使你想清楚下一个步骤如何进行。然后，你就可以像最初一样自信地跨出这一步。也许你羞愧地想："我太笨了，竟然这么久都没想到这一步。"大可不必，每个人都是这样的。

这有点像在悬崖峭壁上的小径行走：只要有光，你就可以前进，虽然谨慎却仍然自信。但是，一旦太阳下山，你就应该停止前进；夜晚你应该睡觉，并且相信明天早晨太阳仍旧升起。

这听起来似乎有点神秘而模糊，近乎清谈玄想。从感觉上来说，的确如此，因为这是一种全新的编程方式。当你真正理解重构之后，系统的整个设计对你来说，就像源码文件中的字符那样可以随心所欲地操控。你可以直接感受到整个设计，可以清楚看到如何将设计变得更灵活，也可以看到如何修改它：这里修改一点，于是这样表现；那里修改一点，于是那样表现。

但是，从另一个角度来说，这也并非那么神秘而模糊。重构是一种可以学习的技术，你可以从本书读得并学习它的各个组成。然后，只要把这些技术集成在一起并使之完善，就可以从一个全新角度看待软件开发。

正如我所说，这是一种可以学习的技术。那么，应该如何学习呢？

- **随时挑一个目标**。某个地方的代码开始发臭了，你就应该将问题解决掉。你应该朝目标前进，达成目标后就停止。你之所以重构，不是为了探索真善美（至少不全是），而是为了让你的系统更容易被人理解，为了防止程序变得散乱。

- **没把握就停下来**。朝目标前进的过程中，可能会有这样的时候：你无法证明自己所做的一切能够保持程序原本的语义。此时你就应该停下来。如果代码已经改善了一些，就发布你的成果；如果没有，就撤销所有修改。

- **学习原路返回**。重构的原则不好学，而且很容易遗失准头。就连我自己，也经常忘记这些原则。我有时会连续做两三项甚至四项重构，而没有每次执行测试用例。当然那是因为我完全相信，即使没有测试的帮助，我也不会出错。于是我就放手干了。然后，"砰"的一声，某个测试失败，我却无法找到究竟哪一次修改造成了这个问题。

这时候你一定很愿意就地调试，试图从麻烦中脱身。毕竟，不管怎么说，一开始所有测试都能够正常运行，现在要让它们再次正常运行，会困难到哪里去？停！你的重构已经失控了，如果继续向前走，你根本不可能知道如何夺回控制权。你应该回到最近一个没有出错的状态，然后逐一重复刚才做过的重构项，每次重构之后一定要运行所有测试。

站着说话不腰疼，以上一切听起来似乎显而易见。当你出错的时候，使系统极大简化的一个方案也许已经近在咫尺，这时候要你停下来回到起点，不啻是最痛苦的事情。但是，现在，趁你头脑还清楚的时候，请想一想：如果你第一次重构用了一小时，重复它只需十分钟就够了，所以如果你退回原点，十分钟之内一定能够再次达到现在的进度。但如果你继续前进，调试所需时间也许是五秒钟，也许是两小时。

当然，我现在说这些，也是看人挑担不吃力，实际做起来困难得多。我个人曾经因为没有遵循这条建议，花了四小时进行三次尝试。我失控、放弃、慢慢前进、再次失控、再重复……真是痛苦的四小时。这不是件有趣的事，所以你需要帮助。

❑ **二重奏**。和别人一起重构，可以收到更好的效果。两人结对，对于任何一种软件开发都有很多好处，对于重构也不例外。重构时，小心谨慎、按部就班的态度是有好处的。如果两人结伴，你的搭档能够帮助你一步一步前进，你也能够帮助他。重构时，时刻留意远景目标是有好处的。如果两人结伴，你的搭档可能看到你没看到的东西，能想到你没想到的事情。重构时，明智结束是有好处的。如果你的搭档不知道你在干什么，那就意味你肯定也不知道自己在干什么，此时你就应该结束重构。最重要的是，重构时，拥有绝对自信是绝对有好处的。如果两人结伴，你的搭档能够给你温柔的鼓励，让你不至于灰心丧气。

与搭档协同工作的另一方面就是交谈。你必须讲出你所想做的事，这样你们两个才能朝着同一个方向努力。你得把你正在做的事情讲出来，这样你的搭档才有可能指出你的错误。你得把刚才做过的事情讲出来，这样下次遇到同样情况时你才能做得更好。所有这些交谈都有助于你更清楚了解如何让个别的重构项适应整个重构节奏。

即使你已经在你的重构目标（代码）中工作了好几年，一丝一缕了然于胸，但只要发现其中的坏味道，以及消除坏味道的重构手法，你就有可能看到程序的另一种可能。你也许会想立刻挽起袖子，把你看到的所有问题都解决掉。不，不要这么莽撞。没有一位经理愿意听到他的开发成员说"我们要停工三个月来清理以前的代码"。而且开发人员本来也就不应该这样做。大规模的重构只会带来灾难。

你面前的代码也许看起来混乱极了，不要着急，一点一点慢慢地解决这些问题。当你想要添加新功能时，用上几分钟时间把代码整理一下。如果首先添加一些测试能使你对整理工作更有信心，那就去做，它们会回报你的努力。如果在添加新代码之前进行重构，那么添加新代码的风险将大大降低。重构可以使你更好理解代码的作用和工作方式，这使得新功能的添加更容易。而且重构之后代码的质量也会大大提高，下次你再有机会处理它们的时候，肯定会对目前所做的重构感到非常满意。

永远不要忘记"两顶帽子"。重构时你总会发现某些代码并不正确。你绝对相信自己的判断，因此想马上把它们改正过来。啊，顶住诱惑，别那么做。重构时你的目标之一就是保持代码的功能完全不变，既不多也不少。对于那些需要修改的东西，列个清单把它们记录下来（通常我在计算机旁边放一张索引卡），需要添加或修改的测试用例、需要进行的其他重构、需要撰写的文档、需要画的图……都暂时记在卡上。这样就不会忘掉这些需要完成的工作。千万别让这些工作打乱你手上的工作。重构完成之后，再去做这些事情也不迟。

参 考 书 目

[Auer]

Ken.Auer "Reusability through Self-Encapsulation." In *Pattern Languages of Program Design 1*, edited by J.O. Coplien and .D.C. Schmidt. Reading, Mass.: Addison-Wesley, 1995.

一篇关于"自我封装"概念的模式论文。

[Bäumer and Riehle]

Bäumer, Dirk, and Dirk Riehle. "Product Trader." In *Pattern Languages of Program Design 3*, edited by R. Martin, E Buschmann, and D. Riehle. Reading, Mass.: Addison-Wesley, 1998.

一个模式,用来灵活创建对象而不需要知道对象隶属哪个类。

[Beck]

Beck, Kent. *Smalltalk Best Practice Patterns*. Upper Saddle River, N.J.: Prentice Hall, 1997a.

一本适合任何Smalltalk编程者的基础图书,也是一本对任何面向对象开发者很有用的图书。谣传有Java版本①。

[Beck, hanoi]

Beck, Kent. "Make it Run, Make it Right: Design Through Refactoring." *The Smalltalk Report*, 6: (1997b): 19-24.

第一本真正领悟"重构过程如何运作"的出版物,也是本书第1章许多构想的源头。

---

① 《实现模式》就是这个"谣传"的Java版本。——译者注

[Beck, XP]

Beck, Kent. *eXtreme Programming eXplained: Embrace Change*. Reading, Mass.: Addison-Wesley, 2000.

[Fowler, UML]

Fowler, M., with K. Scott. *UML Distilled, Second Edition: A Brief Guide to the Standard Object Modeling Language*. Reading, Mass.: Addison-Wesley, 2000.
一本简明扼要的导引，助你了解本书中各式各样的UML图。

[Fowler, AP]

Fowler, M. *Analysis Patterns: Reusable Object Models*. Reading, Mass.: Addison-Wesley, 1997.
一本领域建模模式专著，包括对Range模式的讨论。

[Gang of Four]

Gamma, E., R. Helm, R. Johnson, and J. Vlissides. *Design Patterns: Elements of Reusable Object Oriented Software*. Reading, Mass.: Addison-Wesley, 1995.
或许是面向对象设计领域中最有价值的一本书。现今几乎任何人都必须语带智慧地谈点Strategy、Singleton和Chain of Responsibility，才敢说自己懂得对象技术。

[Jackson, 1993]

Jackson, Michael. *Michael Jackson's Beer Guide*, Mitchell Beazley, 1993.
一本有用的导引，提供大量实用的研究。

[Java Spec]

Gosling, James, Bill Joy, and Guy Steele. *The Java Language Specification, Second Edition*. Boston, Mass.: Addison-Wesley, 2000.
所有Java问题的官方答案。

[JUnit]

Beck, Kent, and Erich Gamma. JUnit Open-Source Testing Framework. Available on the Web（http://www.junit.org）.
撰写Java程序的基本应用工具。是个简单框架，帮助你撰写、组织、运行单元测试。类似的框架也存在于Smalltalk和C++中。

[Lea]

Lea, Doug. *Concurrent Programming in Java: Design Principles and Patterns*, Reading, Mass.: Addison-Wesley, 1997.

编译器应该禁止任何没有读过这本书的人实现Runnable接口。

[McConnell]

McConnell, Steve. *Code Complete: A Practical Handbook of Software Construction*. Redmond, Wash.: Microsoft Press, 1993.

一本对于编程风格和软件建构的卓越导引。写于Java诞生之前，但几乎书中的所有忠告都适用于Java。

[Meyer]

Meyer, Bertrand. *Object Oriented Software Construction*. 2 ed. Upper Saddle River, N.J.: Prentice Hall, 1997.

面向对象设计领域中一本很好（也很庞大）的图书，其中包括对于契约式设计的详尽讨论。

[Opdyke]

Opdyke, William F. "Refactoring Object-Oriented rameworks." Ph.D. diss., University of Illinois at Urbana-Champaign, 1992.

这是关于重构的第一份篇幅适中的著作。多少带点儿教育和工具导向的角度（毕竟这是一篇博士论文），对于想更多了解重构理论的人，是很有价值的读物。

[Refactoring Browser]

Brant, John, and Don Roberts. Refactoring Browser Tool。未来的软件开发工具。

[Woolf]

Woolf, Bobby. "Null Object." In *Pattern Languages of Program Design 3*, edited by R. Martin, F. Buschmann, and D. Riehle. Reading, Mass.: Addison-Wesley, 1998.

针对Null Object模式的讨论。

[Lea]

Lea, Doug. Concurrent Programming in Java: Design Principles and Patterns. Reading, Mass.: Addison-Wesley, 1997.

该书涵盖了以正确而高效的方式编写并发的、线程安全的 Java 类及应用程序的方法。

[McConnell]

McConnell, Steve. Code Complete: A Practical Handbook of Software Construction. Redmond, Wash.: Microsoft Press, 1993.

一本讲述如何构建高质量代码的极佳图书。尽管它早于 Java 而写，但它的许多材料仍然适用于今日的 Java。

[Meyer]

Meyer, Bertrand. Object-Oriented Software Construction, 2 ed. Upper Saddle River, N.J.: Prentice Hall, 1997.

有关面向对象程序设计的一本巨著（共约 1300 页）。由于它的撰写早于泛型的设计，因此请注意。

[Opdyke]

Opdyke, William F. "Refactoring Object-Oriented Frameworks," Ph.D. diss. University of Illinois at Urbana-Champaign, 1992.

这是关于重构的第一本专著——的确是重构的开山之作，尽管书中所用的主要语言是 C++ 而不是 Java。对于想要更多了解重构内幕的人，这些内容必读。

[Refactoring Browser]

Blant, John, and Don Roberts. Refactoring Browser Tool. 卡耐基·梅隆大学网站上可见。

[Woolf]

Woolf, Bobby. "Null Object." In Pattern Languages of Program Design 3, edited by R. Martin, A. Buschmann, and D. Riehle. Reading, Mass.: Addison-Wesley, 1998.

有关 Null Object 的专门讨论。

要 点 列 表

第94页　　频繁地运行测试。每次编译请把测试也考虑进去——每天至少执行每个测试一次。

第97页　　每当你收到bug报告，请先写一个单元测试来暴露这个bug。

第98页　　编写未臻完善的测试并实际运行，好过对完美测试的无尽等待。

第99页　　考虑可能出错的边界条件，把测试火力集中在那儿。

第100页　　当事情被大家认为应该会出错时，别忘了检查是否抛出了预期的异常。

第101页　　不要因为测试无法捕捉所有bug就不写测试，因为测试的确可以捕捉到大多数bug。

索　引

代码的坏味道

坏　味　道	常用重构
Alternative Classes with Different Interfaces （异曲同工的类），p85	*Rename Method*(273), *Move Method*(142)
Comments （过多的注释），p87	*Extract Method*(110), *Introduce Assertion*(267)
Data Class （纯稚的数据类），p86	*Move Method*(142), *Encapsulate Field*(206), *Encapsulate Collection*(208)
Data Clumps （数据泥团），p81	*Extract Class*(149), *Introduce Parameter Object*(295), *Preserve Whole Object*(288)
Divergent Change （发散式变化），p79	*Extract Class*(149)
Duplicated Code （重复代码），p76	*Extract Method*(110), *Extract Class*(149), *Pull Up Method*(322), *Form Template Method*(345)
Feature Envy （依恋情结），p80	*Move Method*(142), *Move Field*(146), *Extract Method*(110)
Inappropriate Intimacy （狎昵关系），p85	*Move Method*(142), *Move Field*(146), *Change Bidirectional Association to Unidirectional*(200), *Replace Inheritance with Delegation*(352), *Hide Delegate*(157)
Incomplete Library Class （不完美的库类），p86	*Introduce Foreign Method*(162), *Introduce Local Extension*(164)
Large Class （过大的类），p78	*Extract Class*(149), *Extract Subclass*(330), *Extract Interface*(341), *Replace Data Value with Object*(175)
Lazy Class （冗赘类），p83	*Inline Class*(154), *Collapse Hierarchy*(344)
Long Method （过长函数），p76	*Extract Method*(110), *Replace Temp With Query*(120), *Replace Method with Method Object*(135), *Decompose Conditional*(238)

坏　味　道	常用重构
Long Parameter List （过长参数列），p78	*Replace Parameter with Method*(292), *Introduce Parameter Object*(295), *Preserve Whole Object*(288)
Message Chains （过度耦合的消息链），p84	*Hide Delegate*(157)
Middle Man （中间人），p85	*Remove Middle Man*(160), *Inline Method*(117), *Replace Delegation with Inheritance*(355)
Parallel Inheritance Hierarchies （平行继承体系），p83	*Move Method*(142), *Move Field*(146)
Primitive Obsession （基本类型偏执），p81	*Replace Data Value with Object*(175), *Extract Class*(149),*Introduce Parameter Object*(295), *Replace Array with Object*(186), *Replace Type Code with Class*(218), *Replace Type Code with Subclasses*(223), *Replace Type Code with State/Strategy*(227)
Refused Bequest （被拒绝的遗赠），p87	*Replace Inheritance with Delegation*(352)
Shotgun Surgery （霰弹式修改），p80	*Move Method*(142), *Move Field*(146), *Inline Class*(154)
Speculative Generality （夸夸其谈未来性），p83	*Collapse Hierarchy*(344), *Inline Class*(154), *Remove Parameter*(277), *Rename Method*(273)
Switch Statements （switch惊悚现身），p82	*Replace Conditional with Polymorphism*(255), *Replace Type Code with Subclasses*(223), *Replace Type Code with State/Strategy*(227), *Replace Parameter with Explicit Methods*(285), *Introduce Null Object*(260)
Temporary Field （令人迷惑的暂时字段），p84	*Extract Class*(149), *Introduce Null Object*(260)